雷波 编著

U0319033

Photoshop

质感传奇

中国电力出版社
CHINA ELECTRIC POWER PRESS

内 容 提 要

本书是一本阐述如何使用Photoshop营造各种质感的案例型书籍。通过对数十个精美案例的操作步骤进行讲解，再现了冰、火、木、石、皮、鳞、光、琥珀、玻璃等数十种质感的制作方法。

本书内容独到、案例精美，所讲述的知识与展现的技术可以应用于各种设计领域，是一本在Photoshop案例图书领域中较为高端的图书。

本书适合于从事平面、网页、三维等设计领域的工作人员作为技术参考书籍，也适合于已经初步有Photoshop基础的读者作为进阶练习的书籍。

图书在版编目（CIP）数据

Photoshop质感传奇/雷波编著.—北京：中国电力出版社，2014.1
ISBN 978-7-5123-4739-7

Ⅰ.①P… Ⅱ.①雷… Ⅲ.①图象处理软件 Ⅳ.①TP391.41

中国版本图书馆CIP数据核字（2013）第169321号

中国电力出版社出版、发行
（北京市东城区北京站西街 19 号 100005 http://www.cepp.sgcc.com.cn）
北京盛通印刷股份有限公司印刷
各地新华书店经售

*

2014 年 1 月第一版 2014 年 1 月北京第一次印刷
889 毫米×1194 毫米 16 开本 22.25 印张 583 千字 16 彩页
印数 0001—4000 册 定价 89.00 元（含 1DVD）

敬 告 读 者

本书封底贴有防伪标签，刮开涂层可查询真伪

本书如有印装质量问题，我社发行部负责退换

版 权 专 有 翻 印 必 究

前 言

对于"质感"这样的命题，许多人认为是属于三维软件的，因为使用3ds max等软件能够模拟出逼近真实的金属、木材、冰等的材质。但实际上使用Photoshop来表现物体的质感，比三维软件更灵活，操作方法也更为简单、易行。

本书是一本讲解如何使用Photoshop制作各类质感的专业书籍。全书以数十个精美案例演示了数十种质感的制作方法，这些质感能够被广泛应用于各种设计领域，例如平面设计、三维设计、网页设计等。

本书共10章，每章都以一种类型的质感为主题，通过数十个精美的案例来展示这些质感的制作方法。例如，第1章以金属质感为主题，讲解了拉丝的铁板、白银等数种金属质感的制作方法，其中大多数方法均具有很高的借鉴价值。第2章以冰与火质感为主题，通过3个案例讲解了如何使用Photoshop模拟逼真的冰与火的质感。

从某一个角度上说，本书属于案例型Photoshop技术书籍，面对的读者是具有一定基础的Photoshop学习者及工作人员，但笔者下面的学习建议实际上包括了所有希望学习Photoshop的读者。

对于没有任何Photoshop基础的读者，笔者建议有先理论后实践学习习惯的读者先找一本不厚的基础书籍学习理论知识，再阅读学习本书，学习时建议跟随本书所讲述的步骤，将本书中的案例一一进行练习。对于那些虽然没有基础，但喜欢从案例入手学习的读者，笔者建议将本书的所有案例拆分成为小的案例，采取各个突破的学习方法，在学习的过程中遇到不明白的地方，再找基础理论书籍进行补充。

对于已经具有一定Photoshop基础的读者，笔者建议学习本书时先自行尝试制作最终效果，在遇到无法解决的问题再参考本书的步骤，将本书作为一本有参考答案的自测练习书。

另外，建议各位读者在遇到阅读困难时，与笔者以邮件的方式进行交流，笔者的邮件地址是LB26@263.net及LBuser@126.com。

本书附赠一张素材光盘，光盘内容包括本书的示例及素材文件。这些文件基本上都以PSD的形式保存，查看这些文件的图层、通道构成方式，能够进一步帮助各位读者理解本书所讲述的各种知识。

本书是集体劳动的结晶，除本书署名作者外，雷剑、吴腾飞、左福、范玉婵、刘志伟、李美、邓冰峰、詹曼雪、黄正、孙美娜、刑海杰、刘小松、陈红艳、徐克沛、吴晴、李洪泽、漠然、李亚洲、佟晓旭、江海艳、董文杰、张来勤、刘星龙、边艳蕊、马俊南、姜玉双、李敏、邰琳琳、卢金凤、李静、肖辉、寿鹏程、管亮、马牧阳、杨冲、张奇、陈志新、孙雅丽、孟祥印、李倪、潘陈锡、姚天亮等还为本书的文字录入、图片校对等做了很多工作，在此表示感谢。

本书所有作品、素材仅供本书购买者练习使用，不得用作商业用途。

笔　者

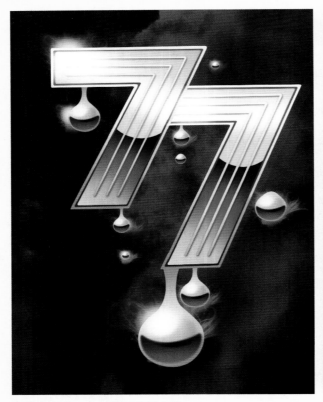

☆案例名称：七彩镀铬效果文字

　　所在章节：第1章\1.1节

☆案例名称：螺纹钢质感字　　　　所在章节：第1章\1.2节

☆案例名称：白银质感LOGO　　　　所在章节：第1章\1.3节

☆ 案例名称：亚光金属徽章
　　所在章节：第1章\1.4节

☆ 案例名称：钢质苹果电脑宣传海报
　　所在章节：第1章\1.5节

☆ 案例名称：不锈钢质感特效——西餐厅开业宣传海报
　　所在章节：第1章\1.6节

案例名称：冰立方质感模拟
所在章节：第2章\2.1节

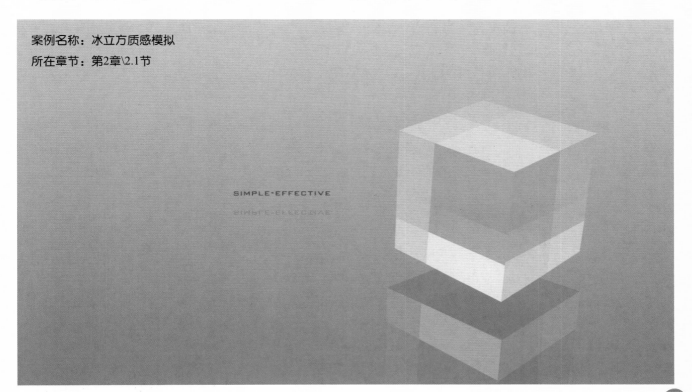

︽ 案例名称：打"水"机创意制作　所在章节：第2章\2.2节

︽ 案例名称："水人"特效制作　　所在章节：第2章\2.3节

︽ 案例名称：炫酷光人视觉表现　　所在章节：第3章\3.1节

∧ 案例名称：七彩炫光特效表现

　　所在章节：第3章\3.2节

∧ 案例名称：烈焰效果游戏海报设计　　　　所在章节：第3章\3.3节

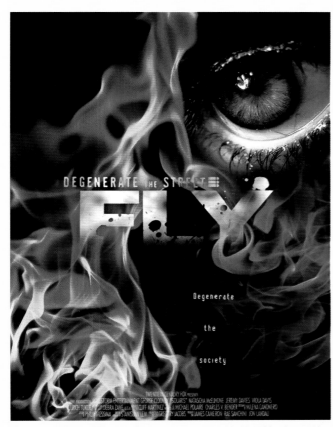

∧ 案例名称：FLY电影海报制作　　所在章节：第3章\3.4节

∧ 案例名称："神奇火焰侠"电影海报制作

　　所在章节：第3章\3.5节

案例名称：凹陷石雕文字效果海报设计　　所在章节：第4章\4.1节

案例名称：风化巨石文字标志设计　　所在章节：第4章\4.2节

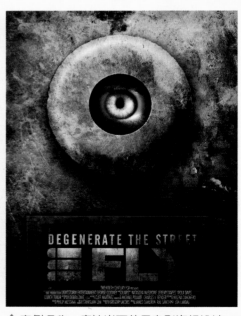

案例名称：腐蚀岩石效果电影海报设计

所在章节：第4章\4.3节

︿案例名称：雕刻岩壁效果主题招贴设计
　　所在章节：第4章\4.4节

︿案例名称：玻璃质感信封图标设计
　　所在章节：第5章\5.1节

︿案例名称：炫彩玻璃蝴蝶视觉效果表现　　　所在章节：第5章\5.2节

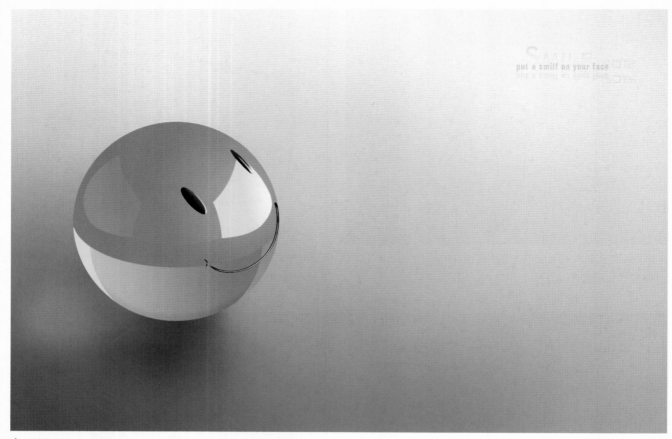

☆ 案例名称：逼真立体水晶球模拟　　所在章节：第6章\6.1节

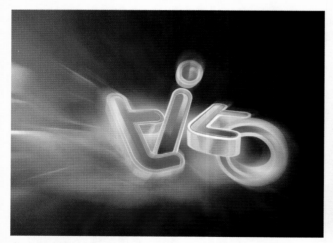

☆ 案例名称：黄金镶边立体水晶文字特效表现
　所在章节：第6章\6.2节

☆ 案例名称：纤薄3D立体水晶文字特效表现
　所在章节：第6章\6.3节

⌃ 案例名称：3D立体效果标识设计

　　所在章节：第6章\6.4节

⌃ 案例名称：现代中国之美公益宣传海报设计

　　所在章节：第7章\7.1节

⌃ 案例名称：云龙在天特效图像表现　　所在章节：第7章\7.2节

△ 案例名称：七彩迷雾显示器宣传壁纸设计　　所在章节：第7章\7.3节

△ 案例名称：牛仔裤质感模拟
　　所在章节：第8章\8.1节

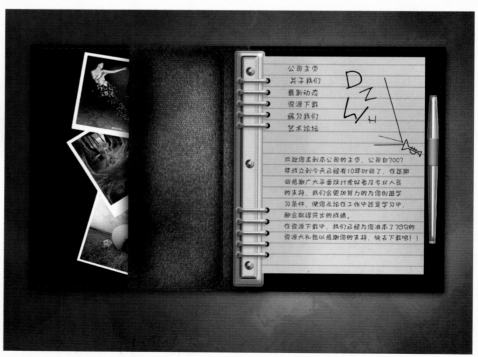

△ 案例名称：呢制西裤质感模拟
　　所在章节：第8章\8.2节

△ 案例名称：皮革质感笔记本效果网站页面设计　　所在章节：第8章\8.3节

☆案例名称：双面金属人特效表现
　　所在章节：第9章\9.1节

☆案例名称：恬静的恐惧——蛇皮肌肤质感模拟]
　　所在章节：第9章\9.2节

☆案例名称：美人鱼创意表现　　所在章节：第9章\9.3节

⚠ 案例名称：超时空接触——虚幻精灵质感模拟
  所在章节：第10章\10.2节

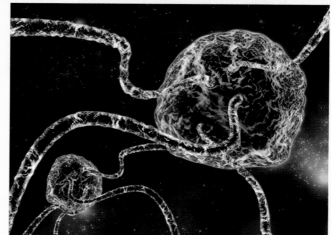

》 案例名称：微生物细胞质感表现   所在章节：第10章\10.1节

⌃ 案例名称：三维立体塑料质感文字视觉表现　　所在章节：第10章\10.3节

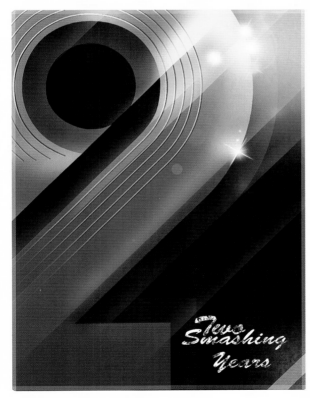

⌃ 案例名称：流光溢彩文字特效表现

　　所在章节：第10章\10.4节

⌃ 案例名称：The Global主题招贴　　所在章节：第10章\10.5节

目录

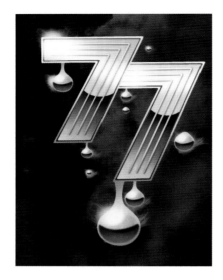

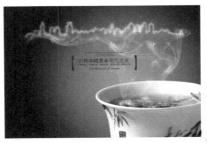

第8章 皮革布料质感..........................235

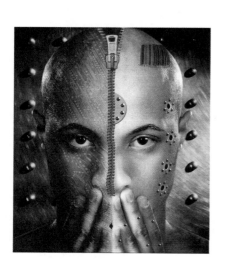

第9章 肌肤质感..........................268

第10章 其他质感..........................300

第1章

金属质感

　　金属材质是以金属元素或以金属元素为主构成的具有金属特性的材料的统称，其中包括纯金属、合金、金属材料化合物和特种金属材料等。不同的金属材质，其表面的颜色及光泽等均不同。在本章中将通过对6个案例进行讲解，来营造不同的金属质感。

1.1 七彩镀铬效果文字

本例是以"7"为主题制作的镀铬效果文字。镀铬效果是设计中最常见的质感之一。本例所讲解的质感文字效果沉重、厚实，给观者以一种历史的沧桑感。同时，滴落的水滴也烘托了画面的气氛。

核心技能：

> 应用调整图层功能，调整图像的亮度、对比度等属性。

> 结合路径及"渐变"填充图层的功能，制作图像的渐变效果。

> 利用剪贴蒙版限制图像的显示范围。

> 结合路径及"用画笔描边路径"功能，为所绘制的路径进行描边。

> 添加图层样式，制作图像的投影、渐变等效果。

> 利用图层蒙版功能隐藏不需要的图像。

> 执行"盖印"操作合并可见图层中的图像。

> 设置图层属性以混合图像。

 原始素材 光盘\第1章\1.1\素材1.psd、素材2.psd

 最终效果 光盘\第1章\1.1\1.1.psd

01 打开随书所附光盘中的文件"第1章\1.1\素材1.psd"，如图1.1所示，将其作为本例的背景图像。

图1.1 素材图像

02 在"图层"面板底部单击"创建新的填充或调整图层"按钮，在弹出的菜单中选择"曲线"命令，得到图层"曲线 1"，在"属性"面板中设置参数，如图1.2~图1.5所示，得到如图1.6所示的效果。

图1.2 "红"选项

图1.3 "绿"选项

图1.4 "蓝"选项

图1.5 "RGB"选项

图1.6 应用调整图层后的效果

图1.9 应用填充图层后的效果

 提 示

　　至此，背景效果已制作完成。下面制作主题数字。

提 示

　　在"渐变填充"对话框中，设置渐变各色标的颜色值为e1620d、f9efcd。

03 切换至"路径"面板，新建路径，得到"路径1"，选择"钢笔工具" ，在工具选项栏中选择"路径"选项，在画布的右侧绘制数字"7"的路径，效果如图1.7所示。

05 在"路径"面板中显示"路径 1"，使用"直接选择工具" 调整节点的位置，效果如图1.10所示。选择"路径选择工具" ，在其工具选项栏中选择"排除重叠形状"选项 ，然后按住Alt键拖动"路径 1"中的路径以复制路径，再次使用"直接选择工具" 调整节点的位置，效果如图1.11所示。

图1.7 绘制路径

04 切换回"图层"面板，单击"创建新的填充或调整图层"按钮 ，在弹出的菜单中选择"渐变"命令，在弹出的"渐变填充"对话框中设置参数，如图1.8所示，单击"确定"按钮退出对话框，隐藏路径后的效果如图1.9所示，同时得到图层"渐变填充1"。

图1.10 调整节点

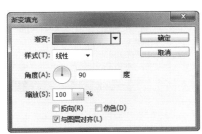

图1.8 "渐变填充"对话框

图1.11 复制路径及调整节点

06 切换回"图层"面板,单击"创建新的填充或调整图层"按钮 ◉. ,在弹出的菜单中选择"渐变"命令,在弹出的"渐变填充"对话框中设置参数,如图1.12所示,单击"确定"按钮,隐藏路径后的效果如图1.13所示,同时得到图层"渐变填充 2"。

图1.12 "渐变填充"对话框

图1.13 应用填充图层后的效果

 提 示

在"渐变填充"对话框中,设置渐变各色标的颜色值为460101、8c4300。

07 复制图层"渐变填充 2",得到图层"渐变填充 2 副本",使用"路径选择工具" ▶. 选取外部的路径,按Delete键将其删除,双击副本图层的图层缩览图,在弹出的"渐变填充"对话框中设置参数,如图1.14所示,单击"确定"按钮,得到如图1.15所示的效果。

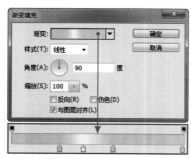

图1.14 "渐变填充"对话框

图1.15 应用填充图层后的效果

提 示

在"渐变填充"对话框中,设置渐变各色标的颜色值从左至右分别为fed674、fffbdf、fed674和ffd784。

08 按照步骤03的操作方法,使用"钢笔工具" ✎ 在数字"7"的下方绘制如图1.16所示的路径。在"图层"面板底部单击"创建新的填充或调整图层"按钮 ◉. ,在弹出的菜单中选择"渐变"命令,在弹出的"渐变填充"对话框中设置参数,如图1.17所示,单击"确定"按钮,隐藏路径后的效果如图1.18所示,同时得到图层"渐变填充 3",此时的"图层"面板如图1.19所示。

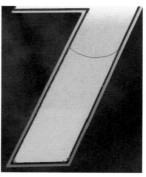

图1.16 绘制路径

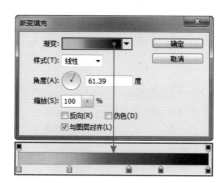

图1.17 "渐变填充"对话框

图1.18 应用填充图层后的效果

图1.19 "图层"面板

> **提 示**
>
> 本步骤中为了方便图层的管理，在此将制作右侧数字"7"的图层选中，按Ctrl+G组合键执行"图层编组"操作，得到"组 1"，并将其重命名为"右侧的7"。在下面的操作中，笔者也对各部分执行了"图层编组"的操作，在步骤讲解中不再叙述。

> **提 示**
>
> 在"渐变填充"对话框中，设置渐变各色标的颜色值从左至右分别为f4d39c、ffa511、b61904、840a0a和0a0702。下面制作数字边缘的高光效果。

09 选择图层"渐变填充 1"作为当前的工作层，在"图层"面板底部单击"创建新的填充或调整图层"按钮 ，在弹出的菜单中选择"曲线"命令，得到图层"曲线 2"，按Ctrl+Alt+G组合键执行"创建剪贴蒙版"操作，在"属性"面板中设置参数，如图1.20所示，得到如图1.21所示的效果。

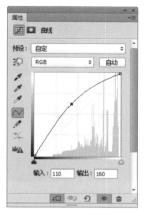

图1.20 "曲线"参数设置

图1.21 应用调整图层后的效果

10 选择图层"曲线 2"的图层蒙版缩览图，按Ctrl+I组合键执行"反相"操作。设置前景色为白色，选择"画笔工具" ，在工具选项栏中设置适当的画笔大小及不透明度，在图层"曲线 2"的图层蒙版中进行涂抹，以将除下方及下方两侧以外的高光显示出来，直至得到如图1.22所示的效果，此时图层蒙版中的状态如图1.23所示。

图1.22 编辑图层蒙版后的效果

图1.23 图层蒙版中的状态

提示

下面结合路径、描边路径及图层样式等功能，制作数字的双重立体感。

11 选择"钢笔工具" 📝，在工具选项栏中选择"路径"选项及"合并形状"选项 🔲，在上一步得到的数字图像上绘制如图1.24所示的路径。

图1.24 绘制路径

12 选择图层"渐变填充 3"作为当前的工作层，新建"图层 1"。设置前景色的颜色值为fef4c9，选择"画笔工具" 🖌，在工具选项栏中设置画笔为"硬边圆6像素"，"不透明度"为100%。切换至"路径"面板，单击"用画笔描边路径"按钮 ◯，隐藏路径后的效果如图1.25所示。

图1.25 描边并隐藏路径后的效果

13 在"图层"面板底部单击"添加图层样式"按钮 fx，在弹出的菜单中选择"投影"命令，在弹出的"图层样式"对话框中设置参数，如图1.26所示；在该对话框中继续选择"渐变叠加"选项，其参数设置如图1.27所示，单击"确定"按钮，得到如图1.28所示的效果，此时的"图层"面板如图1.29所示。

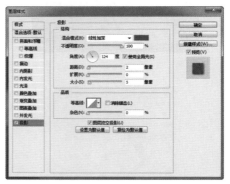

图1.26 "投影"图层样式参数设置

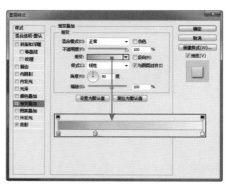

图1.27 "渐变叠加"图层样式参数设置

图1.28 应用图层样式后的效果

提示

在"投影"图层样式参数设置中，设置色块的颜色值为a83303；在"渐变叠加"图层样式参数设置中，设置渐变各色标的颜色值从左至右分别为ed8818、fdc73a和fef4c9。下面制作"7"下方的水珠效果。

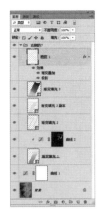

图1.29 "图层"面板

14 收拢图层组"右侧的7",选择图层"曲线 1"作为当前的工作层。按照上面所讲解的操作方法,结合路径及填充图层功能,制作数字"7"下方水珠的初始轮廓,效果如图1.30所示,此时的"图层"面板如图1.31所示。

图1.30 制作水珠的初始轮廓

图1.31 "图层"面板

提 示

本步骤中关于图像的颜色值及"渐变填充"对话框中的参数设置请参考本例随书所附光盘中的最终效果源文件。在下面的操作中,会多次应用到填充图层功能,笔者不再提示。

15 在"图层"面板底部单击"添加图层蒙版"按钮 |▣|,为图层"渐变填充 4"添加图层蒙版。设置前景色为黑色,选择"渐变工具"▣,在工具选项栏中单击"线性渐变"按钮▣,在画布中单击鼠标右键,在弹出的"渐变"拾色器中设置渐变为"前景色到透明渐变",分别从水珠的左上方至右下方、上方至下方绘制渐变,得到的效果如图1.32所示,此时图层蒙版中的状态如图1.33所示。

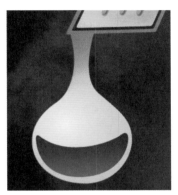

图1.32 添加图层蒙版后的效果

图1.33 蒙版中的状态

16 在"渐变填充 5"的图层名称上单击鼠标右键,在弹出的菜单中选择"转换为智能对象"命令,从而将其转换成为智能对象图层。在后面将对该图层中的图像执行滤镜操作,而智能对象图层可以记录下所有的参数设置,以便于进行反复的调整。

17 执行"滤镜"|"模糊"|"高斯模糊"命令,在弹出的对话框中设置"半径"为2像素,单击"确定"按钮,得到如图1.34所示的效果。

18 按照上面所讲解的操作方法,结合路径、填充图层、滤镜、图层蒙版及调整图层等功能,完善水珠效果,如图1.35所示,此时的"图层"面板如图1.36所示。

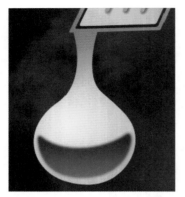

图1.34 应用"高斯模糊"命令后的效果

图1.35 完善水珠效果

图1.36 "图层"面板

提 示

　　本步骤中"高斯模糊"对话框中的参数设置同上一步骤中的设置相同。另外，关于"属性"面板中的参数设置请参考本例随书所附光盘中的最终效果源文件。

19 选择图层组"水珠"，按Ctrl+Alt+E组合键执行"盖印"操作，从而将选中图层中的图像合并至一个新图层中，并将其重命名为"图层 2"。按Ctrl+T组合键调出自由变换控制框，按住Shift键

拖动控制句柄以缩小"图层 2"中图像并移动图像的位置，按Enter键确认操作，得到的效果如图1.37所示。

图1.37 盖印及调整图像的效果

20 结合复制图层、变换及图层蒙版功能，制作数字"7"周围的其他水珠效果，如图1.38所示，此时的"图层"面板如图1.39所示。

图1.38 制作其他水珠效果

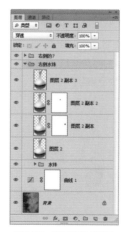

图1.39 "图层"面板

提 示

　　至此，右侧的数字"7"及水珠效果已制作完成。下面制作左侧的数字"7"及水珠效果。

21 按照上面所讲解的操作方法，选择图层组"右侧的7"作为当前操作对象，结合复制图层、编辑路径、更改参数设置、"曲线"调整图层、图层蒙版、描边路径及图层样式等功能，制作左侧的数字"7"及水珠效果，如图1.40所示，此时的"图层"面板如图1.41所示。

图1.40 制作另外一组数字及水珠效果

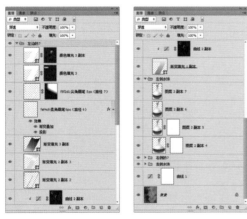

图1.41 "图层"面板

提 示

本步骤中"图层样式"对话框中的参数设置与步骤13的设置相同；关于线条的颜色值、画笔大小及对应的路径名称请参见本例随书所附光盘中最终效果源文件图层名称上的文字信息。下面制作水珠下方的光效果。

22 选择图层"曲线 1"作为当前的工作层，打开随书所附光盘中的文件"第1章\1.1\素材2.psd"，使用"移动工具" 将其拖至制作文件中，得到"图层 3"，利用自由变换控制框调整"图层 3"中图像的大小及位置（即画布的左上方），得到的效果如图1.42所示。

图1.42 调整图像的效果

23 在"图层"面板底部单击"添加图层样式"按钮 *fx.*，在弹出的菜单中选择"颜色叠加"命令，在弹出的"图层样式"对话框中设置参数如图1.43所示，单击"确定"按钮，效果如图1.44所示。

图1.43 "颜色叠加"图层样式参数设置

图1.44 添加图层样式后的效果

提 示

在"颜色叠加"图层样式参数设置中，设置色块的颜色值为ff0000。

24 选择"图层 3"，按Ctrl+G组合键执行"图层编组"操作，得到"组 1"，设置此图层组的混合模式为"正常"，使该图层组中所有调整图层及混合模式只针对该图层组内的图像起作用。

25 选择"图层 3"，在"图层"面板底部单击"创建新的填充或调整图层"按钮 ⊘.，在弹出的菜单中选择"曲线"命令，得到图层"曲线 5"，在"属性"面板中设置参数，如图1.45所示，得到如图1.46所示的效果。

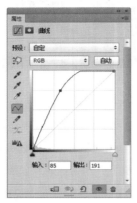

图1.45 "曲线"参数设置

图1.46 应用调整图层后的效果

26 在"图层"面板底部单击"添加图层蒙版"按钮 ▢，为"组 1"添加图层蒙版。设置前景色为黑色，选择"画笔工具" ✍，在工具选项栏中设置适当的画笔大小及不透明度，在图层蒙版中进行涂抹，以将四周的硬边隐藏起来，直至得到如图1.47所示的效果。

图1.47 添加图层蒙版并进行涂抹后的效果

27 选择"图层 3"作为当前的工作层，新建图层，得到"图层 4"。设置前景色的颜色值为f4c74e，选择"画笔工具" ✍，在工具选项栏中设置画笔为"柔边圆100像素"，在火图像中心单击以模拟火心，效果如图1.48所示，此时的"图层"面板如图1.49所示。

图1.48 模拟火心的效果

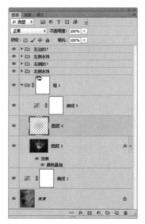

图1.49 "图层"面板

28 结合盖印、图层蒙版及复制图层功能，制作其他水珠下方的火效果，如图1.50所示，此时的"图层"面板如图1.51所示。

图1.50 制作其他火图像

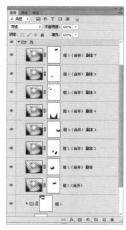

图1.51 "图层"面板

> **提 示**
>
> 本步骤在盖印"组1"后，要在"组1（合并）"图层蒙版缩览图上单击鼠标右键，在弹出的菜单中选择"应用图层蒙版"命令。下面对整体的光线进行调整。

29 选择图层组"左边的7"作为当前的操作对象，按照上面所讲解的操作方法，结合"曲线"调整图层（参数设置如图1.52所示）和图层蒙版的功能，增强数字图像上的高光效果，效果如图1.53所示，此时图层蒙版中的状态如图1.54所示。

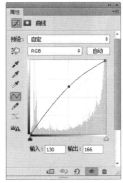

图1.52 "曲线"参数设置

图1.53 编辑图层蒙版后的效果

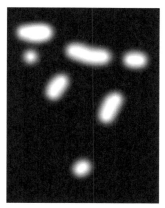

图1.54 图层蒙版中的状态

30 在"图层"面板底部单击"创建新的填充或调整图层"按钮 ，在弹出的菜单中选择"亮度/对比度"命令，得到图层"亮度/对比度 1"，在"属性"面板中设置参数，如图1.55所示，得到如图1.56所示的最终效果，此时的"图层"面板如图1.57所示。

图1.55 "亮度/对比度"参数设置

图1.56 最终效果

图1.57 "图层"面板

11

1.2 螺纹钢质感字

本例讲解如何制作螺纹钢质感字效果。在制作过程中，主要结合了Photoshop软件中的滤镜以及图层样式等功能来实现。

核心技能：

▶ 结合"转换点工具" 及"直接选择工具"调整图像的形状。

▶ 应用滤镜功能制作图像的模糊、杂色等效果。

▶ 利用剪贴蒙版限制图像的显示范围。

▶ 添加图层样式，制作图像的渐变、立体等效果。

▶ 应用"色相/饱和度"调整图层调整图像的色相及饱和度。

📄 **原始素材** 光盘\第1章\1.2\1.2.psd

📄 **最终效果** 光盘\第1章\1.2\1.2-应用效果.psd

01 按Ctrl+N组合键新建一个文件，在弹出的对话框中设置参数，如图1.58所示。

图1.58 "新建"对话框

02 设置前景色为黑色，选择"横排文字工具" T，在工具选项栏中设置适当的字体和字号，在画布中输入字母"BLH"，效果如图1.59所示，同时得到对应的文字图层。

03 执行"文字"|"转换为形状"命令，使用"转换点工具" 在字母"B"中具有弧度的路径节点上单击，以将其转换为尖角节点，直至得到如图1.60所示的效果。

图1.59 输入文字

图1.60 调整字母"B"节点后的效果

04 使用"直接选择工具" 将上一步编辑过的字母"B"调整为如图1.61所示的效果。

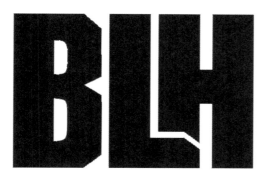

图1.61 调整后的效果

05 按照本例步骤 03~04 的方法，分别对字母"L"和字母"H"进行调整，并拉近3个字母之间的距离，直至得到如图1.62所示的效果。

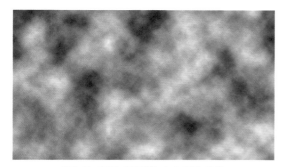

图1.62 调整后的效果

06 新建图层，得到"图层 1"，按D键将前景色和背景色恢复为默认的黑、白色，执行"滤镜"|"渲染"|"云彩"命令，得到类似图1.63所示的效果。

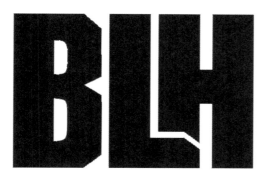

图1.63 应用"云彩"命令后的效果

07 执行"滤镜"|"模糊"|"高斯模糊"命令，在弹出的对话框中设置"半径"为50像素，单击"确定"按钮，得到如图1.64所示的效果。

08 执行"滤镜"|"杂色"|"添加杂色"命令，在弹出的对话框中设置参数，如图1.65所示，单击"确定"按钮退出对话框。

09 执行"滤镜"|"模糊"|"径向模糊"命令，在弹出的对话框中设置参数，如图1.66所示，单击"确定"按钮，得到如图1.67所示的效果。

图1.64 应用"高斯模糊"命令后的效果

图1.65 "添加杂色"对话框

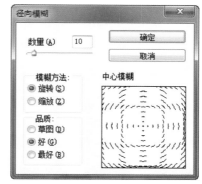

图1.66 "径向模糊"对话框

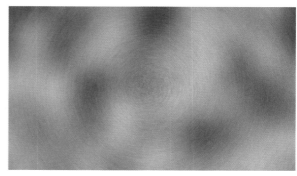

图1.67 应用"径向模糊"命令后的效果

10 执行"滤镜"|"锐化"|"USM锐化"命令，在弹

出的对话框中设置参数，如图1.68所示，单击"确
定"按钮，得到如图1.69所示的效果。

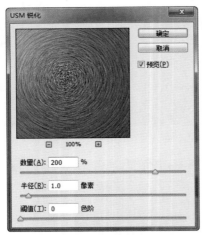

图1.68 "USM锐化"对话框

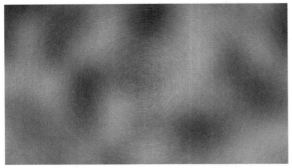

图1.69 应用"USM锐化"命令后的效果

11 选择"图层 1"，按Ctrl+Alt+G组合键执行"创建
剪贴蒙版"操作，得到如图1.70所示的效果。

图1.70 执行"创建剪贴蒙版"操作后的效果

12 在"图层"面板底部单击"添加图层样式"按钮
|*fx.*|，在弹出的菜单中选择"渐变叠加"命令，在
弹出的对话框中设置参数，如图1.71所示，单击
"确定"按钮，得到如图1.72所示的效果。

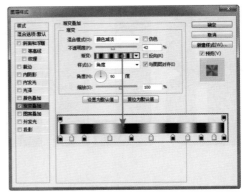

图1.71 "渐变叠加"图层样式参数设置

> **提 示**
>
> 在"渐变叠加"图层样式参数设置中，设置渐变各
> 色标的颜色值如下。第1、3、5、7、9、11个色标的颜色
> 值为000000（黑色），第2、4、6、8、10个色标的颜色
> 值为e7e9f4。

图1.72 应用"渐变叠加"图层样式后的效果

13 在"图层"面板底部单击"创建新的填充或调整
图层"按钮| **○.**|，在弹出的菜单中选择"色相/饱
和度"命令，得到图层"色相/饱和度 1"，按
Ctrl+Alt+G组合键执行"创建剪贴蒙版"操作，在
"属性"面板中设置参数，如图1.73所示，得到如
图1.74所示的效果。

图1.73 "色相/饱和度"参数设置

图1.74 应用调整图层后的效果

14 选择图层"BLH",在"图层"面板底部单击"添加图层样式"按钮 *fx*,,在弹出的菜单中选择"斜面和浮雕"命令,在弹出的对话框中设置参数如图1.75所示;在该对话框中选择"投影"选项,设置其参数如图1.76所示,单击"确定"按钮,得到如图1.77所示的效果。

提 示

在"斜面和浮雕"参数设置中,光泽等高线的状态为系统自带的"环形"。

15 图1.78所示为本例制作的特效文字应用于游戏海报中的效果,由于制作过程较为简单,故不再讲解其操作方法。

图1.77 应用图层样式后的效果

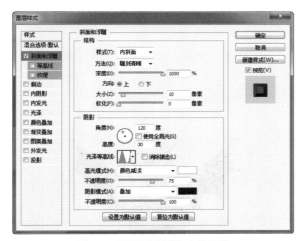

图1.75 "斜面和浮雕"参数设置

图1.78 应用效果

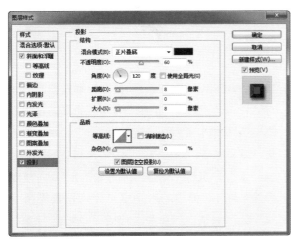

图1.76 "投影"参数设置

1.3 白银质感LOGO

白银的表面都非常光滑，可以发出较强的反射光，但由于其质地较软，且本身的颜色属于亮灰色，所以通常看到的银都略带一些漫反射效果。白银质感的设计元素在各类设计作品中也很常见，可以用于一些需要表现雍容华贵气质的作品中。

核心技能：

▶ 使用通道及滤镜功能创建特殊的选区。

▶ 应用"光照效果"滤镜命令增强图像的光照。

▶ 应用"模糊工具" 制作图像的模糊效果。

▶ 利用图层蒙版功能隐藏不需要的图像。

▶ 添加图层样式，制作图像的发光、立体等效果。

▶ 应用"曲线"调整图层调整图像的亮度。

 原始素材 | 光盘\第1章\1.3\素材1.tif、素材2.psd

 最终效果 | 光盘\第1章\1.3\1.3.psd

01 打开随书所附光盘中的文件"第1章\1.3\素材1.tif"，将其作为背景，如图1.79所示。再打开随书所附光盘中的文件"第1章\1.3\素材2.psd"，素材图像如图1.80所示，选择"移动工具" [▶⊕]，按住Shift键将龙形图像拖动到背景素材图像中，得到"图层1"，隐藏"图层1"。

图1.80 龙形素材图像

02 按住Ctrl键单击"图层1"的图层缩览图以调出其选区，选择"通道"面板，单击"将选区存储为通道"按钮 [⊡]，得到通道"Alpha 1"。单击该通道进入编辑状态，效果如图1.81所示。

03 保持选区，执行"滤镜"|"模糊"|"高斯模糊"命令5次，在弹出的对话框中分别设置模糊"半径"为20像素、10像素、5像素、2像素、1像素，单击"确定"按钮，按Ctrl+D组合键取消选区，得到如图1.82所示的效果。

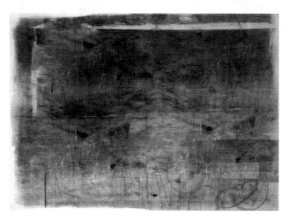

图1.79 背景素材图像

图1.81 通道 "Alpha 1" 的编辑状态

图1.82 应用 "高斯模糊" 命令后的效果

04 选择 "图层" 面板，新建 "图层 2"，设置前景
色的颜色值为808080，按Alt+Delete组合键进行填
充。执行 "滤镜" | "渲染" | "光照效果" 命令，
在 "属性" 面板中设置参数如图1.83所示（为便于
观看，在此只显示了当前图层和背景），得到如图
1.84所示的效果。

图1.83 "光照效果" 参数设置

05 按住Ctrl键单击 "图层 1" 的图层缩览图以调出其选
区，执行 "选择" | "修改" | "收缩" 命令，在弹出
的对话框中将 "收缩量" 设置为1像素，执行单击
"确定" 按钮。执行 "选择" | "修改" | "平滑" 命
令，在弹出的对话框中将 "取样半径" 设置为2像
素，然后单击 "确定" 按钮。

图1.84 应用 "光照效果" 命令后的效果

提 示

将选区进行收缩和平滑，是为了在下面添加图层蒙
版时去除图像边缘的锯齿。

06 保持选区，在 "图层" 面板底部单击 "添加图层蒙
版" 按钮 ▣ ，为 "图层 2" 添加图层蒙版，得到
如图1.85所示的效果。

图1.85 添加图层蒙版后的效果

07 将图像放大后可以看到图像上有很多纹理，如图
1.86所示，下面就来解决这个问题。选择 "模糊工
具" ◊ ，在工具选项栏中设置适当的画笔大小，
在图像中不断涂抹，将纹理去除，得到如图1.87所
示的效果。

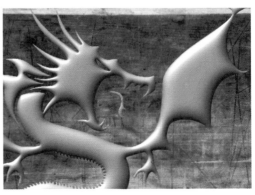

图1.86 由于光照效果产生的纹理

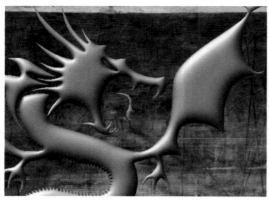

图1.87 擦除纹理后的效果

08 在"图层"面板底部单击"添加图层样式"按钮 *fx.*，在弹出的菜单中选择"投影"命令，在弹出的对话框中设置参数如图1.88所示；在该对话框中继续选择"外发光"、"内发光"、"斜面和浮雕"及"等高线"选项，分别设置其参数，如图1.89~图1.92所示，单击"确定"按钮，得到如图1.93所示的效果。

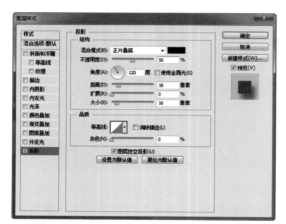

图1.88 "投影"图层样式参数设置

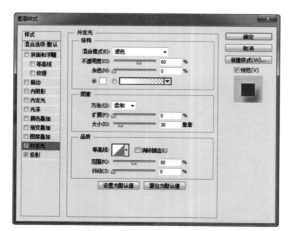

图1.89 "外发光"图层样式参数设置

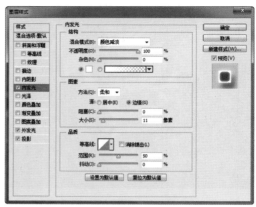

图1.90 "内发光"图层样式参数设置

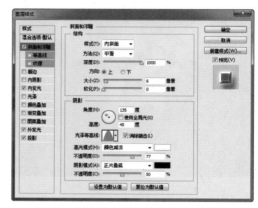

图1.91 "斜面和浮雕"图层样式参数设置

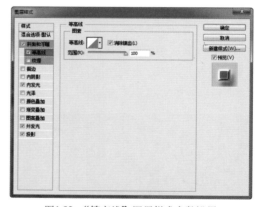

图1.92 "等高线"图层样式参数设置

图1.93 应用图层样式后的效果

提 示

在"斜面和浮雕"图层样式参数设置中,"光泽等高线"的状态被设置为"锥形"。

09 按住Ctrl键单击"图层 1"的图层缩览图以调出其选区,在"图层"面板底部单击"创建新的填充或调整图层"按钮 ◑.,在弹出的菜单中选择"曲线"命令,在"属性"面板中设置参数,如图1.94所示,得到如图1.95所示的最终效果,此时的"图层"面板如图1.96所示。

图1.95 最终效果

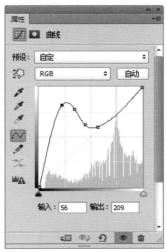

图1.94 "曲线"参数设置

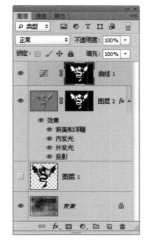

图1.96 "图层"面板

1.4 亚光金属徽章

本例讲解如何制作亚光金属徽章效果。在制作过程中,主要通过加强图像的对比度、表面的光感以及色彩来获得所需要的质感效果。

核心技能:

▷ 应用"曲线"对话框中的"铅笔工具" ✐ 调整图像的对比度及光感。

▷ 应用"色彩平衡"命令调整图像的色彩。

 原始素材 光盘\第1章\1.4\素材.tif

 最终效果 光盘\第1章\1.4\1.4.psd

01 打开随书所附光盘中的文件"第1章\1.4\素材.tif",如图1.97所示。

图1.97 素材图像

　　观察图像可以看出,整幅图像体现了较为明显的砂岩质感。下面利用"曲线"命令将其调整为金属质感。

02 按Ctrl+M组合键或执行"图像"|"调整"|"曲线"命令,在弹出的对话框中选择"铅笔工具" 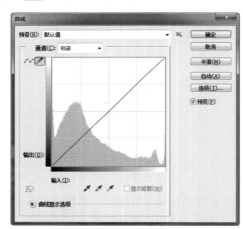,如图1.98所示。

图1.98 选择"铅笔工具"

03 使用"铅笔工具" 在调节线框内按照图1.99所示的状态绘制曲线,此时图像的预览效果如图1.100所示。

　　在上面绘制的曲线中,最高的曲线波峰用来提升图像整体的亮度,右侧的波谷则是用于将原图像中较亮的图像调暗,以此加强图像的对比度及表面的光感,从而初步将图像调整为金属质感效果。

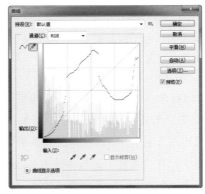

图1.99 调整曲线

图1.100 金属图像效果

04 单击"曲线"对话框右侧的"平滑"按钮两次,此时的对话框中调节线框内的曲线状态如图1.101所示,单击"确定"按钮退出对话框,得到如图1.102所示的效果。

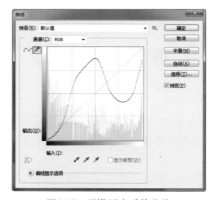

图1.101 平滑两次后的曲线

图1.102 应用"曲线"命令后的效果

05 按Ctrl+B组合键或执行"图像"|"调整"|"色彩平衡"命令，在弹出的对话框中设置参数如图1.103所示，单击"确定"按钮得到如图1.104所示的效果。

图1.104 应用"色彩平衡"命令后的效果

图1.103 "色彩平衡"对话框

1.5 钢质苹果电脑宣传海报

本例海报给观者的感觉锐气十足，象征苹果电脑不断创新的理念。海报效果主要表现了一种现代感较强的金属质感，与其他金属质感不同的是，它看起来比铁的硬度更高，但又不如钢表面具有那么强烈的反光。

核心技能：

> 应用"定义图案"命令定义图案。

> 应用路径工具绘制路径。

> 添加图层样式，制作图像的立体、渐变等效果。

> 结合通道及滤镜功能创建特殊的选区。

> 设置图层属性以混合图像。

> 利用图层蒙版功能隐藏不需要的图像。

> 利用剪贴蒙版限制图像的显示范围。

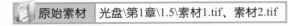

原始素材 光盘\第1章\1.5\素材1.tif、素材2.tif

最终效果 光盘\第1章\1.5\1.5.psd

第1部分 定义图案

01 按Ctrl+N组合键新建一个文件，在弹出的对话框中设置参数，如图1.105所示，然后单击"确定"按钮，创建一个新文件。

02 设置前景色为黑色，选择"铅笔工具" ，在工具选项栏中设置画笔大小为2像素。

图1.105 "新建"对话框

03 使用"缩放工具" 将图像显示比例放大至
1600%。使用"铅笔工具" 在图像的顶部单击，
得到如图1.106所示的效果。

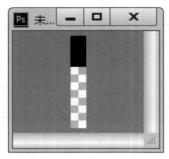

图1.106 用"铅笔工具"单击后的效果

04 执行"编辑"|"定义图案"命令，在弹出的对话
框中直接单击"确定"按钮即可，从而将图像定义
为图案。关闭并不保存该图像文件。

第2部分 制作尖刺底图

01 按Ctrl+N组合键新建一个文件，在弹出的对话框中
设置参数，如图1.107所示，然后单击"确定"按
钮。设置前景色的颜色值为bdc7db，按Alt+Delete
组合键填充图层"背景"。

图1.107 "新建"对话框

02 在"图层"面板底部单击"创建新的填充或调整
图层"按钮 ，在弹出的菜单中选择"图案"命
令，在弹出的对话框中设置参数，如图1.108所示，
单击"确定"按钮退出对话框。设置该填充图层的
"不透明度"为20%，得到如图1.109所示的效果。

图1.108 "图案填充"对话框

图1.109 应用填充图层并设置图层属性后的效果

03 选择"多边形工具" ，在工具选项栏中设置参
数，如图1.110所示，然后按住Shift键在画布中绘
制如图1.111所示的路径。

图1.110 "多边形工具"的工具选项栏

图1.111 绘制路径

04 切换至"路径"面板，双击当前的"工作路径"，
在弹出的对话框中直接单击"确定"按钮即可，从
而将其保存为"路径1"。

05 按Ctrl+Enter组合键将当前路径转换为选区，切换
至"图层"面板，新建图层，得到"图层1"。设
置前景色的颜色值为c2c2c2，按Alt+Delete组合键
填充选区，按Ctrl+D组合键取消选区。

06 在"图层"面板底部单击"添加图层样式"按钮
，在弹出的菜单中选择"斜面和浮雕"命令，
在弹出的对话框中设置参数，如图1.112所示；在
该对话框中选择"渐变叠加"和"描边"选项，并
设置其参数，如图1.113、图1.114所示，然后单击
"确定"按钮，得到如图1.115所示的效果。

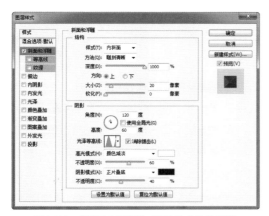

图1.112 "斜面和浮雕"图层样式参数设置

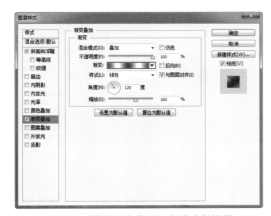

图1.113 "渐变叠加"图层样式参数设置

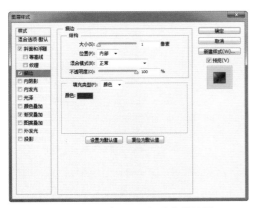

图1.114 "描边"图层样式参数设置

图1.115 应用图层样式后的效果

提 示

　　在"斜面和浮雕"图层样式参数设置中，"光泽等高线"的状态被设置为系统自带的"环形"；在"渐变叠加"图层样式参数设置中，所设置的渐变为"银色"，载入"金属"渐变序列即可找到该渐变；在"描边"图层样式参数设置中，设置色块的颜色值为3c3c3c。

07 选择"多边形工具" ⬡ ，在工具选项栏中设置参数，如图1.116所示。按住Shift键，在画布中绘制如图1.117所示的多边形路径。

图1.116 "多边形工具"的工具选项栏

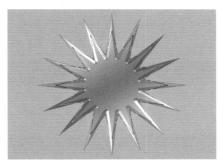

图1.117 绘制多边形路径

08 按照本部分步骤 **04** 中的方法，将当前路径保存为"路径2"，按Ctrl+Enter组合键，将当前路径转换为选区。切换至"通道"面板，单击"将选区存储为通道"按钮 ▣ ，得到通道"Alpha 1"。

09 按Ctrl+D组合键取消选区，单击通道"Alpha 1"的通道缩览图以进入其编辑状态。执行"滤镜"|"模糊"|"高斯模糊"命令，在弹出的对话框中设置"半径"为20像素，单击"确定"按钮，得到如图1.118所示的效果。

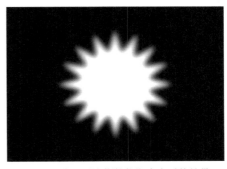

图1.118 应用"高斯模糊"命令后的效果

10 按Ctrl+L组合键应用"色阶"命令，在弹出的对话框中设置参数，如图1.119所示，然后单击"确定"按钮，得到如图1.120所示的效果。

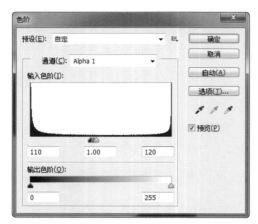

图1.119 "色阶"对话框

图1.120 应用"色阶"命令后的效果

11 按Ctrl键单击通道"Alpha 1"的通道缩览图以载入其选区，切换至"图层"面板，选择"图层1"，按住Alt键单击"添加图层蒙版"按钮 ▣，为当前图层添加图层蒙版，得到如图1.121所示的效果。

图1.121 添加图层蒙版后的效果

12 切换至"通道"面板，再次载入通道"Alpha 1"的选区，切换至"图层"面板，新建图层，得到

"图层 2"。设置前景色的颜色值为c2c2c2，按Alt+Delete组合键填充选区，按Ctrl+D组合键取消选区。

13 选择"图层 1"并在该图层的图层名称上单击鼠标右键，在弹出的菜单中选择"拷贝图层样式"命令，在"图层 2"的图层名称上单击鼠标右键，在弹出的菜单中选择"粘贴图层样式"，得到如图1.122所示的效果。

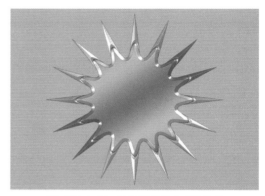

图1.122 复制、粘贴图层样式后的效果

14 双击"图层 2"中的"斜面和浮雕"图层效果名称，在弹出的对话框中将"大小"设置为10像素，单击"确定"按钮退出该对话框，得到如图1.123所示的效果。

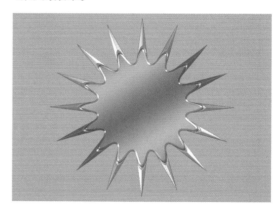

图1.123 修改图层样式参数设置后的效果

15 按Ctrl+Shift组合键，分别单击"图层 1"和"图层 2"的图层缩览图，得到两者相加后的选区。选择图层"背景"，新建图层，得到"图层 3"，按Alt+Delete组合键填充选区，再按Ctrl+D组合键取消选区。

16 在"图层"面板底部单击"添加图层样式"按钮 fx，在弹出的菜单中选择"投影"命令，在弹出的对话框中设置参数，如图1.124所示，单击"确定"按钮，得到如图1.125所示的效果。

图1.124 "投影"图层样式参数设置

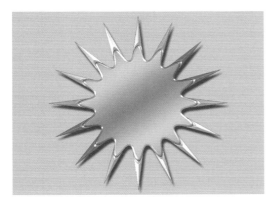

图1.125 应用图层样式后的效果

第3部分 制作凹陷图像

01 在工具选项栏中选择"路径"选项，使用"椭圆工具" ⊙ 和"矩形工具" □ 在画布中绘制如图1.126所示的路径。按照本例第2部分步骤 04 的方法，将该路径保存为"路径3"。

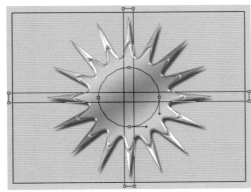

图1.126 绘制路径

02 按Ctrl+Enter组合键，将当前路径转换为选区。打开随书所附光盘中的文件"第1章\1.5\素材1.tif"，如图1.127所示，按Ctrl+A组合键执行"全选"操作，按Ctrl+C组合键执行"拷贝"操作，关闭该素材图像。

图1.127 素材图像

03 返回本例的制作文件中，选择"图层 2"，按Alt+Shift+Ctrl+V组合键执行"贴入"操作，得到"图层 4"。使用"移动工具" ⊕ 将"图层 4"中的图像调整至如图1.128所示的位置。

图1.128 调整后的效果

04 在"图层"面板底部单击"添加图层样式"按钮 *fx.*，在弹出的菜单中选择"内发光"命令，在弹出的对话框中设置参数，如图1.129所示；在该对话框中选择"内阴影"选项，设置其参数如图1.130所示，然后单击"确定"按钮，得到如图1.131所示的效果。

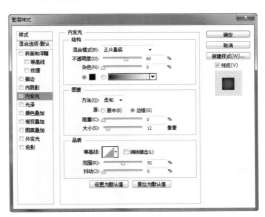

图1.129 "内发光"图层样式参数设置

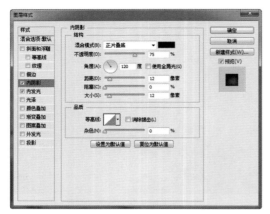

图1.130 "内阴影"图层样式参数设置

图1.131 应用图层样式后的效果

05 选择"画笔工具" ，按F5键显示"画笔"面板，并按照图1.132中所示的参数进行设置。

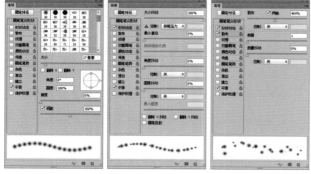

图1.132 "画笔"面板

06 选择"钢笔工具" ，在工具选项栏中选择"路径"选项，在画布中绘制如图1.133所示的路径。按照本例第2部分中步骤 04 的方法，将该路径保存为"路径4"。

07 新建图层，得到"图层5"，设置前景色为白色。切换至"路径"面板，单击"用画笔描边路径"按钮 ，再单击"路径"面板中的空白区域以隐藏路径，得到如图1.134所示的效果。

图1.133 绘制路径

图1.134 描边路径后的效果

08 在"图层"面板底部单击"添加图层样式"按钮 fx. ，在弹出的菜单中选择"外发光"命令，在弹出的对话框中设置参数，如图1.135所示，然后单击"确定"按钮，得到如图1.136所示的效果。

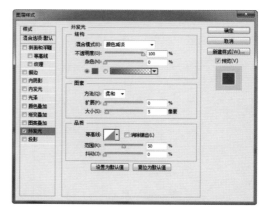

图1.135 "外发光"图层样式参数设置

提示

在"外发光"图层样式参数设置中，设置色块的颜色值为0054ff。

09 按Ctrl键单击"图层4"的图层蒙版缩览图以载入其选区，选择"图层5"，在"图层"面板底部单击"添加图层蒙版"按钮 ，为该图层添加图层蒙版，按Ctrl+Alt+G组合键执行"创建剪贴蒙版"操作，得到如图1.137所示的效果。

图1.136 应用图层样式后的效果

10 新建图层，得到"图层 6"，设置前景色的颜色值为c2c2c2，按Ctrl键单击"图层 4"的图层蒙版缩览图以载入其选区，执行"编辑"|"描边"命令，在弹出的对话框中设置参数，如图1.138所示，然后单击"确定"按钮，取消选区后的效果如图1.139所示。

图1.137 执行"创建剪贴蒙版"操作后的效果

图1.138 "描边"对话框

11 在"图层"面板底部单击"添加图层样式"按钮 fx.，在弹出的菜单中选择"斜面和浮雕"命令，在弹出的对话框中设置参数，如图1.140所示；在该对话框中选择"等高线"和"投影"选项，并

设置其参数，如图1.141和图1.142所示，然后单击"确定"按钮，得到如图1.143所示的效果。

图1.139 应用"描边"命令后的效果

图1.140 "斜面和浮雕"图层样式参数设置

图1.141 "等高线"图层样式参数设置

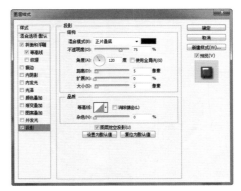

图1.142 "投影"图层样式参数设置

27

图1.143 应用图层样式后的效果

> **提 示**
>
> 在"等高线"图层样式参数设置中，"等高线"的编辑状态如图1.144所示。

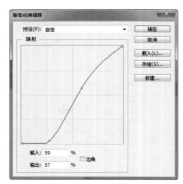

图1.144 "等高线编辑器"对话框

第4部分 制作中间玻璃球体并完成最终效果

01 选择"椭圆工具" ，在工具选项栏中选择"路径"选项，按住Shift键在画布中间绘制如图1.145所示的路径。按本例第2部分步骤**04**的方法，将该路径保存为"路径 5"。

图1.145 绘制路径

02 按Ctrl+Enter组合键将当前路径转换为选区。在所有图层的上方新建图层，得到"图层 7"。设置前景色的颜色值为c2c2c2，按照本例第3部分步骤**10**的方法进行描边，按Ctrl+D组合键取消选区，得到如图1.146所示的效果。

图1.146 描边后的效果

03 将"图层 6"中的"斜面和浮雕"图层样式复制到"图层 7"中，得到如图1.147所示的效果。

图1.147 复制图层样式后的效果

04 新建图层，得到"图层 8"，并将其拖至"图层 7"下方，设置前景色的颜色值为81bbcf。切换至"路径"面板，按Ctrl键单击"路径 5"以将其转换为选区，按Alt+Delete组合键填充选区，按Ctrl+D组合键取消选区，得到如图1.148所示的效果。

图1.148 填充选区后的效果

05 在"图层"面板底部单击"添加图层样式"按钮 |*fx*,|，在弹出的菜单中选择"斜面和浮雕"命令，在弹出的对话框中设置参数，如图1.149所示；在该对话框中选择"等高线"和"内发光"选项，分别设置其参数如图1.150、图1.151所示，得到如图1.152所示的效果。

图1.149 "斜面和浮雕"图层样式参数设置

图1.150 "等高线"图层样式参数设置

图1.151 "内发光"图层样式参数设置

提 示

在"斜面和浮雕"图层样式参数设置中，"光泽等高线"的编辑状态如图1.153所示；在"等高线"图层样式参数设置中，"等高线"的编辑状态如图1.154所示。

图1.152 应用图层样式后的效果

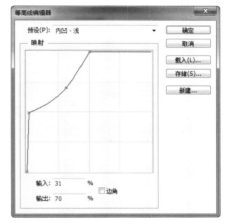

图1.153 "斜面和浮雕"图层样式参数设置中"光泽等高线"的编辑状态

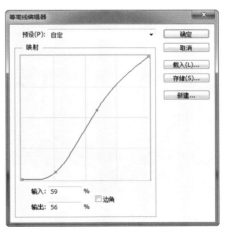

图1.154 "等高线"图层样式参数设置中"等高线"的编辑状态

06 保持在"图层样式"对话框中，选择"光泽"和"渐变叠加"选项，分别设置其参数，如图1.155、图1.156所示，得到如图1.157所示的效果。

提 示

在"光泽"图层样式参数设置中，"等高线"的编辑状态如图1.158所示；在"渐变叠加"图层样式参数设置中，所设置的渐变为从淡蓝色（ecf7ff）到深蓝色（3e4f66）。

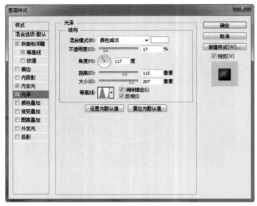

图1.155 "光泽"图层样式参数设置

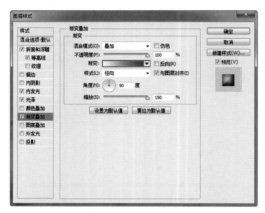

图1.156 "渐变叠加"图层样式参数设置

图1.157 应用图层样式后的效果

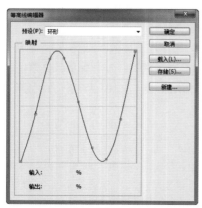

图1.158 "等高线编辑器"对话框

07 保持在"图层样式"对话框中，选择"内阴影"、"投影"及"描边"选项，分别设置其参数如图1.159～图1.161所示，然后单击"确定"按钮，得到如图1.162所示的效果。

提 示

在"内阴影"图层样式参数设置中，设置色块的颜色值为305798；在"描边"图层样式参数设置中，设置色块的颜色值为051159。

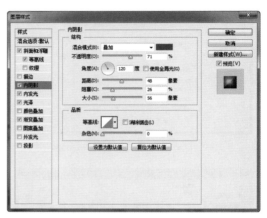

图1.159 "内阴影"图层样式参数设置

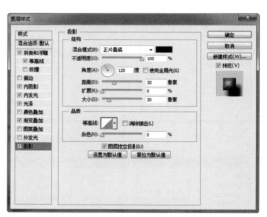

图1.160 "投影"图层样式参数设置

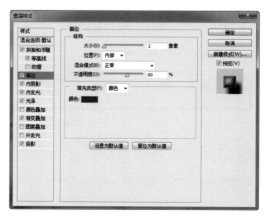

图1.161 "描边"图层样式参数设置

图1.162 应用图层样式后的效果

08 在所有图层的上方新建图层，得到"图层9"，按 Ctrl键单击"图层8"的图层缩览图以调出其选区，按Alt+Delete组合键填充选区，按Ctrl+D组合键取消选区。

09 设置"图层9"的"填充"数值为0%，在"图层"面板底部单击"添加图层样式"按钮 *fx.*，在弹出的菜单中选择"内发光"命令，在弹出的对话框中设置参数，如图1.163所示，然后单击"确定"按钮，得到如图1.164所示的效果。

图1.163 "内发光"图层样式参数设置

图1.164 应用图层样式后的效果

10 打开随书所附光盘中的文件"第1章\1.5\素材 2.tif"，切换至"路径"面板并选择"路径 1"，使用"路径选择工具" *▶.* 将其拖至制作文件中。

11 按Ctrl+T组合键调出路径自由变换控制框，按住 Shift键将"路径 1"缩小，按Enter键确认变换操作，并将该路径置于如图1.165所示的位置。

图1.165 缩小并调整路径位置后的效果

12 按Ctrl+Enter组合键将当前路径转换为选区。在所有图层的上方新建图层，得到"图层10"，设置前景色的颜色值为c2c2c2，按Alt+Delete组合键填充选区，按Ctrl+D组合键取消选区。

13 在"图层"面板底部单击"添加图层样式"按钮 *fx.*，在弹出的菜单中选择"斜面和浮雕"命令，在弹出的对话框中设置参数，如图1.166所示，然后单击"确定"按钮，得到如图1.167所示的效果。

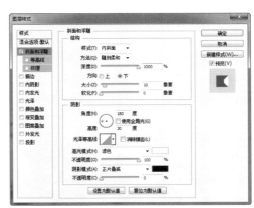

图1.166 "斜面和浮雕"图层样式参数设置

14 按Ctrl键单击"图层 10"的图层缩览图以调出其选区，按Ctrl+Shift+C组合键执行"合并拷贝"操作。隐藏"图层10"。切换至"通道"面板，新建通道，得到通道"Alpha 2"，按Ctrl+V组合键执行"粘贴"操作。

图1.167 应用图层样式后的效果

15 保持选区不变，执行"滤镜"|"风格化"|"查找
边缘"命令，按Ctrl+I组合键执行"反相"操作，
得到如图1.168所示的效果。

图1.168 执行"反相"操作后的效果

16 按Ctrl键单击通道"Alpha 2"的通道缩览图以载入
其选区。切换至"图层"面板，新建图层，得到
"图层 11"，设置前景色的颜色值为1f60a9，按
Alt+Delete组合键填充选区，按Ctrl+D组合键取消
选区。

17 将"图层 11"拖至"图层 8"的上方，按
Ctrl+Alt+G键执行"创建剪贴蒙版"操作，得到
如图1.169所示的效果，此时的"图层"面板如图
1.170所示。

图1.169 执行"创建剪贴蒙版"操作后的效果

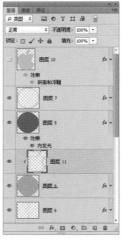

图1.170 "图层"面板

18 在"图层"面板底部单击"添加图层样式"按钮
$fx.$，在弹出的菜单中选择"投影"命令，在弹出
的对话框中设置参数，如图1.171所示，然后单击
"确定"按钮，得到如图1.172所示的效果。

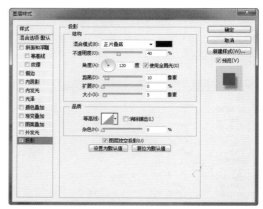

图1.171 "投影"图层样式参数设置

图1.172 应用图层样式后的效果

19 选择"椭圆工具" ，在工具选项栏中选择"路
径"选项，按住Shift键在画布中间绘制如图1.173
所示的路径。按照本例第2部分步骤04的方法，将
该路径保存为"路径 7"。

20 设置前景色为黑色，选择"横排文字工具" T，在工具选项栏中设置适当的字体和字号，在路径上单击以插入一个文本光标点，输入如图1.174所示的文字。

图1.173 绘制路径

图1.174 输入文字

21 设置上一步创建的文字图层的"填充"为0%。在"图层"面板底部单击"添加图层样式"按钮 fx.，在弹出的菜单中选择"斜面和浮雕"命令，在弹出的对话框中设置参数，如图1.175所示，单击"确定"按钮，得到如图1.176所示的效果。图1.177所示为本例的最终效果，此时的"图层"面板如图1.178所示。

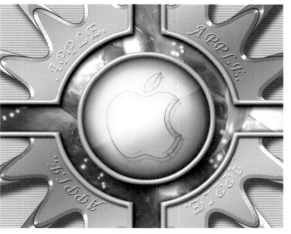

图1.176 应用图层样式后的效果

图1.177 最终效果

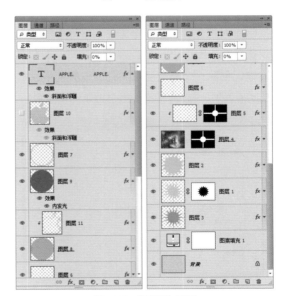

图1.178 "图层"面板

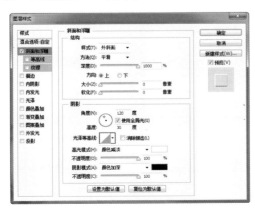

图1.175 "斜面和浮雕"图层样式参数设置

1.6 不锈钢质感特效——西餐厅开业宣传海报

本案例是一家西餐厅的开业宣传海报。海报的主要设计思想是利用一个拟人化的叉子图像作为主题，以鲜明、醒目的颜色，富有质感的叉子图像，以及叉子手指的动作设计等方面，来诱导人们的食欲，并体现出西餐厅的顾客至上的饮食文化。

核心技能：

> 利用"图案"填充图层填充背景图案。

> 结合使用"色阶"调整图层与图层混合模式，制作特殊背景图像效果。

> 结合使用"纯色"填充图层与图层蒙版，制作背景整体阴影效果。

> 使用路径工具绘制主题叉子图像的基本轮廓。

> 结合"画笔工具" 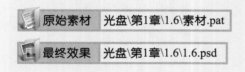 及图层蒙版，模拟叉子表面的金属质感。

> 添加图层样式，制作阴影和描边效果。

> 利用"横排文字工具" T. 输入文字。

| 原始素材 | 光盘\第1章\1.6\素材.pat |
| 最终效果 | 光盘\第1章\1.6\1.6.psd |

第1部分 制作背景图像

01 按Ctrl+N组合键新建一个文件，在弹出的对话框中设置参数如图1.179所示，单击"确定"按钮退出对话框，创建一个新的空白文件。设置前景色的颜色值为a12621，按Alt+Delete组合键填充前景色。

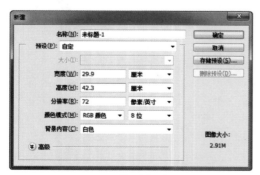

图1.179 "新建"对话框

提 示

下面通过"图案"填充图层及图层混合模式功能，制作带有图案的背景图像。

02 打开随书所附光盘中的文件"第1章\1.6\素材.pat"，在"图层"面板底部单击"创建新的填充或调整图层"按钮 ⊙.，在弹出的菜单中选择"图案"命令，在弹出的对话框中设置参数，如图1.180所示，单击"确定"按钮，得到如图1.181所示的效果，同时得到图层"图案填充 1"。

图1.180 "图案填充"对话框

03 双击图层"背景"的图层名称，在弹出的对话框中单击"确定"按钮，将图层"背景"转换为"图层 0"。设置"图层 0"的混合模式为"线性减淡（添加）"，拖动图层"图案填充 1"的图层名称到"图层 0"的下边，得到的效果如图1.182所示。

图1.181 应用填充图层后的效果

图1.182 更改图层顺序后的效果

提 示

> 下面通过调整图层及图层蒙版功能，制作晕边图案背景效果。

04 在"图层"面板底部单击"创建新的填充或调整图层"按钮 ⊘.，在弹出的菜单中选择"色阶"命令，在"属性"面板中设置参数如图1.183和图1.184所示，得到如图1.185所示的效果，同时得到图层"色阶 1"。

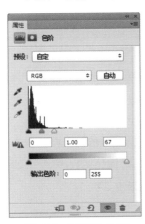

图1.183 "RGB"选项

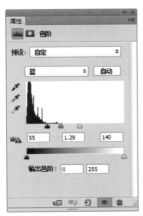

图1.184 "蓝"选项

图1.185 执行调整图层后的效果

05 选择"图层0"，在"图层"面板底部单击"创建新的填充或调整图层"按钮 ⊘.，在弹出的菜单中选择"纯色"命令，然后在弹出的"拾色器（纯色）"对话框中设置其颜色为黑色，单击"确定"按钮，得到如图1.186所示的效果，同时得到图层"颜色填充 1"。

图1.186 应用填充图层后的效果

06 选择图层"颜色填充 1"的图层蒙版缩览图，设置前景色为黑色。选择"椭圆选框工具" ○.，在画布中绘制如图1.187所示的圆形选区。按Shift+F6组合键应用"羽化"命令，在弹出的对话框中设置"羽化半径"为100像素，单击"确定"按钮退出对话框。按Alt+Delete组合键填充前景色，再按Ctrl+D组合键取消选区，得到如图1.188所示的效果。

07 设置图层"颜色填充 1"的"不透明度"为60%，得到的效果如图1.189所示。按住Ctrl键选中所有图层的图层名称，将其全部选中，按Ctrl+G组合键为选中的图层编组，并得到的图层组重命名为"背景"，此时的"图层"面板的状态如图1.190所示。

图1.187 绘制选区

图1.188 编辑图层蒙版后的效果

图1.189 设置图层属性后的效果

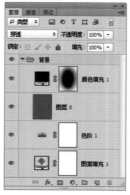

图1.190 "图层"面板

第2部分 制作主题图像——叉子

提 示

下面通过绘制路径并进行颜色填充，制作叉子整体图像。

01 选择"钢笔工具" ，在工具选项栏中选择"路径"选项，在画布中绘制如图1.191所示的路径。继续在工具选项栏中选择"减去顶层形状"选项 ，在叉子的手掌右边部位继续绘制路径，效果如图1.192所示。

图1.191 绘制路径

图1.192 减去路径后的效果

02 切换到"路径"面板，双击当前的工作路径，将其保存为"路径1"。切换到"图层"面板，按照第1部分步骤**05**的方法，为"路径1"填充颜色，其中"拾色器（纯色）"对话框中的颜色被设置为白色，单击"确定"按钮，得到如图1.193所示的效果，同时得到图层"颜色填充2"。

图1.193 应用填充图层后的效果

图1.195 绘制叉子的基础纹理效果

 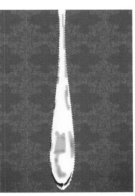

图1.196 局部效果

> **提 示**
>
> 下面使用"画笔工具" ✍ 制作叉子的基础纹理效果。

03 新建图层，得到"图层 1"，按住Ctrl键单击图层"颜色填充 2"的图层缩览图将其载入到选区，效果如图1.194所示。

图1.194 载入选区

04 设置前景色为黑色，选择"画笔工具" ✍ ，在工具选项栏中设置画笔"大小"为8像素，"硬度"为0%，设置"不透明度"为30%，在选区内拖动鼠标进行叉子纹理基础形态的绘制，直至得到类似图1.195所示的效果，放大观看的局部效果如图1.196所示。

> **提 示**
>
> 在绘制过程中，画笔的大小、硬度、不透明度都可以根据需要进行调整，不用局限在步骤里描述的固定值中，而叉子纹理的绘制也可以根据读者的美术功底任意发挥，不必要追求与案例中一模一样。

> **提 示**
>
> 通过叉子的大体形态，可以看出叉子手指部分的大拇指、中指和无名指是向手心弯曲的，因此在涂抹时，只需要大概突出阴影形态即可。叉子整体绘制完成后，再具体绘制这3个手指的细节。

05 选择"钢笔工具" ✍ ，在工具选项栏中选择"路径"选项，在叉子的手柄部位凸起部分绘制如图1.197所示的路径。切换到"路径"面板，双击当前的工作路径，将其保存为"路径 2"，按住Ctrl键单击"路径 2"的路径名称，将其载入到选区，切换回"图层"面板。

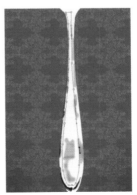

图1.197 绘制凸起部分的路径

> **提 示**
>
> 下面在选区中涂抹叉子手柄凸起部分的细节纹理。

06 新建图层，得到"图层 2"。选择"画笔工具" ✎，在工具选项栏中设置画笔"大小"为3像素，"硬度"为20%，"不透明度"为100%，沿着选区的左边及底部边缘进行涂抹。

07 边缘涂抹完成后，继续涂抹手柄中间部分的纹理，"画笔工具" ✎的工具选项栏的设置与本部分中步骤05相同，涂抹完成后按Ctrl+D组合键取消选区，得到的效果如图1.198所示。

图1.198 涂抹凸起部分的效果

08 新建图层，得到"图层 3"，隐藏"图层 1"、"图层 2"。选择"钢笔工具" ✐，在工具选项栏中选择"路径"选项，在叉子的手柄部位绘制深色纹理线条的路径，效果如图1.199所示。切换到"路径"面板，双击当前的工作路径，将其保存为"路径3"。

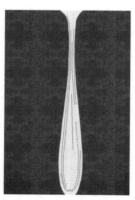

图1.199 绘制线条路径

09 选择"画笔工具" ✎，在工具选项栏中设置画笔"大小"为2像素，"硬度"为100%，"不透明度"为100%，在"路径"面板底部单击"用画笔

描边路径"按钮 ○，然后单击"路径"面板中的空白区域以隐藏路径，得到如图1.200所示的效果。

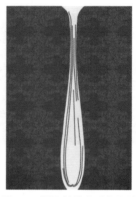

图1.200 用路径描边后的效果

10 切换回"图层"面板，单击"添加图层蒙版"按钮 ▣为"图层 3"添加图层蒙版。设置前景色为黑色，选择"画笔工具" ✎，在工具选项栏中设置适当的画笔大小及不透明度，在图层蒙版中进行涂抹，以将高光部分的线条涂抹出若隐若现的效果，直至得到如图1.201所示的效果，此时图层蒙版中的状态如图1.202所示。

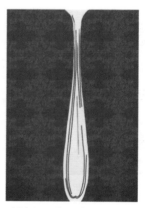

图1.201 添加图层蒙版并进行涂抹后的效果

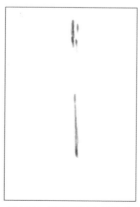

图1.202 图层蒙版中的状态

11 显示"图层 1"、"图层 2",得到如图1.203所示的效果,此时整体效果如图1.204所示。按住Ctrl键分别单击"图层 1"、"图层 2"、"图层 3"的图层名称以将其全部选中,按Ctrl+Alt+E组合键执行"盖印"操作,从而将选中图层中的图像合并至一个新图层中,得到"图层 3(合并)",隐藏"图层 1"~"图层 3"。

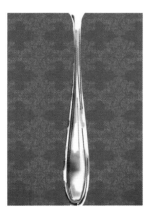

图1.203 显示图层后的效果

图1.204 整体效果

12 设置前景色为白色,选择"画笔工具" ✏,在工具选项栏中设置适当的参数,结合上面所讲的涂抹方法,涂抹出叉子的高光部分,直至得到如图1.205所示的效果。

图1.205 涂抹高光部分

提 示

在涂抹过程中,由于每个人的美术功底与感觉不同,得出的效果会存在一些差异。涂抹的颜色可将黑色和白色交叉使用,反复涂抹至满意为止。

13 选择"锐化工具" △,在工具选项栏中设置画笔"大小"为13像素,"硬度"为0%,"强度"为50%,在叉子图像上进行涂抹,直至得到如图1.206所示的效果。

提 示

此处涂抹的目的,是通过将涂抹过的地方与未涂抹的地方对比,增加视觉上的金属质感。主要涂抹位置是叉子的手掌中心和手柄最突起的部位,其他地方根据需要稍加涂抹。

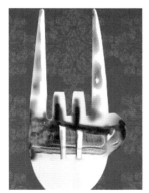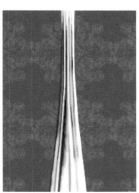

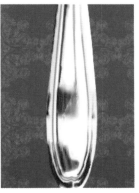

图1.206 锐化后的效果

提 示

下面在叉子手掌的上面一个层次绘制手指部位的细节纹理。

14 选择"钢笔工具" ✏,在工具选项栏中选择"路径"选项,在叉子的手指部位绘制如图1.207所示的路径。继续在工具选项栏中选择"合并形状"选项，绘制路径如图1.208所示。按照第1部分步骤 05 的方法，将路径填充为白色，得到如图1.209 所示的效果，同时得到图层"颜色填充 3"。

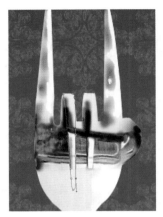

图1.207 绘制路径

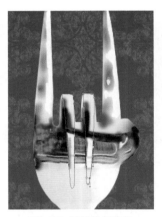

图1.208 继续绘制路径

图1.209 应用填充图层后效果

15 按Ctrl+J组合键复制图层"颜色填充 3"，得到图 层"颜色填充 3 副本"，双击副本图层的图层缩 览图，将"拾色器（纯色）"对话框中的颜色设 置为黑色，单击"确定"按钮得到如图1.210所示 的效果。

图1.210 更改颜色效果

16 在"图层"面板底部单击"添加图层蒙版"按钮 ，为图层"颜色填充 3 副本"添加图层蒙版。 选择"画笔工具" ，在工具选项栏中设置适 当的画笔大小及不透明度，使用黑色与白色交替 在图层蒙版中进行涂抹，以涂抹出手指的纹理， 直至得到如图1.211所示的效果，此时图层蒙版中 的状态如图1.212所示。

图1.211 添加图层蒙版后的效果

图1.212 蒙版中的状态

17 新建图层，得到"图层 4"。按照本部分中步骤 14 的方法，绘制路径如图1.213所示。切换到"路径"面板，双击当前的工作路径，将其保存为"路径 5"。按照本部分步骤 **09** 的方法，选择"画笔工具" ，在工具选项栏中将画笔"大小"更改为3像素，并设置"不透明度"为60%，为"路径5"描边，得到如图1.214所示的效果。

图1.213 绘制路径

图1.214 描边路径后的效果

18 在"图层"面板底部单击"添加图层蒙版"按钮 ，为"图层 4"添加图层蒙版。设置前景色为黑色，选择"画笔工具" ，在工具选项栏中设置适当的画笔大小及不透明度，在图层蒙版中进行涂抹，以将描边线条的尾部涂抹出若隐若现的效果，直至得到如图1.215所示的效果，此时图层蒙版中的状态如图1.216所示。

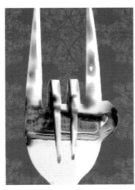

图1.215 添加图层蒙版并进行涂抹后的效果

图1.216 图层蒙版中的状态

19 按照本部分中步骤 **14** 的方法，制作图层"颜色填充 4"，得到的效果如图1.217所示。再按照本部分中步骤 **15**～**16** 的方法，制作图层"颜色填充 4 副本"，得到的效果如图1.218所示。

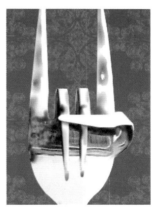

图1.217 应用填充图层后的效果

图1.218 涂抹后的效果

20 选择图层"颜色填充 2"，在"图层"面板底部单击"添加图层样式"按钮 ，在弹出的菜单中选择"投影"命令，在弹出的对话框中设置参数如图1.219所示，单击"确定"按钮，得到如图1.220所示的效果。

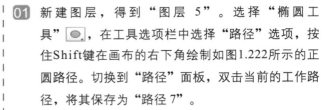

01 新建图层，得到"图层 5"。选择"椭圆工具" ，在工具选项栏中选择"路径"选项，按住Shift键在画布的右下角绘制如图1.222所示的正圆路径。切换到"路径"面板，双击当前的工作路径，将其保存为"路径 7"。

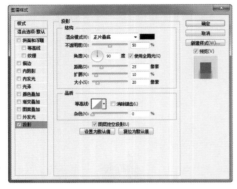

图1.219 "投影"图层样式参数设置

图1.222 绘制路径

图1.220 应用图层样式后的效果

02 设置前景色为白色，选择"画笔工具" ，在工具选项栏中设置画笔"大小"为2像素，"硬度"为100%，"不透明度"为100%。在"路径"面板底部单击"用画笔描边路径"按钮 ，然后单击"路径"面板中的空白区域以隐藏路径，得到如图1.223所示的效果。

21 选择图层"颜色填充 4 副本"，按住Shift键单击图层"颜色填充 2"的图层名称，将两者之间的所有图层选中，按Ctrl+G组合键为选中图层编组，并将其重新命名为"叉子"，此时的"图层"面板如图1.221所示。

图1.223 用路径描边后的效果

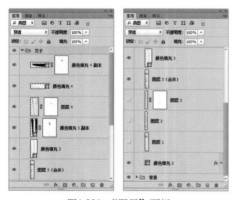

图1.221 "图层"面板

03 按照本部分中步骤01～02的方法，绘制"路径 8"，效果如图1.224所示。选择"画笔工具" ，在工具选项栏中将画笔"大小"更改为4像素，描边路径后得到如图1.225所示的效果。

第3部分 添加辅助图像——文字及图形

 提示

下面通过绘制路径并描边路径，制作圆环效果。

图1.224 绘制路径

图1.225 描边路径后的效果

提 示

下面输入文字并添加图层样式，制作文字描边效果。

04 设置前景色为白色，选择"横排文字工具" [T.]，在工具选项栏中设置适当的字体和字号，在画布中输入文字，效果如图1.226所示。在"图层"面板底部单击"添加图层样式"按钮 fx.，在弹出的菜单中选择"描边"命令，在弹出的对话框中设置参数，如图1.227所示，其中设置描边的颜色值为a12621，单击"确定"按钮得到如图1.228所示的效果。

图1.226 输入文字

图1.227 "描边"图层样式参数设置

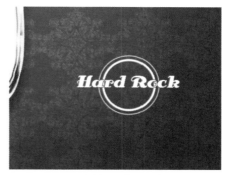

图1.228 应用图层样式后的效果

05 按Ctrl+J组合键复制文字图层，得到图层"Hard Rock 副本"，在其图层名称上单击鼠标右键，在弹出菜单中选择"栅格化文字"命令，并拖动栅格化后的图层到文字图层"Hard Rock"的下方。

06 设置前景色为白色，按住Ctrl键单击图层"Hard Rock 副本"的图层缩览图，将其载入到选区。选择"矩形选框工具" [□]，按向下方向键"↓"一次，然后按Alt+Delete组合键填充前景色，再反复向下移动选区并填充前景色3次，按Ctrl+D组合键取消选区，得到如图1.229所示的效果。

图1.229 移动并填充颜色多次后的效果

07 双击图层"Hard Rock 副本"的"描边"图层效果名称，重新设置对话框参数，如图1.230所示，单击"确定"按钮得到如图1.231所示的效果。

图1.230 "描边"图层样式参数设置

图1.231 应用图层样式后的效果

08 选择图层"Hard Rock",选择"横排文字工具"**T,**,设置前景色为白色,输入其他辅助文字,得到如图1.232所示的效果,并得到相应的文字图层。得到图像的最终效果如图1.233所示,此时的"图层"面板如图1.234所示。

图1.232 输入文字

图1.233 最终效果

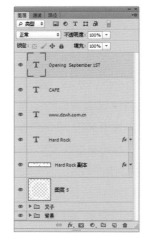

图1.234 "图层"面板

第2章
冰与水质感

冰与水的质感在设计行业中的应用十分广泛，但是想制作冰与水的特效并不是那么容易。Photoshop的功能很多，使用它制作冰与水质感的方法也不计其数。在本章中带给读者的是使用Photoshop制作的冰立方、打"水"机及"水人"质感，希望大家在学习后能熟练应用、举一反三。

2.1 冰立方质感模拟

　　本例是一个非常典型的用平面软件表现三维物体的实例。从实现的技术来看是非常简单的，主要就是绘制图形与设置各图形之间的透明度，难点在于如何把握整体的立体感，以及各个面之间的透明性。读者可以在制作过程中，细细体会各操作的用意，以求能够举一反三，制作出更复杂的三维立体图像来。

核心技能：

➤ 应用"渐变工具" ▣ 绘制渐变。

➤ 使用形状工具绘制形状。

➤ 利用图层蒙版功能隐藏不需要的图像。

➤ 设置图层属性以混合图像。

🖥 **最终效果**　光盘\第2章\2.1\2.1.psd

01 按Ctrl+N组合键新建一个文件，在弹出的对话框中设置参数如图2.1所示，单击"确定"按钮退出对话框，创建一个新的空白文件。

图2.1 "新建"对话框

02 设置前景色的颜色值为a9c9d8，设置背景色的颜色值为737373，选择"渐变工具" ▣，在工具选项栏中单击"径向渐变"按钮 ▣，设置渐变为"前景色到背景色渐变"，从画布的上方向下绘制渐变，得到如图2.2所示的效果。

图2.2 绘制渐变的效果

💡 **提 示**

　　下面利用"钢笔工具" ✎ 绘制一组立方体的大概形状。

03 设置前景色的颜色值为b8cbd2，选择"钢笔工具" ✎，在工具选项栏中选择"形状"选项，在画布的右侧绘制如图2.3所示的形状，得到图层"形状1"。

04 设置前景色的颜色值为8999a1，重复上一步的操作方法，使用"钢笔工具" ✎ 绘制如图2.4所示的形状，并得到图层"形状2"。

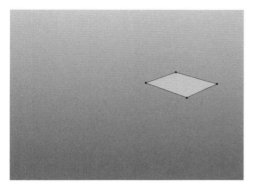

图2.3 绘制形状

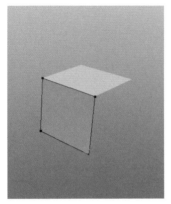

图2.4 绘制形状

05 设置前景色的颜色值为86969d，重复步骤**03**的操作方法，使用"钢笔工具" ✐绘制如图2.5所示的形状，并得到图层"形状 3"。这样，一个立方体的大概形状就完成了。

 提 示

> 下面利用形状图层、图层属性，以及图层蒙版功能，制作一个逼真的水晶立方体。

图2.5 绘制形状

06 设置前景色的颜色值为b7bfc2，重复步骤**03**的操作方法，使用"钢笔工具" ✐绘制如图2.6所示的形

状，得到图层"形状 4"，设置图层"形状 4"的"不透明度"为15%，得到如图2.7所示的效果。

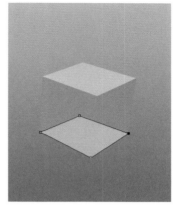

图2.6 绘制形状

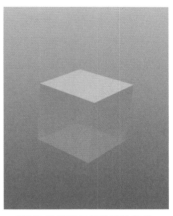

图2.7 设置图层属性后的效果

07 在"图层"面板底部单击"添加图层蒙版"按钮，⬚为图层"形状 4"添加图层蒙版。设置前景色为黑色，选择渐变工具⬚，在其工具选项栏中单击"线性渐变"按钮⬚，并设置渐变为"前景色到透明渐变"，从形状的左上方向右下方绘制渐变，得到如图2.8所示的效果，图层蒙版中的状态如图2.9所示。

图2.8 添加图层蒙版并绘制渐变后的效果

图2.9 图层蒙版中的状态

08 重复步骤**03**~**07**的操作方法，在画布中绘制形状，设置图层的不透明度参数，按照图2.10所示的流程图，绘制水晶立方体正面的效果，并得到图层"形状 5"、图层"形状 6"和图层"形状 7"。

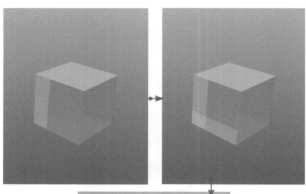

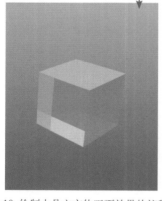

图2.10 绘制水晶立方体正面效果的流程图

提 示

图层"形状 5"、图层"形状 6"和图层"形状 7"的填充颜色值均为e7f0f7。

09 重复步骤**03**~**07**的操作方法，绘制形状并设置形状图层的不透明度参数，按照图2.11所示的效果绘制水晶立方体顶部的效果，并得到形状图层"形状 8"和"形状 9"。

提 示

图层"形状 8"和"形状 9"的填充颜色值均为8faab0。

10 重复步骤**03**~**07**的操作方法，绘制形状并设置形状图层的不透明度或混合模式等参数，按照图2.12所示的效果，绘制水晶立方体侧面的效果，并得到图层"形状 10"和图层"形状 11"。

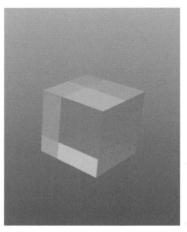

图2.11 绘制顶部水晶立方体效果

图2.12 绘制水晶立方体侧面效果

提 示

图层"形状 10"和图层"形状 11"的填充颜色值均为e7f0f7。

11 重复步骤**03**~**07**的操作方法，按照图2.13所示的流程图绘制形状，设置图层的不透明度并添加图层蒙版，绘制立方体中间的反光面，从而使水晶立方体更具有透明感。

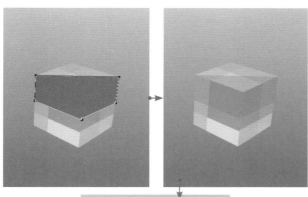

图2.13 绘制形状的流程图

12 绘制倒影的方法与绘制立方体的方法相同，因为倒影是属于三维的元素，在Photoshop等其他平面二维软件中不能直接运算出来，在本例中还需要利用形状图层按照图2.14所示的流程图将其绘制完成。

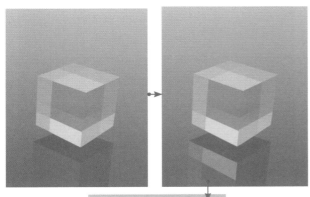

图2.14 绘制倒影流程图

13 最后在画布左侧输入文字，本例就基本完成了，最终效果如图2.15所示，其"图层"面板的状态如图2.16所示。

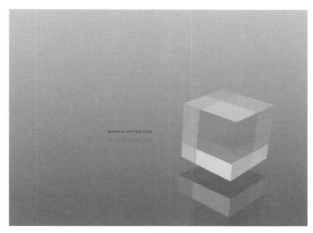

图2.15 最终效果

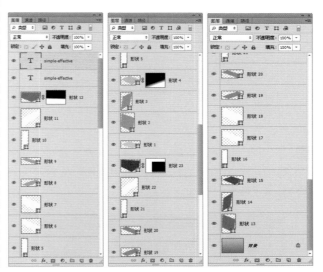

图2.16 "图层"面板

2.2 打"水"机创意制作

本例是以一个打火机图像为基础，将其打出的火焰模拟成为与火对立的元素——水。除了将元素进行了置换以外，更由于置换后的内容与原来的图像之间形成对比，从而更增强了该创意的视觉冲击力。

核心技能：

> 应用"渐变工具"绘制渐变。

> 应用"添加杂色"滤镜命令为图像添加杂色效果。

> 应用"亮度/对比度"命令调整图像的亮度及对比度。

> 应用"变形"命令调整图像的形态。

> 利用图层蒙版功能隐藏不需要的图像。

> 应用调整图层功能，调整图像的亮度、色彩等属性。

> 利用剪贴蒙版限制图像的显示范围。

原始素材　光盘\第2章\2.2\素材1.psd~素材5.psd

最终效果　光盘\第2章\2.2\2.2.psd

01 按Ctrl+N组合键新建一个文件，在弹出的对话框中设置参数如图2.17所示，单击"确定"按钮退出对话框，创建一个新的空白文件。

图2.18 绘制渐变

图2.17 "新建"对话框

02 选择"渐变工具"，在其工具选项栏中单击"线性渐变"按钮，并设置渐变为"前景色到背景色渐变"设置前景色的颜色值为85a6bf，设置背景色为黑色，从画布的中心向边缘拖动，直至得到类似图2.18所示的效果。

03 执行"滤镜"|"杂色"|"添加杂色"命令，在弹出的对话框中设置参数如图2.19所示，单击"确定"按钮得到如图2.20所示的效果。

图2.19 "添加杂色"对话框

图2.20 应用"添加杂色"命令后的效果

提 示

　　至此,背景图像已制作完成。下面添加打火机及水花图像效果。

04 打开随书所附光盘中的文件"第2章\2.2\素材1.psd",如图2.21所示,使用"移动工具" ⊕ 将其拖至本例步骤 **01** 新建的文件中,得到"图层2",并将其置于画布的底部位置,效果如图2.22所示。

图2.21 素材图像

图2.22 摆放素材图像的位置

提 示

　　观察图像不难看出,此时打火机图像上的色彩、饱和度及对比度都与背景不太匹配,下面就来调整一下该图像。

05 执行"图像"|"调整"|"亮度/对比度"命令,在弹出的对话框中设置参数如图2.23所示,单击"确定"按钮退出对话框,得到如图2.24所示的效果。

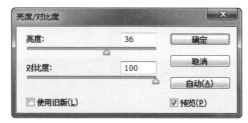

图2.23 "亮度/对比度"对话框

图2.24 应用"亮度/对比度"命令后的效果

06 选择"图层 1",打开随书所附光盘中的文件"第2章\2.2\素材2.psd",如图2.25所示,得到一个新的智能对象图层,并将其重命名为"图层 3",然后将"图层 2"中的图像置于打火机的上方。

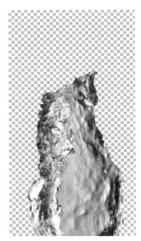

图2.25 素材图像

提 示

　　在此使用智能对象的好处在于,可以随时对上一次的变形效果进行更改,而且每次都不用重复调整很多相同的参数了。

07 按Ctrl+T组合键调出自由变换控制框，按住Shift键等比例缩放图像，直至得到如图2.26所示的效果。在变换控制框中单击鼠标右键，在弹出的菜单中选择"变形"命令。

图2.26 变换图像

08 在工具选项栏中设置"变形"为"鱼形"，同时按照图2.27所示来设置其他参数，此时图像的效果如图2.28所示。

图2.27 工具选项栏

图2.28 预设的变形效果

09 下面编辑变形参数。在工具选项栏中设置的"变形"为"自定"，此时变形控制框周围将显示出控制手柄，如图2.29所示，拖动控制手柄即可编辑当前的变形状态了。在操作时应注意按照火焰的形态进行形状的调整，如图2.30所示，按Enter键确认变换操作，得到如图2.31所示的效果。

图2.29 预设变形转换成自定变形

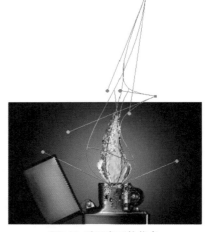

图2.30 手工变形的状态

图2.31 变形后的效果

提 示

在变形完毕后，仔细观察火焰的顶部位置可以看出，由于刚才变形得非常严重，这里堆积了很多带有锯齿边缘的细节图像，下面将利用图层蒙版将其隐藏。

10 在"图层"面板底部单击"添加图层蒙版"按钮，为"图层 3"添加图层蒙版。设置前景色为黑色，选择"画笔工具"，在工具选项栏中设

置适当的画笔大小及不透明度，在图层蒙版中进行涂抹，以将火焰顶端的锯齿边缘隐藏起来，得到如图2.32所示的效果。

图2.32 隐藏图像的效果

提 示

至此，已经将火焰的基本造型制作出来了。下面将调整一下它的颜色，使之与整体画布中的颜色色相匹配。值得一提的是，仅有当前这个火焰效果是远远不能达到要求的，所以在下面的操作中，将陆续在这个火焰效果的基础上，再加入一些其他的装饰效果，使其看起来更加的真实，那么同时就需要保证这些装饰效果与火焰效果的色彩是基本一致的。下面将结合使用图层组及调整图层来调节图像的颜色。

11 选择"图层 3"，按Ctrl+G组合键将选中的图层编组，得到"组 1"，设置其混合模式为"正常"，这样在使用调整图层进行调色时，其效果仅影响本图层组中的内容。

12 选择"图层 3"，在"图层"面板底部单击"创建新的填充或调整图层"按钮 ◑，在弹出的菜单中选择"渐变映射"命令，得到图层"渐变映射1"，按Ctrl+Alt+G组合键执行"创建剪贴蒙版"操作，在"属性"面板中设置参数如图2.33所示，得到如图2.34所示的效果。

提 示

在"渐变映射"参数设置中，设置渐变各色标的颜色值从左至右分别000000为（黑色）、384956和e8fcff。

13 在"图层"面板底部单击"创建新的填充或调整图层"按钮 ◑，在弹出的菜单中选择"色彩平衡"命令，得到图层"色彩平衡 1"，按Ctrl+Alt+G组合键执行"创建剪贴蒙版"操作，

在"属性"面板中设置参数如图2.35所示，得到如图2.36所示的效果。

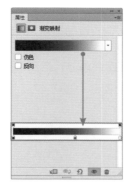

图2.33 "渐变映射"参数设置

图2.34 应用调整图层后的效果

图2.35 "色彩平衡"参数设置

图2.36 应用调整图层后的效果

至此，火焰的颜色已调整完毕。下面增加火焰周围的水珠。

14 打开随书所附光盘中的文件"第2章\2.2\素材3.psd"，如图2.37所示，得到一个新的智能对象图层，将其重命名为"图层4"，并置于"图层3"的上方。

图2.39 隐藏图像后的效果

图2.37 素材图像

15 按Ctrl+T组合键调出自由变换控制框，将图像垂直翻转并逆时针旋转30°，然后置于如图2.38所示的位置，按Enter键确认变换操作。

图2.40 图层蒙版中的状态

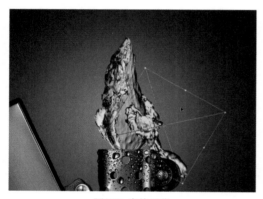

图2.38 变换图像

16 在"图层"面板底部单击"添加图层蒙版"按钮 ，为"图层4"添加图层蒙版。设置前景色为黑色，选择"画笔工具" ，在工具选项栏中设置适当的画笔大小及不透明度，在图层蒙版中进行涂抹，将火焰以外的水珠隐藏起来，得到如图2.39所示的效果，此时图层蒙版中的状态如图2.40所示。

17 打开随书所附光盘中的文件"第2章\2.2\素材4.psd"，如图2.41所示，得到一个新的智能对象图层，将其重命名为"图层5"，并置于"图层4"的上方。

图2.41 素材图像

18 结合自由变换功能，将图像变换至火焰的左上方，效果如图2.42所示，按Enter键确认变换操作。

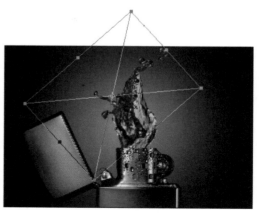

图2.42 变换图像的效果

19 在"图层"面板底部单击"创建新的填充或调整图层"按钮 ⬛,在弹出的菜单中选择"亮度/对比度"命令,得到图层"亮度/对比度 1",按Ctrl+Alt+G组合键执行"创建剪贴蒙版"操作,在"属性"面板中设置参数,如图2.43所示,得到如图2.44所示的效果。

图2.43 "亮度/对比度"参数设置

图2.44 应用调整图层后的效果

20 在"图层"面板底部单击"添加图层蒙版"按钮 ⬛,为"图层 5"添加图层蒙版。设置前景色为黑色,选择"画笔工具" ✏,在其工具选项栏中设置适当的画笔大小及不透明度,在图层蒙版中进行涂抹,以将火焰以外的水珠隐藏起来,得到如图2.45所示的效果,此时图层蒙版中的状态如图2.46所示。

图2.45 隐藏图像的效果

图2.46 图层蒙版中的状态

21 下面制作火焰周围飘散的水珠效果,其操作方法与上一步基本相同,就是置入图像、变换及用图层蒙版隐藏图像等,打开随书所附光盘中的文件"第2章\2.2\素材5.psd",如图2.47所示,进行下面的合成操作,图2.48所示是笔者合成后得到的效果,此时的"图层"面板如图2.49所示。

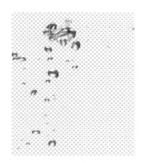

图2.47 素材图像

图2.48 最终效果

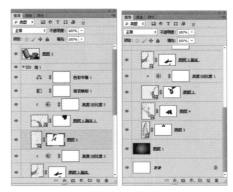

图2.49 "图层"面板

2.3 "水人"特效制作

本例主要是用一幅游泳素材图像来制作水人效果。另外，水人的制作方法应用了"玻璃"、"塑料包装"等命令。

核心技能：

> 应用调整图层功能，调整图像的亮度、色彩等属性。

> 利用图层蒙版功能隐藏不需要的图像。

> 利用剪贴蒙版限制图像的显示范围。

> 应用"玻璃"滤镜命令制作具有玻璃质感的图像效果。

> 设置图层属性以混合图像。

> 添加图层样式，制作图像的立体、渐变等效果。

> 应用"塑料包装"滤镜命令，制作图像的塑料质感。

 原始素材　光盘\第2章\2.3\素材.psd

 最终效果　光盘\第2章\2.3\2.3.psd

01　打开随书所附光盘中的文件"第2章\2.3\素材.psd"文件，如图2.50所示。在"图层"面板底部单击"创建新的填充或调整图层"按钮 ⊙.，在弹出的菜单中选择"曲线"命令，得到图层"曲线 1"，在"属性"面板中设置参数如图2.51所示，得到如图2.52所示的效果。

图2.50 素材图像

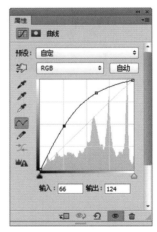

图2.51 "曲线"参数设置

02　因为只想对图像的上半部分进行曲线调整，所以下面通过添加图层蒙版来解决此问题。设置前景色为白色，背景色为黑色，选择"渐变工具" ▣，在工具选项栏中单击"线性渐变"按钮 ▣，并设置渐变为"前景色到背景色渐变"，从当前图像上方至下方进行拖动，得到如图2.53所示的效果，图层蒙版状态如图2.54所示。

图2.52 应用调整图层后的效果

图2.53 绘制渐变

图2.54 图层蒙版中的状态

03 复制图层"背景",得到图层"背景 副本",并将
其移至所有图层的上方。选择"钢笔工具" 🖊，在
工具选项栏中选择"路径"选项，沿人物边缘绘制
路径，效果如图2.55所示，按Ctrl+Enter组合键将路
径转化为选区，在"图层"面板底部单击"添加图
层蒙版"按钮 ◙ ，得到如图2.56所示的效果。

图2.55 绘制路径

图2.56 添加图层蒙版后的效果

提 示

　　若读者不想绘制路径，可以参照本例随书所附光盘
最终效果源文件"路径"面板中的"路径 1"。下面为
图像去色并调整图像的明度。

04 图层复制"背景 副本"，得到图层"背景 副本
2"，按Ctrl+Shift+U组合键执行"去色"操作，得
到如图2.57所示的效果。

图2.57 应用"去色"命令后的效果

05 在"图层"面板底部单击"创建新的填充或调整图层"按钮，在弹出的菜单中选择"曲线"命令，得到图层"曲线 2"，按Ctrl+Alt+G组合键执行"创建剪贴蒙版"操作，在"属性"面板中设置参数，如图2.58所示，得到的效果如图2.59所示，此时的"图层"面板如图2.60所示。

图2.58 "曲线"参数设置

图2.59 应用调整图层后的效果

图2.60 "图层"面板

06 按Ctrl键选中图层"背景 副本"、"背景 副本 2"和"曲线 2"，按Ctrl+Alt +E组合键执行"盖印"操作，并将得到的图层重命名为"图层 1"。新建图层，得到"图层 2"，并将其移至"图层 1"的下方，设置前景色为黑色，按Alt+Delete组合键用前景色填充图层，得到如图2.61所示的效果。

提 示

新建"图层 2"并填充黑色的目的，是为了方便下面的操作，并能够让读者看清效果。

图2.61 新建图层并填充黑色后的效果

07 按Ctrl键选中"图层 1"和"图层 2"，按Ctrl+Alt +E组合键执行"盖印"操作，得到"图层 1（合并）"，按Ctrl+A组合键全选此时的图像，将其复制到新的文件中并保存好，放到容易找到的地方，因为下面在操作时要用到此图像。

提 示

为了方便读者操作，笔者给出了保存好的文件，打开随书所附光盘中的文件"第2章\2.3\纹理图.psd"文件。

08 复制"图层 1（合并）"，得到"图层 1（合并）副本"，执行"滤镜"|"模糊"|"高斯模糊"命令，在弹出的对话框中设置"半径"为3像素，单击"确定"按钮，得到如图2.62所示的效果，此时的"图层"面板如图2.63所示。

图2.62 模糊后的效果

图2.63 "图层"面板

> **提示**
>
> 下面制作玻璃感的图像纹理。

09 执行"滤镜"|"滤镜库"命令,在弹出的对话框中选择"扭曲"区域中的"玻璃"选项,设置各参数如图2.64所示,单击"确定"按钮,得到如图2.65所示的效果。

图2.64 "玻璃"对话框

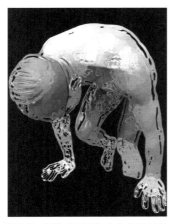

图2.65 应用"玻璃"命令后的效果

> **提示**
>
> 在"玻璃"对话框中,使用的纹理是在步骤**07**中保存的文件。纹理的载入方法是,单击"纹理"右侧的按钮,在弹出的菜单中选择"载入纹理"命令。下面调整图像的颜色。

10 在"图层"面板底部单击"创建新的填充或调整图层"按钮,在弹出的菜单中选择"渐变映射"命令,得到图层"渐变映射 1",按Ctrl+Alt+G组合键执行"创建剪贴蒙版"操作,在"属性"面板中设置参数如图2.66所示,得到的效果如图2.67所示。

图2.66 "渐变映射"参数设置

图2.67 应用调整图层后的效果

> **提示**
>
> 在"渐变映射"参数设置中,设置渐变各色标的颜色值为555555(白色)、00a3c6。

11 选择"图层 1(合并) 副本",按Ctrl键单击图层"背景 副本 2"的图层蒙版缩览图以调出其选区,如图2.68所示。在"图层"面板底部单击"添加图层蒙版"按钮,为"图层 1(合并) 副本"添加图层蒙版,得到如图2.69所示的效果。

12 为了看到背景图像,下面将隐藏"图层 1(合并)"和"图层 2",此时的"图层"面板如图2.70所示,得到如图2.71所示的效果。

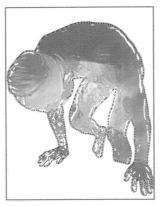

图2.68 调出选区

图2.69 添加图层蒙版后的效果

图2.70 "图层"面板

图2.71 隐藏图层后的效果

13 在所有图层的上方新建图层，得到"图层 3"，打开步骤**07**保存的"纹理图"文件，按Ctrl+A组合键全选此图像，按Ctrl+C组合键复制图像，并将文件关闭。

14 切换至"通道"面板，在"通道"面板底部单击"创建新通道"按钮 ，得到通道"Alpha 1"，按Ctrl+V组合键粘贴图像，按Ctrl+D组合键取消选区，得到如图2.72所示的效果。

图2.72 粘贴图像后的效果

15 下面调整图像以得到选区。执行"滤镜"|"风格化"|"查找边缘"命令，得到如图2.73所示的效果，按Ctrl+I组合键执行"反相"操作，然后按Ctrl+L组合键调出"色阶"对话框，设置相应的参数，单击"确定"按钮得到如图2.74所示的效果。

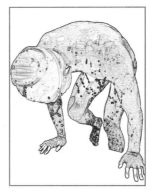

图2.73 应用"查找边缘"命令后的效果

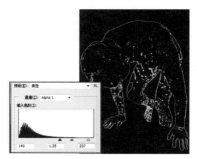

图2.74 "色阶"对话框参数设置及应用后的效果

16 按Ctrl键单击"Alpha 1"的通道缩览图以调出其选区，返回至"图层"面板，选择"图层 3"。设置前景色为白色，按Alt+Delete组合键用前景色填充选区，按Ctrl+D组合键取消选区，得到如图2.75所示的效果，设置"图层 3"的混合模式为"柔光"，得到如图2.76所示的效果，局部效果如图2.77所示。

图2.75 填充选区后的效果

图2.76 设置图层混合模式后的效果

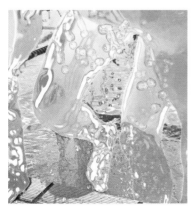

图2.77 局部效果

17 复制"图层 1（合并）"，得到"图层 1（合并）副本 2"，并将其移至所有图层的上方，显示图层，如图2.78所示，按Ctrl+I组合键执行"反相"操作，得到如图2.79所示的效果。

图2.78 显示图层

图2.79 反相图像的效果

18 按照步骤11的操作方法，为"图层 1（合并） 副本 2"添加图层蒙版，隐藏人物以外的图像，效果如图2.80所示。并设置"图层"（合并）副本 2的混合模式为"叠加"，"填充"为75%，得到如图2.81所示的效果。

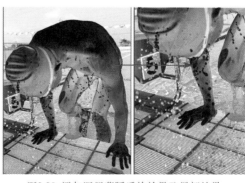

图2.80 添加图层蒙版后的效果及局部效果

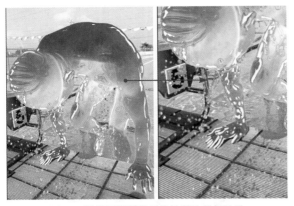

图2.81 设置图层属性后的效果及局部效果

19 选择如图2.82所示的3个图层，并通过"盖印"图层，得到"图层 3（合并）"，将其移至所有图层的上方。执行"滤镜"|"滤镜库"命令，在弹出的对话框中选择"艺术效果"区域中的"塑料包装"选项并设置参数，单击"确定"按钮，得到如图2.83所示的效果。设置"图层 3（合并）"的混合模式为"变亮"，得到如图2.84所示的效果。

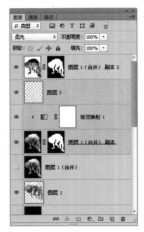

图2.82 "图层"面板

图2.83 "塑料包装"对话框参数设置及应用后的效果

图2.84 设置混合模式后的效果

20 在"图层"面板底部单击"创建新的填充或调整图层"按钮 ，在弹出的菜单中选择"色彩平衡"命令，得到图层"色彩平衡 1"，按Ctrl+Alt+G组合键执行"创建剪贴蒙版"操作，在"属性"面板中设置参数，如图2.85~图2.87所示，得到如图2.88所示的效果，此时"图层"面板如图2.89所示。

图2.85 "阴影"选项

图2.86 "中间调"选项

图2.87 "高光"选项

图2.88 应用调整图层后的效果

图2.89 "图层"面板

21 选择图层"曲线 1"作为当前的工作层，选择"钢笔工具" ，在工具选项栏中选择"形状"选项，在人物手部的位置绘制如图2.90所示的形状，得到图层"形状 1"，设置此图层的"填充"数值为0%。

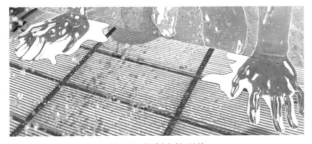

图2.90 绘制水流形状

提 示

　　在绘制形状时，可以设置任意颜色，因为要将其填充数值设置为0%。

22 在"图层"面板底部单击"添加图层样式"按钮 ，在弹出的菜单中选择"投影"命令，在弹出的对话框中设置参数如图2.91所示；并在该对话框中选择"斜面和浮雕"和"渐变叠加"选项，设置其参数，如图2.92和图2.93所示，单击"确定"按钮，得到如图2.94所示的效果。

图2.91 "投影"图层样式参数设置

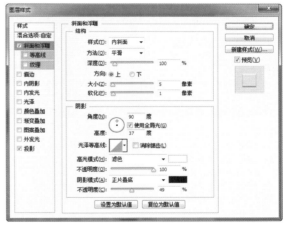

图2.92 "斜面和浮雕"图层样式参数设置

图2.93 "渐变叠加"图层样式参数设置

图2.94 应用图层样式后的效果

提 示

在"渐变叠加"参数设置中，设置渐变为从颜色值6d3ff到透明，左侧不透明度色标值为67%。下面制作阴影效果。

23 按照上一步的操作方法，制作人物右手的阴影，得到如图2.95所示的效果。此时的"图层"面板如图2.96所示，图2.97所示为最终效果。

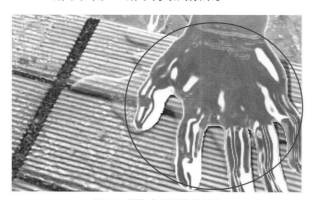

图2.95 制作右手阴影的效果

图2.96 "图层"面板

图2.97 最终效果

提 示

在绘制阴影形状时，设置前景色为黑色，并设置相应图层的"不透明度"为50%。

第3章

光与火质感

光感与火感均属于视觉表象，能产生强烈的视觉感受，它们都是影响广告创意成败的重要因素。光感与火感将提供给图像、影像相对有效的视觉强度，以刺激观看的感官来引起注意和兴趣。本章将通过5个案例，来讲解光与火质感的制作。

3.1 炫酷光人视觉表现

　　本例是以炫酷光人为主题的视觉表现作品。在制作的过程中，主要以制作人物身后的炫酷光以及人物的结构为核心内容，重点把握的是各种光线间的协调及过渡。最后，结合画笔素材制作各种不同颜色、大小的装饰点，为整体画面增添活跃的氛围。

核心技能：

➤ 使用形状工具绘制形状。

➤ 添加"外发光"图层样式，制作图像的发光效果。

➤ 利用"再次变换并复制"操作制作规则的图像。

➤ 结合路径及"渐变"填充图层功能制作图像的渐变效果。

➤ 利用剪贴蒙版限制图像的显示范围。

➤ 设置图层属性以混合图像。

➤ 结合"画笔工具" ✐ 及特殊画笔素材绘制图像。

➤ 利用图层蒙版功能隐藏不需要的图像。

原始素材	光盘\第3章\3.1\素材1.abr、素材2.abr
最终效果	光盘\第3章\3.1\3.1.psd

01 按Ctrl+N组合键新建一个文件，在弹出的对话框中设置文件的"宽度"为768、"高度"为1024像素，"分辨率"为72像素/英寸，"背景内容"为白色，"颜色模式"为8位的RGB颜色，单击"确定"命令按钮退出对话框。按Ctrl+I组合键执行"反相"操作，以将背景反相为黑色。

　　下面结合形状工具及图层样式的功能，制作人物的外轮廓。

02 设置前景色为黑色，选择"钢笔工具" ✐，在工具选项栏中选择"形状"选项，在画布中绘制如图3.1所示的形状，得到图层"形状 1"。

03 在"图层"面板底部单击"添加图层样式"按钮 ***fx.***，在弹出的菜单中选择"外发光"命令，在弹出的对话框中设置参数如图3.2所示，单击"确定"按钮，得到的效果如图3.3所示。

　　在"外发光"参数设置中，设置色块的颜色值为001a63。下面制作发射光线效果。

图3.1 绘制形状

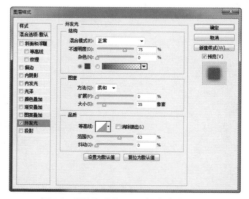

图3.2 "外发光"图层样式参数设置

图3.3 添加图层样式后的效果

04 切换至"路径"面板，新建"路径 1"。选择"钢笔工具" ，在工具选项栏中选择"路径"选项，在人物的头部绘制如图3.4所示的路径。按Ctrl+Alt+T组合键调出自由变换并复制控制框，将控制框内的变换中心点移至控制框的下方，在工具选项栏中设置旋转角度为10°，如图3.5所示，按Enter键确认操作。按Alt+Ctrl+Shift+T组合键多次执行"再次变换并复制"操作，得到如图3.6所示的效果。

图3.4 绘制路径

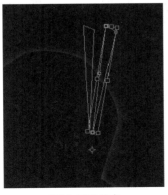

图3.5 变换状态

图3.6 再次变换并复制后的效果

05 切换回"图层"面板，选择图层"背景"作为当前的工作层，在"图层"面板底部单击"创建新的填充或调整图层"按钮 ，在弹出的菜单中选择"渐变"命令，在弹出的对话框中设置参数如图3.7所示，单击"确定"按钮退出对话框，隐藏路径后的效果如图3.8所示，同时得到图层"渐变填充 1"。

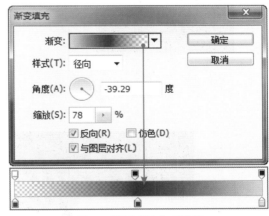

图3.7 "渐变填充"对话框

图3.8 应用填充图层后的效果

图3.11 制作底层的渐变效果

提　示

在"渐变填充"对话框中，设置渐变各色标的颜色值从左至右分别为0c2159、0c2159和9cd5fe。

06 显示"路径 1"，使用"路径选择工具" 将所有的路径框选并向下移动位置，得到的效果如图3.9所示。按照上一步的操作方法，创建"渐变"填充图层，得到的效果如图3.10所示。

提　示

在"渐变填充"对话框中，设置渐变为从颜色值cbede9到透明。

图3.9 移动路径

图3.10 "渐变填充"参数设置及应用后的效果

07 选择图层"背景"作为当前的工作层，按照上面所讲解的操作方法，结合路径及"渐变"填充图层功能，制作发射线底层的渐变效果，效果如图3.11所示，同时得到图层"渐变填充 3"。

提　示

本步骤中关于"渐变填充"对话框中的参数设置，请参考本例随书所附光盘中的最终效果源文件。在下面的操作中，会多次应用到填充图层的功能，笔者不再进行相关参数的提示。

08 选择图层"渐变填充 1"，按Ctrl+Alt+G组合键执行"创建剪贴蒙版"操作，并设置当前图层的混合模式为"线性减淡（添加）"以混合图像，得到的效果如图3.12所示。

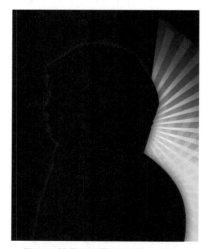

图3.12 设置图层混合模式后的效果

09 在"图层"面板底部单击"添加图层蒙版"按钮 ，为图层"渐变填充 1"添加图层蒙版。设置前景色为黑色，选择"渐变工具" ，在工具选项栏中单击"线性渐变"按钮 ，在画布中单击鼠标右键，在弹出的"渐变"拾色器中选择渐变为"前景色到透明渐变"，在图层蒙版中绘制渐变，以将下方的图像隐藏，得到的效果如图3.13所示。

图3.13 添加图层蒙版后的效果

10 在"图层"面板底部单击"添加图层蒙版"按钮 回，为图层"渐变填充 3"添加图层蒙版。设置前景色为黑色，选择"画笔工具" ✓，在其工具选项栏中设置适当的画笔大小及不透明度，在图层蒙版中进行涂抹，以将上方的图像隐藏起来，直至得到如图3.14所示的效果。

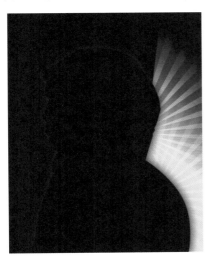

图3.14 添加图层蒙版并进行涂抹后的效果

11 设置图层"渐变填充 2"的混合模式为"滤色"以混合图像，得到的效果如图3.15所示，此时的"图层"面板如图3.16所示。

提 示

至此，人物后方的发射线条图像已制作完成。下面制作人物身上的光线效果。

12 按Alt键将图层"渐变填充 2"拖至图层"形状 1"的上方，得到图层"渐变填充 2 副本"，按Ctrl+Alt+G组合键执行"创建剪贴蒙版"操作，双

击副本图层的图层缩览图，在弹出的对话框中更改渐变为从颜色值4f81ff到透明（其他参数不变），单击"确定"按钮，得到的效果如图3.17所示。

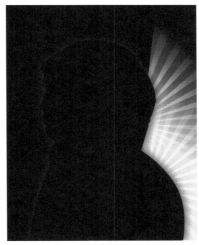

图3.15 设置混合模式后的效果

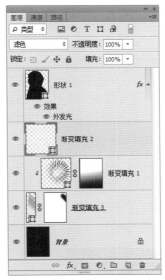

图3.16 "图层"面板

图3.17 复制及更改渐变后的效果

13 按照步骤**10**步的操作方法，为图层"渐变填充 2 副本"添加图层蒙版，使用"画笔工具" 在图层蒙版中进行涂抹，以将大部分图像隐藏，得到的效果如图3.18所示。

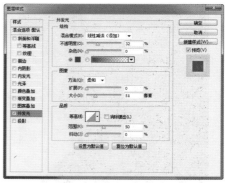

图3.20 "外发光"图层样式参数设置

图3.18 添加图层蒙版后的效果

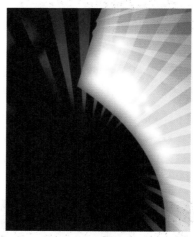

图3.21 应用图层样式后的效果

> **提 示**
>
> 下面结合"画笔工具"、画笔素材及图层样式功能，制作人物背后的发光效果。

14 选择图层"渐变填充 2"作为当前的工作图层，新建图层，得到"图层 1"。设置前景色为白色，打开随书所附光盘中的文件"第3章\3.1\素材1.abr"，选择"画笔工具"，在画布中单击鼠标右键，在弹出的"画笔预设"选取器中选择刚刚打开的画笔，并设置画笔"大小"为60像素，在人物的背部进行涂抹，得到的效果如图3.19所示。

> **提 示**
>
> 在"外发光"图层样式参数设置中，设置色块的颜色值为003078。

16 选择图层"渐变填充 2"作为当前的工作层，设置前景色的颜色值为070b13，按照步骤**02**的操作方法，使用"钢笔工具"在人物的背部绘制如图3.22所示的形状，得到图层"形状 2"，此时的"图层"面板如图3.23所示。

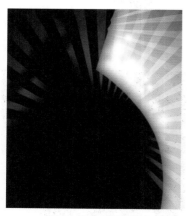

图3.19 涂抹后的效果

15 在"图层"面板底部单击"添加图层样式"按钮，在弹出的菜单中选择"外发光"命令，在弹出的对话框中设置参数，如图3.20所示，单击"确定"按钮，得到的效果如图3.21所示。

 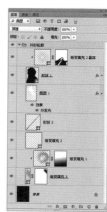

图3.22 绘制形状 　　图3.23 "图层"面板

提 示

　　本步骤中为了方便图层的管理，在此将制作外形轮廓的图层选中，按Ctrl+G组合键执行"图层编组"操作，得到"组 1"，并将其重命名为"外形轮廓"。在下面的操作中，笔者也对各部分执行了"图层编组"的操作，在讲解时不再叙述。下面制作人物头部、衣服轮廓的结构。

17 收拢图层组"外形轮廓"，按照上面所讲解的操作方法，结合形状工具、"画笔工具"、图层样式、图层蒙版、路径、填充图层及图层属性等功能，制作人物头部以及衣服的结构，效果如图3.24所示。图3.25所示为隐藏图层组"外形轮廓"时的图像状态，显示全部图层组时的"图层"面板如图3.26所示。

图3.26 "图层"面板

18 收拢图层组"头部结构"和"衣服结构"，选择"钢笔工具"，在工具选项栏中选择"路径"选项，在人物的前面绘制如图3.27所示的路径。新建图层，得到"图层 2"，设置前景色的颜色值为033376，选择"画笔工具"，在工具选项条中设置画笔为"硬边圆2像素"，"不透明度"为100%。切换至"路径"面板，单击"用画笔描边路径"按钮，隐藏路径后的效果如图3.28所示。

图3.24 制作人物头部及衣服的结构

图3.27 绘制路径

图3.25 隐藏图层组"外形轮廓"时的状态

提 示

　　本步中关于图像的颜色值、图层样式及图层属性的设置请参考本例随书所附光盘中的最终效果源文件。在下面的操作中，笔者不再做相关的提示。下面制作衣服上的线条图像。

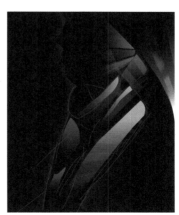

图3.28 描边路径后的效果

19 设置"图层 2"的混合模式为"线性减淡（添加）"以混合图像，得到的效果如图3.29所示。按照步骤10的操作方法，为"图层 2"添加图层蒙版，使用"画笔工具"在图层蒙版中进行涂抹，以将部分线条图像隐藏，形成一种过渡感，得到的效果如图3.30所示。

图3.29 设置图层混合模式后的效果

图3.30 添加图层蒙版并进行涂抹后的效果

20 按照步骤18~19的操作方法，结合路径、描边路径、图层属性及图层蒙版等功能，完善人物衣服上线条图像的制作，效果如图3.31所示，此时的"图层"面板如图3.32所示。

图3.31 制作其他线条图像

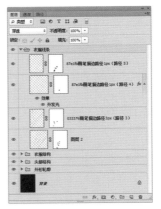

图3.32 "图层"面板

提 示

本步骤中关于图像的颜色值、画笔大小及对应的路径名称，请参见本例随书所附光盘最终效果源文件图层名称上的相关文件信息。下面制作人物脸部的结构及线条图像。

21 收拢图层组"衣服线条"，按照上面所讲解的操作方法，结合路径、填充图层、图层蒙版、"画笔工具"、图层属性、路径及描边路径等功能，制作人物脸部的结构及线条图像，效果如图3.33所示，此时的"图层"面板如图3.34所示。

图3.33 制作人物脸部的结构及线条图像

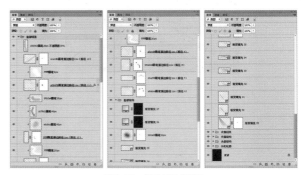

图3.34 "图层"面板

提 示

至此，人物的结构及线条图像已制作完成。下面制作装饰线及点图像。

22 收拢组"脸部结构"和"脸部线条"，按照上面所讲解的操作方法，结合填充图层、形状工具、图层属性、图层蒙版、"画笔工具"、画笔素材及图层样式等功能，制作装饰线及点图像，效果如图3.35所示。图3.36所示为单独显示本步骤效果及"背景"图层时的图像状态，此时的"图层"面板如图3.37所示。

图3.35 制作装饰线及点　　图3.36 单独显示图像

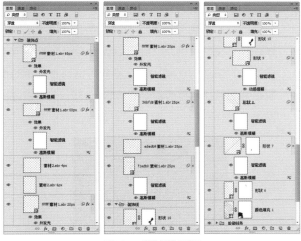

图3.37 "图层"面板

提 示

本步骤在制作过程中，还对部分图层中的图像执行了模糊操作。为了方便读者查看参数设置，笔者将相应的图层转换成了智能对象图层，双击随书所附光盘中本例最终效果源文件中相应图层的滤镜效果名称即可查看。另外，还对个别智能蒙版进行了适当的编辑，编辑方法与图层蒙版相同。

提 示

本步骤中所用到的画笔素材为随书所附光盘中的文件"第3章\3.1\素材2.abr"。下面对整体图像进行调整，完成制作。

23 收拢图层组"装饰线"和"装饰点"，按Ctrl+Alt+Shift+E组合键执行"盖印"操作，从而将当前所有可见的图像合并至一个新图层中，得到"图层3"。

24 执行"滤镜"|"模糊"|"高斯模糊"命令，在弹出的对话框中设置"半径"为1.5像素，单击"确定"按钮，得到如图3.38所示的效果。

图3.38 模糊后的效果

25 设置"图层 3"的混合模式为"滤色"，"不透明度"为60%以混合图像，得到的最终效果如图3.39所示，此时的"图层"面板如图3.40所示。

图3.39 最终效果　　　图3.40 "图层"面板

3.2 七彩炫光特效表现

本例是以七彩炫光为主题的特效表现作品。在制作的过程中，主要以处理画面中的多组线条图像为核心内容。从最终效果图可以看出，本例的花纹图像比较特别，是由多条流畅的线条图像构成的。为了使效果更加丰富、美观，还在花纹的上、下方添加了不同色彩的炫光、星光等效果，以呼应主题。

核心技能：

➤ 结合路径及填充图层功能，制作图像的纯色、渐变等效果。

➤ 设置图层属性以混合图像。

➤ 执行"盖印"操作合并可见图层中的图像。

➤ 利用图层蒙版功能隐藏不需要的图像。

➤ 应用"曲线"调整图层调整图像的明暗度。

➤ 结合"画笔工具" 及特殊画笔素材绘制图像。

➤ 添加"外发光"图层样式，制作图像的发光效果。

原始素材	光盘\第3章\3.2\素材1.psd、素材2.psd、素材3.abr、素材4.abr
最终效果	光盘\第3章\3.2\3.2.psd

01 按Ctrl+N组合键新建一个文件，在弹出的对话框中设置参数，如图3.41所示，单击"确定"按钮退出对话框，创建一个新的空白文件。设置前景色为黑色，按Alt+Delete组合以前景色填充图层"背景"。

图3.41 "新建"对话框

 提 示

下面结合路径及填充图层等功能，制作画面中的圆形及光环图像。

02 选择"椭圆工具" 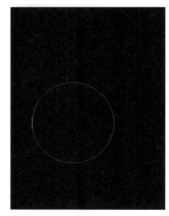，在工具选项栏中选择"路径"选项，在画布的左下方绘制如图3.42所示的圆形路径，按Ctrl+Alt+T组合键调出自由变换并复制控制框，按住Alt+Shift组合键向内拖动右上角的控制手柄以等比例缩小路径，如图3.43所示，按Enter键确认操作。

图3.42 绘制路径

03 选择"椭圆工具" ⬭，在工具选项栏中选择"减去顶层形状"选项。在"图层"面板底部单击"创建新的填充或调整图层"按钮，在弹出的

菜单中选择"纯色"命令，然后在弹出的"拾色器
（纯色）"对话框中设置其颜色值为782f35，单击
"确定"按钮退出对话框，得到图层"颜色填充
1"，设置此图层的"不透明度"为30%，得到如
图3.44所示的效果。

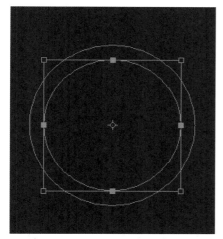

图3.43 变换路径状态

图3.44 应用填充图层并设置图层属性后的效果

04 选择"钢笔工具" ，在工具选项栏中选择"路
径"选项，在圆环的右上方绘制如图3.45所示的路
径。在"图层"面板底部单击"创建新的填充或调
整图层"按钮 ，在弹出的菜单中选择"渐变"命
令，在弹出的对话框中设置参数，如图3.46所示，
单击"确定"按钮退出对话框，隐藏路径后的效果
如图3.47所示，同时得到图层"渐变填充 1"。

提 示

在"渐变填充"对话框中，渐变类型的各色标颜色
值从左至右分别为df9e67和ffffff。

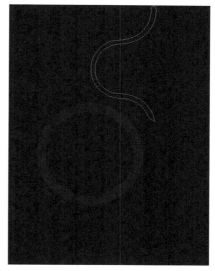

图3.45 绘制路径

图3.46 "渐变填充"对话框

05 设置"渐变填充1"的不透明度为80%，以降低图
像的透明度，根据上面所讲解的操作方法，结合
路径、填充图层及图层不透明度等功能，制作其
他线条图像，如图3.48所示。"图层"面板如图
3.49所示。

图3.47 应用"渐变"命令后的效果

图3.48 制作其他线条图像

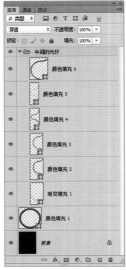

图3.49 "图层"面板

提示

本步骤中为了方便图层的管理，在此将制作光环的图层选中，按Ctrl+G组合键执行"图层编组"操作，得到"组 1"，并将其重命名为"中间的光环"。在下面的操作中，笔者也对各部分执行了"图层编组"操作，在下面讲解中不再叙述。

提示

本步骤中关于图像颜色值及图层属性的设置，请参考本例随书所附光盘中的最终效果源文件。在下面的操作中，会多次应用到填充图层及图层属性功能，笔者不再进行相关的提示。

06 选择图层组"中间的光环"，按Ctrl+Alt+E组合键执行"盖印"操作，从而将选中图层中的图像合并至一个新图层中，并将其重命名为"图层 1"。

在"图层"面板底部单击"添加图层样式"按钮 fx.，在弹出的菜单中选择"颜色叠加"命令，在弹出的对话框中设置参数，如图3.50所示，单击"确定"按钮，得到的效果如图3.51所示。

图3.50 "颜色叠加"图层样式参数设置

图3.51 应用图层样式后的效果

提示

在"颜色叠加"图层样式参数设置中，设置色块的颜色值为7e8ca2。下面制作多组线条图像。

07 按住Alt键将"图层 1"拖至图层组"中间的光环"的下方，得到"图层 1 副本"。按Ctrl+T组合键调出自由变换控制框，按住Shift键向外拖动控制手柄以放大图像及移动图像位置，按Enter键确认操作，得到的效果如图3.52所示。

08 双击"颜色叠加"图层效果名称，在弹出的对话框中，更改"混合模式"为"正片叠底"，设置右侧色块的颜色值为4e30ad，不透明度的数值不变，单击"确定"按钮退出对话框，得到的效果如图3.53所示。设置"图层 1 副本"的"不透明度"为30%，以降低图像的透明度。

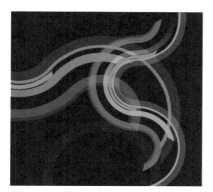

图3.52 复制及变换图像

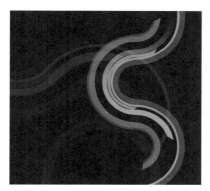

图3.53 更改图层样式设置后的效果

09 按住Alt键将"图层 1 副本"拖至其下方，得到"图层 1 副本 2"，将得到的副本图层的图层样式删除，并更改其图层"不透明度"为100%。使用"移动工具" ⊕ 向右下方移动图像的位置，得到的效果如图3.54所示。

图3.54 制作效果

10 设置"图层 1 副本 2"的"不透明度"为20%。在"图层"面板底部单击"添加图层蒙版"按钮 ◻ 为组"中间的光环"添加图层蒙版。设置前景色为黑色，选择"渐变工具" ▣ ，在工具选项栏中单击"线性渐变"按钮 ▣ ，在画布中单击鼠标右键，

在弹出的"渐变"拾色器中选择渐变为"前景色到透明渐变"，从光环的上方至下方绘制渐变，得到的效果如图3.55所示，此时图层蒙版中的状态如图3.56所示。

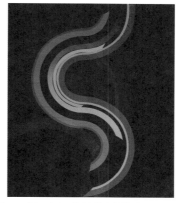

图3.55 添加图层蒙版并绘制渐变后的效果

图3.56 图层蒙版中的状态

11 按照上一步的操作方法，分别为"图层 1"和"图层 1 副本 2"添加图层蒙版。使用"渐变工具" ▣ 在图层蒙版中绘制渐变，以将部分图像隐藏，得到的效果如图3.57所示，此时的"图层"面板如图3.58所示。

图3.57 将不需要的图像隐藏

77

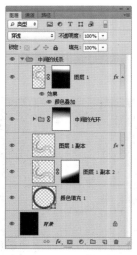

图3.58 "图层"面板

提 示

　　下面结合调整图层及图层蒙版功能，调整线条的光感效果。

12 设置图层组"中间的线条"的混合模式为"正常"，使该图层组中所有的调整图层及混合模式只针对该图层组内的图像起作用。选择"图层 1"作为当前的工作层，在"图层"面板底部单击"创建新的填充或调整图层"按钮 ，在弹出的菜单中选择"曲线"命令，得到图层"曲线 1"，在"属性"面板中设置参数，如图3.59所示，得到如图3.60所示的效果。

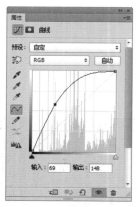

图3.59 "曲线"参数设置

13 选择图层"曲线 1"的图层蒙版缩览图，按Ctrl+I键执行"反相"操作。设置前景色为白色，选择"画笔工具" ，在工具选项栏中设置适当的画笔大小及不透明度，在图层蒙版中进行涂抹，以将上方线条图像上的亮光显示出来，直至得到如图3.61所示的效果。

图3.60 应用调整图层后的效果

图3.61 编辑图层蒙版后的效果

14 按照步骤12~13的操作方法，结合"曲线"调整图层（参数设置如图3.62所示）及图层蒙版功能，制作下方线条图像的亮光效果，效果如图3.63所示，同时得到图层"曲线 2"。

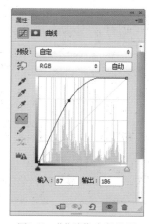

图3.62 "曲线"参数设置

15 按照上面所讲解的操作方法，结合路径、填充图层、图层属性、图层蒙版及调整图层等功能，制作左边及右上角的光环图像，效果如图3.64所示，此时的"图层"面板如图3.65所示。

图3.63　制作亮光效果

图3.64　制作光环图像

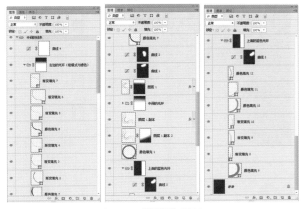

图3.65　"图层"面板

提　示

　　本步骤中关于"曲线"调整图层的参数设置请参考本例随书所附光盘最终效果源文件。在下面的操作中，会多次应用到调整图层的功能，笔者不再进行相关的提示。另外，在制作过程中，还需要注意各图层间的顺序。下面制作右下角的线条图像。

16　选择图层组"中间的线条"，按Ctrl+Alt+E组合键执行"盖印"操作，并将得到的图层重命名为"图层 2"，利用自由变换控制框调整图像的角度及位置，效果如图3.66所示。

图3.66　盖印及调整图像后的效果

17　在"图层"面板底部单击"添加图层蒙版"按钮 ▣，为"图层 2"添加图层蒙版。设置前景色为黑色，选择"画笔工具" ✎，在工具选项栏中设置适当的画笔大小及不透明度，在图层蒙版中进行涂抹，以将除右下方以外的图像隐藏，直至得到如图3.67所示的效果。

图3.67　添加图层蒙版并进行涂抹后的效果

提　示

　　至此，线条图像已制作完成。下面制作画布下方的光效果。

18　选择图层"背景"作为当前的工作层，打开随书所附光盘中的文件"第3章\3.2\素材1.psd"，使用"移动工具" ▶╋ 将其中的图像拖至制作文件中，利用自由变换控制框调整图像的角度及位置，效果如图3.68所示，同时得到"图层 3"。

图3.68 制作右下角的光效果

19 按照步骤10的操作方法，为"图层 3"添加图层蒙版，使用"渐变工具" ▣ 在图层蒙版中绘制渐变，以将除下方以外的图像隐藏，得到的效果如图3.69所示。

图3.69 添加图层蒙版并绘制渐变后的效果

20 按照上面所讲解的操作方法，利用随书所附光盘中的文件"第3章\3.2\素材2.psd"，结合图层蒙版及图层样式等功能，制作画布下方的红色炫光效果，如图3.70所示，同时得到"图层4"。

图3.70 制作红色炫光图像

21 新建图层"图层 5"，设置前景色的颜色值为e65424。选择"画笔工具" ✐，在工具选项栏中设置画笔为"柔边圆150像素"，不透明度为50%，在画布的右下方进行涂抹，得到的效果如图3.71所示。

图3.71 涂抹后的效果

22 按照上面所讲解的操作方法，结合"画笔工具" ✐、"曲线"调整图层及图层蒙版的功能，继续调整下方的光感效果，效果如图3.72所示，此时的"图层"面板如图3.73所示。

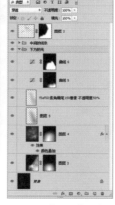

图3.72 调整光感效果　　图3.73 "图层"面板

提示

　　至此，下方的光效果已制作完成。下面制作星光图像。

23 新建图层，得到"图层 6"，设置前景色为白色，打开随书所附光盘中的文件"第3章\3.2\素材3.abr"。选择"画笔工具" ✐，在画布中单击鼠标右键，在弹出的"画笔预设"选取器中选择刚刚打开的画笔，在画布的左下方进行涂抹，得到的效果如图3.74所示。

图3.74 涂抹后的效果

在"图层"面板底部单击"添加图层样式"按钮 *fx*，在弹出的菜单中选择"外发光"命令，在弹出的对话框中设置参数，如图3.75所示，单击"确定"按钮，得到的效果如图3.76所示。

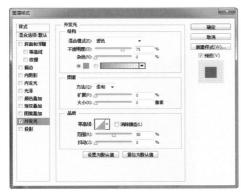

图3.75 "外发光"图层样式参数设置

图3.76 应用图层样式后的效果

提 示

在"外发光"图层样式参数设置中，设置色块的颜色值为ff0000。

25 按照上面所讲解的操作方法，结合画笔素材、"画笔工具" *画笔*、图层样式、盖印及"曲线"调整图

第 **3** 章 光与火质感

层等功能，制作左下方的光点及右上方的小星光效果，效果如图3.77所示，此时的"图层"面板如图3.78所示。

图3.77 制作光点和小星光效果

图3.78 "图层"面板

提 示

本步骤中所应用到的画笔素材为随书所附光盘中的文件"第3章\3.2\素材4.abr"；关于"外发光"图层样式的参数设置请参考本例随书所附光盘中的最终效果源文件。下面制作上方的光感效果。

26 选择图层"背景"作为当前的工作层，新建图层，得到"图层 7"，按D键将前景色和背景色恢复为默认的黑白色。执行"滤镜"｜"渲染"｜"云彩"命令，得到类似图3.79所示的效果。

提 示

在应用"云彩"命令时，读者不必刻意追求相同的效果，因为效果是随机化的。

81

图3.79 制作云彩效果

27 设置"图层 7"的混合模式为"线性光"，"不透明度"10%，以混合图像，得到的效果如图3.80所示。

图3.80 设置图层属性后的效果

28 按照上面所讲解的操作方法，结合"曲线"调整图层、图层蒙版、"画笔工具" ✍ 及图层属性的功能，完善上方的光感效果，效果如图3.81所示，此时的"图层"面板如图3.82所示。

图3.81 完善上方的光感效果

29 选择"图层 2"作为当前的工作层。结合路径、填充图层、文字工具及调整图层等功能，制作右下角

的文字、作品的边框、并对整体的色调进行调整，效果如图3.83所示，此时的"图层"面板如图3.84所示，局部效果如图3.85所示。

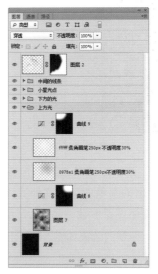

图3.82 "图层"面板

图3.83 制作效果

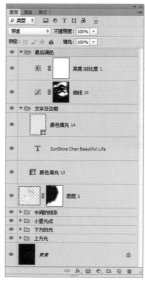

图3.84 "图层"面板

图3.85 局部效果

图3.87 应用"USM锐化"命令前后的对比效果

提示

本步骤中由于文字的输入比较简单，故没有详细讲解其制作过程。下面对整体图像进行锐化处理，以显示出更多的细节。

30 按Ctrl+Alt+Shift+E组合键执行"盖印"操作，从而将当前所有可见的图像合并至一个新图层中，得到"图层 8"。执行"滤镜"|"锐化"|"USM锐化"命令，在弹出的对话框中设置参数，如图3.86所示，单击"确定"按钮，应用"USM锐化"命令前后的对比效果如图3.87所示（左图为应用命令前的效果，右图为应用命令后的效果）。

31 至此完成本例的操作，最终效果如图3.88所示，此时的"图层"面板如图3.89所示。

图3.88 最终效果　　　　图3.89 "图层"面板

图3.86 "USM锐化"对话框

3.3 烈焰效果游戏海报设计

　　火是自然界中常见的现象，也是生活中离不开的元素。它具有光明、热情、奔放等特点，因此也常被用于广告、海报等设计作品中。

　　本节讲解了两种不同的制作火焰的方法，这两种方法各有其优、缺点，而且最终得到的火焰效果也不尽相同，大家在学习使用的过程中可以视具体情况而定。

　　本例讲解的火焰制作方法随机性较强，得到的火焰效果自然、逼真，但缺少明显的方向性，同时由于其随机性，在火焰效果的控制上也有较大的难度。如果对本例所讲述的方法略加改进，可以制作出具有浓烟的火焰效果。

核心技能：

- ➤ 结合"云彩"命令及"分层云彩"滤镜命令制作云彩图像。
- ➤ 设置图层属性以混合图像。
- ➤ 应用"渐变"填充图层制作图像的渐变效果。
- ➤ 应用"渐变映射"调整图层调整图像的色彩。

 原始素材 　光盘\第3章\3.3\素材.psd

最终效果 　光盘\第3章\3.3\3.3-1.psd、3.3-2.psd

第1部分　制作火焰效果

01 按Ctrl+N组合键新建一个文件，在弹出的对话框中设置参数，如图3.90所示，然后单击"确定"按钮。按D键将前景色和背景色恢复到默认状态，执行"滤镜"|"渲染"|"云彩"命令，得到类似图3.91所示的效果。

图3.90　"新建"对话框

图3.91　应用"云彩"命令后的效果

02 执行"滤镜"|"渲染"|"分层云彩"命令，按Ctrl+F组合键再次执行"分层云彩"操作，得到类似图3.92所示的效果。复制图层"背景"，得到图层"背景 副本"，按Ctrl+F组合键重复执行"分层云彩"操作18次，得到类似图3.93所示的效果。

图3.92　应用"分层云彩"命令后的效果

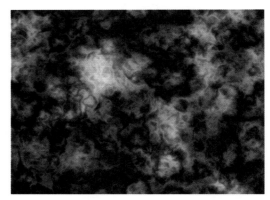

图3.93　连续应用"分层云彩"命令后的效果

03 复制图层"背景"，得到图层"背景 副本 2"，并将其移动到所有图层的上面，设置其混合模式为"颜色减淡"，得到如图3.94所示的效果。

04 在"图层"面板底部单击"创建新的填充或调整图层"按钮，在弹出的菜单中选择"渐变"命令，在弹出的对话框中设置参数，如图3.95所示，然后单击"确定"按钮，得到如图3.96所示的效果。

图3.94 设置图层混合模式后的效果

图3.95 "渐变填充"对话框

图3.96 应用填充图层后的效果

05 再次单击"创建新的填充或调整图层"按钮 ⊙.，
在弹出的菜单中选择"渐变映射"命令，在本部分
面板中设置参数，如图3.97所示，得到如图3.98所
示的本部分最终效果。

图3.97 "渐变映射"参数设置

提示

在"渐变映射"参数设置中，"渐变编辑器"的
设置，如图3.99所示。在"渐变编辑器"对话框中颜色
块的颜色值从左到右分别为000000、a31111、ffd200、
c84213。

图3.98 本部分最终效果

图3.99 "渐变编辑器"对话框

提示

本部分最终效果文件为随书所附光盘中的文件"第
3章\3.3\3.3-1.psd"。

第2部分 应用火焰效果

01 打开随书所附光盘中的文件"第3章\3.3\素
材.psd"，得到如图3.100所示的素材图像。

02 打开随书所附光盘中的文件"第3章\3.3\3.3-1.
psd"，如图3.101所示，合并所有图层，选择"移
动工具" ⊞，将合并图层后的图像移动到本部分
步骤01打开的素材图像中，得到"图层 1"，并
调整图像的位置，然后关闭不保存第1部分制作的
效果图文件。

图3.100 素材图像

图3.101 第1部分制作的图像效果

03 设置"图层 1"的混合模式为"滤色",得到如图
3.102所示的效果。复制"图层 1",得到"图层1
副本",使用"移动工具" ⊞改变该副本图层中

图像的位置,以使火焰效果更加丰富,得到如图
3.103所示的最终效果。

图3.102 设置图层混合模式后的效果

图3.103 最终效果

3.4 FLY电影海报制作

　　本例的效果在技术上来说,是本章3幅海报中最为简单的一个。映衬在黑色背景下的耀眼的火焰,以及右
上方的眼睛图像特写,都令海报的整体画面弥漫着极其诡异的气息。

　　在制作的过程中需要注意的是,红、黄色在如果搭配不好,看起来极易显脏,尤其对于明黄色和明红色
的调整,其饱和度一定要足够高才可以满足图像对于色彩的需要。对于这一点,读者不妨在制作过程中根据
自己的喜好进行小小的尝试。

核心技能:

> 利用图层蒙版功能隐藏不需要的图像。

> 应用"渐变映射"调整图层调整图像的色彩。

> 结合选区及"色阶"命令在"通道"面板中创建
特殊的选区。

> 使用形状工具绘制形状。

> 添加"外发光"图层样式,制作图像的发光效果。

> 应用滤镜命令制作纹理效果。

> 设置图层属性以混合图像。

原始素材	光盘\第3章\3.4\素材1.psd、素材2.psd、素材3.tif、素材4.abr
最终效果	光盘\第3章\3.4\3.4.psd

第1部分 绘制背景及主体

01 设置背景色为黑色，按Ctrl+N组合键新建一个文件，在弹出的对话框中设置参数，如图3.104所示，单击"确定"按钮。

图3.104 "新建"对话框

 提 示

　　下面将在画布中利用图层蒙版功能将两幅火焰图像融合在一起。

02 打开随书所附光盘中的文件"第3章\3.4\素材1.psd"，即如图3.105所示的火焰素材图像，使用移动工具 将其移至新建文件中画布左侧，得到"图层1"，效果如图3.106所示。

图3.105 素材图像

03 打开随书所附光盘中的文件"第3章\3.4\素材2.psd"，即如图3.107所示的火焰素材图像，使用"移动工具" 将其移至新建文件中画布的右

侧，得到"图层2"，效果如图3.108所示。

图3.106 摆放素材图像的位置

图3.107 素材图像

图3.108 摆放素材图像的位置

04 在"图层"面板底部单击"添加图层蒙版"按钮 |▣|，为"图层 2"添加图层蒙版。设置前景色为黑色，选择"画笔工具" |✎|，在工具选项栏中设置适当的画笔大小，在画布右侧的火焰上涂抹，以将其与左侧火焰融合，得到如图3.109所示的效果，图层蒙版中的状态如图3.110所示。

图3.109 使用"画笔工具"涂抹后的效果

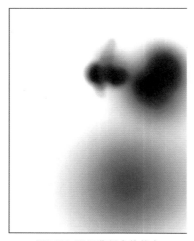

图3.110 图层蒙版中的状态

提 示

下面将向画布中添加眼睛图像，并将其融合在背景中。

05 打开随书所附光盘中的文件"第3章\3.4\素材 3.tif"，即如图3.111所示的半张脸素材图像，使用移动工具 |✛| 将其移至新建文件中画布的右上角，得到"图层 3"。

06 将"图层 3"移至"图层 1"的下方，按Ctrl+T组合键调出自由变换控制框，按逆时针方向旋转10°

左右，按Enter键确认变换操作，得到如图3.112所示的效果。

图3.111 素材图像

图3.112 旋转图像后的效果

07 在"图层"面板底部单击"添加图层蒙版"按钮 |▣|，为"图层 3"添加图层蒙版。设置前景色为黑色，选择"画笔工具" |✎|，在工具选项栏中设置适当的画笔大小及不透明度，在除眼睛以外的位置进行涂抹，得到如图3.113所示的效果，图层中的蒙版状态如图3.114所示。

图3.113 使用"画笔工具"涂抹后的效果

图3.114 图层蒙版中的状态

提 示

下面将利用调整图层对整体的色彩进行统一。

08 选择"图层 2"为当前工作层，在"图层"面板底部单击"创建新的填充或调整图层"按钮 ，在弹出的菜单中选择"渐变映射"命令，得到图层"渐变映射 1"，在"属性"面板中设置参数，如图3.115所示，得到如图3.116所示的效果。

图3.115 "渐变映射"参数设置

图3.116 应用调整图层后的效果

提 示

在"渐变映射"参数设置中，设置渐变各色标的颜色值从左至右分别为000000（黑色）、ca0000、fff71c和555555（白色）。

09 选择"图层 3"为当前工作层，按Ctrl键单击"图层 3"的图层缩览图以调出其选区，按Ctrl+C组合键执行"拷贝"操作，切换至"通道"面板，单击"创建新通道"按钮 ，得到通道"Alpha 1"，按Ctrl+V组合键执行"粘贴"操作，得到如图3.117所示的效果。

图3.117 通道状态

提 示

在上一步骤处理完成的图像中，整体图像变得呈红、黄色，但却缺少必要的高光，导致画面看起来有些灰暗。下面结合通道及图像调整命令，分解出其中的高光效果，以平衡整个画布。

10 按Ctrl+L组合键调出"色阶"对话框，参数设置如图3.118所示，单击"确定"按钮，得到如图3.119所示的效果。按Ctrl键单击通道"Alpha 1"的通道缩览图以调出其选区，如图3.120所示，返回至"图层"面板，在所有图层的上方新建一个图层，得到"图层 4"。

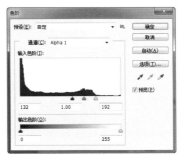

图3.118 "色阶"对话框

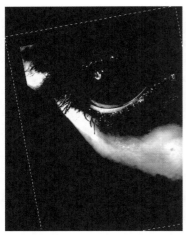

图3.119 应用"色阶"命令后的效果

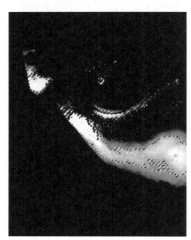

图3.120 载入选区

11 设置前景色为白色,按Alt+Delete组合键用前景色填充选区,按Ctrl+D组合键取消选区,得到如图3.121所示的效果。放大图像并将白色图像移动到与眼睛重合处,得到如图3.122所示的效果,设置"图层 4"的"不透明度"为90%。

图3.121 填充前景色

图3.122 移动图像到合适位置的效果

12 在图层面板底部单击"添加图层蒙版"按钮 ◙,为"图层 4"添加图层蒙版。设置前景色为黑色,选择"画笔工具" ✐,在眼睛以外的位置与火焰重合处进行涂抹,得到如图3.123所示的效果,图层蒙版状态如图3.124所示,整体效果如图3.125所示,此时"图层"面板如图3.126所示。

图3.123 添加图层蒙版并进行涂抹后的效果

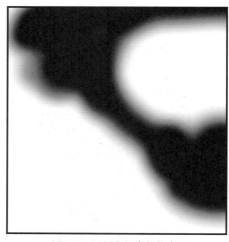

图3.124 图层蒙版中的状态

图3.125 整体效果

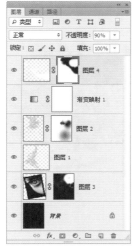

图3.126 "图层"面板

第2部分 绘制文字

01 选择"横排文字工具"[T]，在工具选项栏中设置适当的字体、字号和字体颜色，在当前文件画面的中间位置输入文字"FLY"和"DEGENERATE THE STREET"，得到如图3.127所示的效果。

图3.127 输入文字

02 选择"钢笔工具"[钢笔图标]，在工具选项栏中选择"形状"选项，在文字"DEGENERATE THE STREET"的右侧绘制如图3.128所示的形状，得到图层"形状 1"，结合工具选项栏中的"减去顶层形状"选项[图标]，在原来的形状上绘制如图3.129所示的竖向形状。

图3.128 绘制形状

图3.129 减去形状

03 选中图层"形状 1"，按住Shift键单击图层"DEGENERATE THE STREET"，以将其选中，按Ctrl+Alt +E组合键执行"盖印"操作，得到图层"形状 1（合并）"，隐藏图层"形状 1"～"DEGENERATE THE STREET"。

 提示

　下面利用特殊的画笔，并通过为文字添加图层蒙版等方法，为文字制作异形效果。

04 选择"画笔工具"[画笔图标]，打开随书所附光盘中的文件"第3章\3.4\素材4.abr"，按F5键显示"画笔"面板，选择打开的画笔，设置"画笔"面板参数如图3.130所示。

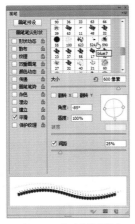

图3.130 "画笔"面板

05 设置前景色为白色，在文字上单击，得到如图
    3.131所示的效果，此时"图层"面板如图3.132所
    示。在"图层"面板底部单击"添加图层蒙版"
    按钮 ▣，为图层"形状 1（合并）"添加图层蒙
    版。设置前景色为黑色，选择"画笔工具" ✎，
    继续使用本部分步骤04中打开的画笔，在文字上
    涂抹，得到如图3.133所示的效果，图层蒙版中的
    状态如图3.134所示。

图3.131 使用"画笔工具"单击后的效果

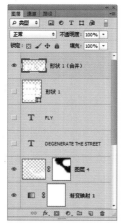

图3.132 "图层"面板

图3.133 使用"画笔工具"涂抹后的效果

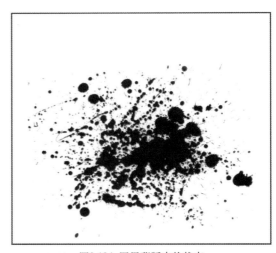

图3.134 图层蒙版中的状态

06 选择"画笔工具" ✎，在工具选项栏中设置适当
    的柔边圆画笔，在文字上继续涂抹至如图3.135所
    示的效果，图层蒙版中的状态如图3.136所示。

图3.135 使用"画笔工具"涂抹后的效果

07 在"图层"面板底部单击"添加图层样式"按钮
    fx，在弹出的菜单中选择"外发光"命令，在
    弹出的对话框中设置参数，如图3.137所示，单击
    "确定"按钮，得到如图3.138所示的效果。

图3.136 图层蒙版中的状态

图3.137 "外发光"图层样式参数设置

图3.138 应用图层样式后的效果

提 示

在"外发光"图层样式参数设置中,设置色块的颜色值为6a6a2b。下面将结合使用多个滤镜命令,制作用于填充在文字内部的不规则纹理图像。

08 切换至"通道"面板,单击"创建新通道"按钮 ,得到通道"Alpha 2"。执行"滤镜"|"渲染"|"云彩"命令,得到类似图3.139所示的效果。

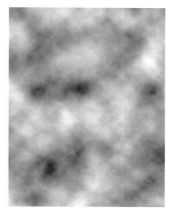

图3.139 应用"云彩"命令的效果

09 执行"滤镜"|"扭曲"|"挤压"命令,在弹出的对话框中设置参数如图3.140所示,单击"确定"按钮,得到如图3.141所示的效果。按Ctrl+F组合键6次应用"挤压"命令,得到如图3.142所示的效果。

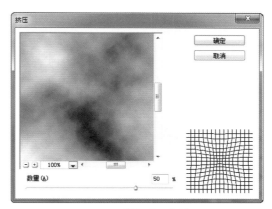

图3.140 "挤压"对话框

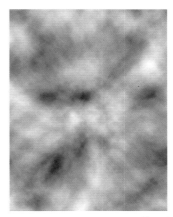

图3.141 应用"挤压"命令后的效果

10 执行"滤镜"|"渲染"|"分层云彩"命令,得到类似图3.143所示的效果。按Ctrl+F组合键6次应用"分层云彩"命令,得到类似图3.144所示的效果。

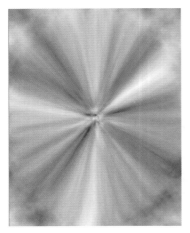

图3.142 多次应用"挤压"命令后的效果

图3.143 应用"分层云彩"命令后的效果

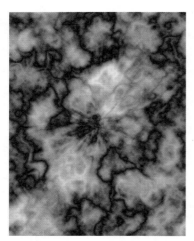

图3.144 多次应用"分层云彩"命令后的效果

11 按Ctrl键单击通道"Alpha 2"的通道缩览图以调出其选区，效果如图3.145所示。返回至"图层"面板，在所有图层的上方新建图层，得到"图层5"。

12 设置前景色为黑色，按Alt+Delete组合键用前景色填充选区，按Ctrl+D组合键取消选区，按

Ctrl+Alt+G组合键执行"创建剪贴蒙版"操作，得到如图3.146所示的效果。

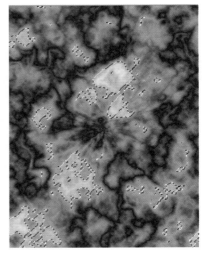

图3.145 载入选区

图3.146 执行"创建剪贴蒙版"操作后的效果

13 选择"横排文字工具" T，在工具选项栏中设置适当的字体、字号和字体颜色，在文字下方输入"Degenerate the society"文字，设置当前文字图层的"不透明度"为80%，得到如图3.147所示的效果。

图3.147 输入文字并设置图层属性后的效果

14 选择图层"Degenerate the society",按
Ctrl+Alt+Shift+E组合键执行"盖印"操作,得到
"图层6",并设置其混合模式为"滤色","不
透明度"为70%,得到如图3.148所示的最终效
果,此时的"图层"面板如图3.149所示,图3.150
所示为添加了海报说明性文字后的效果。

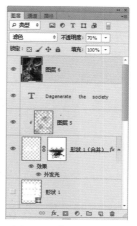

图3.149 "图层"面板

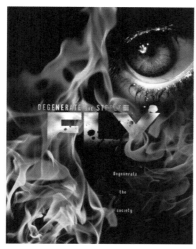

图3.148 最终效果

图3.150 添加了说明性文字后的效果

3.5 "神奇火焰侠"电影海报制作

本例主要是运用火焰素材图像来完成整体效果的制作。另外,本例中的金属文字也是利用Photoshop制作出来的。

核心技能:

> 应用调整图层功能,调整图像的亮度、色彩等属性。

> 利用剪贴蒙版限制图像的显示范围。

> 设置图层属性以混合图像。

> 在"通道"面板中,结合选区及"色阶"命令调整特殊的选区。

> 添加图层样式,制作图像的发光等效果。

> 利用图层蒙版功能隐藏不需要的图像。

原始素材 光盘\第3章\3.5\素材.psd

最终效果 光盘\第3章\3.5\3.5.psd

01 打开随书所附光盘中的文件"第3章\3.5\素材.psd"
文件，在该文件中共包括了5幅素材图像，如图
3.151所示。选择图层"背景"并隐藏其他图层，
此时背景图像中的状态如图3.152所示。

图3.151 "图层"面板

图3.152 背景素材图像

提 示

下面结合素材图像及调整图层，调整主题人物的
色彩。

02 显示图层"素材 1"并将其重命名为"图层 1"，
使用"移动工具" ▶+ 调整"图层 1"中图像的位
置，将其置于如图3.153所示的位置。按Ctrl+U组
合键应用"色相/饱和度"命令，在弹出的对话
框中降低图像的饱和度及亮度，直至得到类似图
3.154所示的效果。

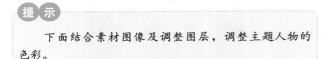

图3.153 摆放图像的位置

03 在"图层"面板底部单击"创建新的填充或调
整图层"按钮 ●，在弹出的菜单中选择"通道
混和器"命令，得到图层"通道混和器 1"，按
Ctrl+Alt+G组合键执行"创建剪贴蒙版"操作，在
"属性"面板中设置参数，如图3.155~图3.157所
示，得到如图3.158所示的效果。

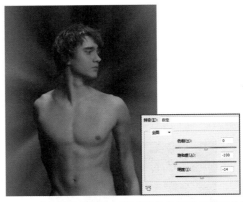

图3.154 "色相/饱和度"对话框参数设置应用后的效果

图3.155 "红"选项

图3.156 "绿"选项

图3.157 "蓝"选项

图3.158 应用调整图层后的效果

04 再次单击"创建新的填充或调整图层"按钮 ❍.｜，在弹出的菜单中选择"通道混和器"命令，得到图层"通道混和器 2"，按Ctrl+Alt+G组合键执行"创建剪贴蒙版"操作，在"属性"面板中设置参数如图3.159~图3.161所示，得到如图3.162所示的效果。

图3.159 "红"选项   图3.160 "绿"选项

图3.161 "蓝"选项

图3.162 应用调整图层命令后的效果

05 选择图层"通道混和器 2"的图层蒙版，按Ctrl+I组合键执行"反相"操作。设置前景色为白色，使用"画笔工具" ✐．，在其工具选项栏中设置适当的画笔大小，在人物的头部进行涂抹，直至得到类似图3.163所示的效果，此时图层蒙版中的状态如图3.164所示。

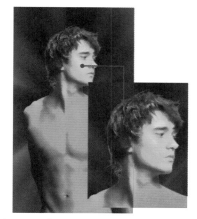

图3.163 添加图层蒙版后并进行涂抹的效果

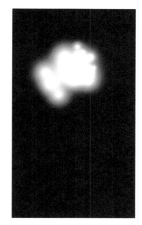

图3.164 图层蒙版中的状态

06 继续单击"创建新的填充或调整图层"按钮 ❍.｜，在弹出的菜单中选择"亮度/对比度"命令，得到图层"亮度/对比度 1"，按Ctrl+Alt+G组合键执行"创建剪贴蒙版"操作，在"属性面板中"设置参数，得到如图3.165所示的效果。

图3.165 "亮度/对比度"参数设置及应用后的效果

07 按住Alt键拖动图层"通道混和器 2"的图层蒙版至图层"亮度/对比度 1"上，以复制图层蒙版，得到如图3.166所示的效果，此时的"图层"面板如图3.167所示。

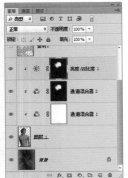

图3.166 复制图层蒙版后的效果　　图3.167 "图层"面板

提 示

　　至此，人物头部已经被调整得变红了。下面将继续调整人物身体的颜色，使其与头部的颜色相匹配。

08 在所有图层的上方新建图层，得到"图层 2"，按Ctrl+Alt+G组合键执行"创建剪贴蒙版"操作。设置前景色的颜色值为ee400b，选择"画笔工具"，在其工具选项栏中设置适当的画笔大小，在人物身体区域进行涂抹，直至得到类似图3.168所示的效果。设置"图层 2"的混合模式为"正片叠底"，"不透明度"为85%，得到如图3.169所示的效果。

图3.168 涂抹图像后的效果　　图3.169 设置图层属性后的效果

提 示

　　下面利用"画笔工具"沿人物的身体边缘绘制一些模拟逆光效果的图像。

09 在所有图层的上方新建图层，得到"图层 3"，按Ctrl+Alt+G组合键执行"创建剪贴蒙版"操作。设置前景色的颜色值为ffc955，选择"画笔工具"，在工具选项栏中设置适当的画笔大

小，沿人物的身体边缘进行涂抹，直至得到类似图3.170所示的效果。

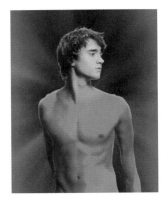

图3.170 涂抹图像

提 示

　　此时观察图像不难看出，人物整体由于叠加了很重的颜色，看起来缺少立体感。下面将利用通道功能，重新为人物增加立体感。

10 隐藏除"图层 1"和图层"背景"以外的所有图层。切换至"通道"面板，复制通道"蓝"，得到通道"蓝 副本"，按Ctrl+L组合键应用"色阶"命令，在弹出的对话框中设置参数，如图3.171所示，单击"确定"按钮，得到如图3.172所示的效果。

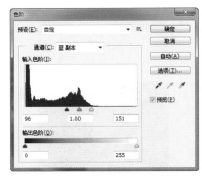

图3.171 "色阶"对话框

图3.172 应用"色阶"命令后的效果

11 按Ctrl键单击通道"蓝 副本"的通道缩览图以载入其选区,切换至"图层"面板并在所有图层的上方新建"图层4"。设置前景色的颜色值为f3efb4,填充选区后按Ctrl+D组合键取消选区,显示所有隐藏的图层,得到如图3.173所示的效果。

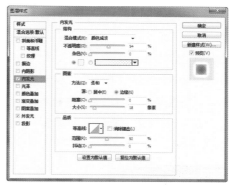

图3.175 "内发光"图层样式参数设置

图3.173 填充选区并显示所有图层后的效果

 提示

至此,已经基本制作完人物图像。下面利用图层样式为人物增加发光效果。

图3.176 应用图层样式后的效果

12 选择"图层1",在"图层"面板底部单击"添加图层样式"按钮 *fx.*,在弹出的菜单中选择"外发光"命令,在弹出的对话框中设置参数如图3.174所示;在对话框中再选择"内发光"选项,设置其参数如图3.75所示,单击"确定"按钮,得到如图3.176所示的效果。

13 显示图层"素材2"并将其重命名为"图层5",结合自由变换控制框将素材图像调整至人物的右下方,效果如图3.177所示。设置"图层5"的混合模式为"滤色",得到如图3.178所示的效果。

提示

在"外发光"对话框中,颜色块的颜色值为fdc2c2。在"内发光"对话框中,颜色块的颜色值为ffffbe。下面利用素材图像为人物叠加火焰。

图3.177 摆放素材图像的位置　图3.178 设置混合模式后的效果

提示

此时图像周围仍然有生硬的边缘,下面利用图层蒙版将其隐藏。

图3.174 "外发光"图层样式参数设置

14 在"图层"面板底部单击"添加图层蒙版"按钮 | ◎ |，为"图层 5"添加图层蒙版。设置前景色为黑色，选择"画笔工具" ┃☑┃，在工具选项栏中设置适当的画笔大小及不透明度，在图层蒙版中进行涂抹，以将生硬的火焰边缘隐藏起来，直至得到如图3.179所示的效果，此时图层蒙版中的状态如图3.180所示。

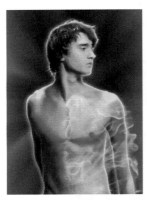

图3.179 隐藏图像后的效果　　图3.180 图层蒙版中的状态

15 复制"图层 5"多次，然后结合自由变换控制框，调整火焰的大小，并分别重新添加图层蒙版，根据需要隐藏多余的火焰效果，直至得到类似图3.181所示的效果。

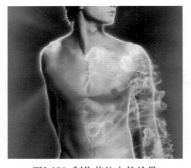

图3.181 制作其他火焰效果

16 显示图层"素材 3"并将其重命名为"图层 6"。按照上述变换并复制火焰的操作方法，将火焰效果复制到人物的全身，直至得到类似图3.182所示的效果，此时的"图层"面板如图3.183所示。

 提 示

　　在复制火焰效果的过程中，其实是没有什么具体规律的，其目的就是为了使火焰布满人物的身体，所以只需要不停地复制火焰效果至身体各个部位即可，同时注意身体外部区域的火焰效果，应有一种不规则的燃烧感，这样整体效果才会更逼真。

图3.182 火焰效果

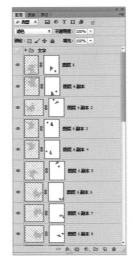

图3.183 "图层"面板

17 显示图层组"文字"，得到的最终效果如图3.184所示。

图3.184 最终效果

第4章

石材质感

　　石材质感是几种常用质感之一，具有质地坚硬、耐磨、极具重量感的特征，更为难得的是它表面的质感以及强烈的可塑性和表现力使其应用广泛。在本章中讲解了4个关于石材的案例，当然还不是很全面，只希望能够起到抛砖引玉的作用。

4.1 凹陷石雕文字效果海报设计

本例主要讲解如何利用多种图层样式制作凹陷石雕文字效果。下面讲解具体的操作方法。

核心技能：

➤ 添加"内阴影"图层样式，制作图像的阴影效果。

➤ 添加"内发光"图层样式，制作图像的发光效果。

➤ "斜面和浮雕"图层样式，制作图像的立体效果。

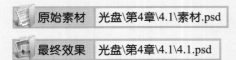

| 原始素材 | 光盘\第4章\4.1\素材.psd |
| 最终效果 | 光盘\第4章\4.1\4.1.psd |

01 打开随书所附光盘中的文件"第4章\4.1\素材.psd"，如图4.1所示，此时的"图层"面板如图4.2所示。

图4.1 素材图像

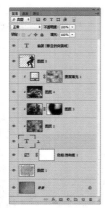

图4.2 "图层"面板

02 选择文字图层"3"作为当前的工作图层，在"图层"面板底部单击"添加图层样式"按钮 *fx.*，在弹出的菜单中选择"内阴影"命令，在弹出的对话框中设置参数，如图4.3所示，此时图像效果如图4.4所示。

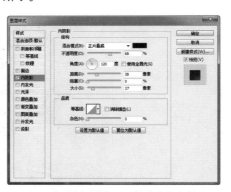

图4.3 "内阴影"图层样式参数设置

图4.4 应用图层样式后的效果

03 继续在"图层样式"对话框中选择"内发光"、
"斜面和浮雕"及"等高线"选项,设置其参数如
图4.5~图4.7所示,单击"确定"按钮得到如图4.8
所示的最终效果。

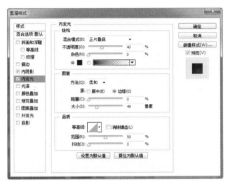

图4.5 "内发光"图层样式参数设置

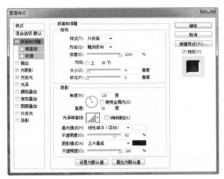

图4.6 "斜面和浮雕"图层样式参数设置

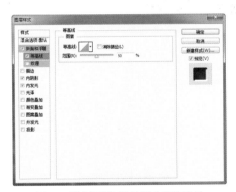

图4.7 "等高线"图层样式参数设置

图4.8 最终效果

图4.9所示为按照制作数字"3"的方法,为文字
图层"偷袭 [赛亚的突袭战]"添加"内阴影"及"斜
面和浮雕"图层样式后的效果,放大后的效果如图
4.10所示。

图4.9 应用图层样式后的效果

图4.10 放大后的效果

4.2 风化巨石文字标志设计

本例在制作时除了石块文字外,也非常注重整体环境的统一和渲染,所以并没有将本例分类成为文字特效。

在制作过程中,由于采用的原始素材是一张平面图,在将其拼合成为文字以后,需要结合"画笔工具"☑ 的绘图功能,图层混合模式及图层蒙版,以模拟文字的立体效果。

核心技能：

➤ 利用图层蒙版功能隐藏不需要的图像。

➤ 设置图层属性以混合图像。

➤ 结合选区及滤镜功能在"通道"面板中创建特殊的选区。

➤ 应用"通道混和器"调整图层调整图像的色彩。

➤ 利用剪贴蒙版限制图像的显示范围。

  原始素材　光盘\第4章\4.2\素材1.tif~素材3.tif

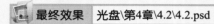 最终效果　光盘\第4章\4.2\4.2.psd

01 按Ctrl+N组合键新建一个文件，在弹出的对话框中设置参数，如图4.11所示，按住Alt键双击图层"背景"以将其转换成为普通图层，并隐藏该图层。

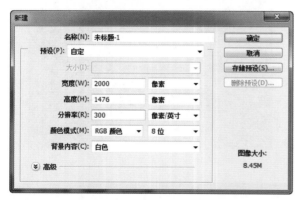

图4.11 "新建"对话框

  提　示

　首先向画布中添加基本的图像内容。

02 打开随书所附光盘中的文件"第4章\4.2\素材1.tif"，如图4.12所示，将其拖入新建文件的画布并调整其大小至如图4.13所示的状态，得到"图层1"。在"图层"面板底部单击"添加图层蒙版"按钮 ，为"图层1"添加蒙版。

图4.12 素材图像

03 选择"画笔工具" ，在工具选项栏中设置适当的画笔大小，在图层蒙版中进行涂抹，得到如图4.14所示的效果。

图4.13 调整素材图像的大小

图4.14 添加图层蒙版并进行涂抹后的状态

  提　示

　下面将利用"渐变填充"图层为画布增加一个简单的天空背景，同时为底部的图像内容叠加渐变色彩。

04 在"图层"面板底部单击"创建新的填充或调整图层"按钮 ，在弹出的菜单选择"渐变"命令，在弹出的对话框中设置参数，如图4.15所示，单击"确定"按钮，将图层混合模式设置为"叠加"，得到如图4.16所示的效果。

图4.15 "渐变填充"对话框

图4.16 应用填充图层并设置图层混合模式后的效果

提 示

单击"渐变填充"对话框的渐变色条，弹出"渐变编辑器"对话框，设置参数如图4.17所示，渐变色标的颜色值从左到右依次为562b02、bc830a、ad6816、6d664c。下面在画布中制作天空图像内容，并结合图层蒙版功能将其完美地融合在背景图像中。

图4.17 "渐变编辑器"对话框

05 打开随书所附光盘中的文件"第4章\4.2\素材2.tif"，如图4.18所示，将其拖入制作文件并调整其混合模式为"柔光"，得到如图4.19所示的效

果，然后利用自由变换控制框将图像调整至如图4.20所示的效果，同时得到"图层 2"。

图4.18 素材图像

图4.19 拖入图像并设置混合模式后的效果

图4.20 调整图像后的效果

06 在"图层"面板底部单击"添加图层蒙版"按钮 ，为"图层 2"添加图层蒙版。选择"画笔"工具 ，在工具选项栏中设置适当的画笔大小，在图层蒙版中涂抹，得到如图4.21所示的效果，图层蒙版中的状态如图4.22所示。

07 复制"图层 2"，得到"图层 2 副本"，得到如图4.23所示的图像效果。在"图层"面板底部单击"创建新的填充或调整图层"按钮 ，在弹出的菜单中选择"通道混和器"命令，在"属性"面板中设置参数如图4.24~图4.26所示，得到如图4.27所示的效果。

图4.21 添加图层蒙版并进行涂抹后的效果

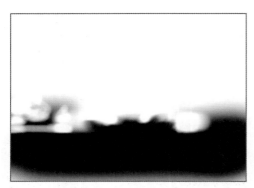

图4.22 图层蒙版中的状态

图4.23 复制图像后的效果

图4.24 "红"选项

图4.25 "绿"选项

图4.26 "蓝"选项

图4.27 应用调整图层

08 选择除图层"背景"外的所有图层，按Ctrl+G组合键将选中的图层编组并将得到的图层重命名为"背景"，此时的"图层"面板如图4.28所示。

提 示

下面开始制作文字效果。首先，使用文字工具输入文字内容。

09 选择"横排文字工具" ，在工具选项栏中设置适当的颜色、字体字号，在画布中输入"DZWH"文字，效果如图4.29所示，得到图层"DZWH"。

图4.28 "图层"面板

图4.29 输入文字

提 示

　　下面在通道中结合滤镜命令及图像调整命令，改变文字原本方方正正的造型，使其边缘及拐角变得平滑些。

10 按Ctrl键单击文字图层"DZWH"的图层缩览图以载入选区。选择"通道"面板，新建通道，得到通道"Alpha 1"，使用白色进行填充，按Ctrl+D组合键取消选区，得到如图4.30所示的效果。

图4.30 填充通道后的效果

11 执行"滤镜"|"模糊"|"高斯模糊"命令，在弹出的对话框中设置"半径"为20像素，单击"确定"按钮，得到如图4.31所示的效果。按Ctrl+L组

合键，弹出"色阶"对话框，设置其参数，如图4.32所示，单击"确定"按钮，得到如图4.33所示的效果。

图4.31 应用"高斯模糊"命令后的效果

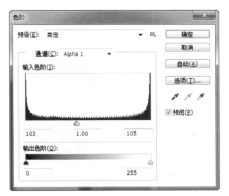

图4.32 "色阶"对话框

图4.33 应用"色阶"命令后的效果

12 按Ctrl键单击通道"Alpha 1"的通道缩览图以载入选区，返回"图层"面板，隐藏文字图层"DZWH"，新建图层，得到"图层 3"，使用黑色填充选区，按Ctrl+D组合键取消选区，效果如图4.34所示。

提 示

　　下面开始为文字叠加岩石纹理。

图4.34 填充图层后的效果

13 打开随书所附光盘中的文件"第4章\4.2\素材
3.tif",如图4.35所示,将其拖入制作文件并调整
图像至如图4.36所示的效果,得到"图层 4",按
Ctrl+Alt+G组合键执行"创建剪贴蒙版"操作,得
到如图4.37所示的效果。

图4.35 素材图像

图4.36 调整素材图像后的效果

> **提 示**
>
> 观察整体图像可以看出,在岩石图像与文字之间创
> 建剪贴蒙版后,仍然保持着原来规则的平滑边缘。为了
> 使其看起来更像由岩石堆砌而成的,下面利用图层蒙版
> 对岩石之间的缝隙及残缺的石块进行隐藏处理。

图4.37 创建剪贴蒙版后的效果

14 在"图层"面板底部单击"添加图层蒙版"按钮
,为"图层 3"添加图层蒙版。选择"画笔工
具" 在工具选项栏中设置适当的画笔大小,用
黑色在图层蒙版中进行涂抹,得到如图4.38所示的
效果,此时蒙版中的状态如图4.39所示。

图4.38 添加图层蒙版并进行涂抹后的效果

图4.39 图层蒙版中的状态

> **提 示**
>
> 在图层蒙版中是根据石头的结构在两块交接或有缺
> 口的位置处进行涂抹,用同样的方法将图像涂抹到如图
> 4.40所示的效果,图层蒙版中的状态如图4.41所示。

图4.40 添加图层蒙版并进行涂抹后的效果

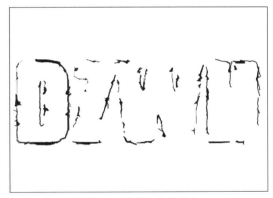

图4.41 图层蒙版中的状态

15 选择"图层4",在"图层"面板底部单击"创建新的填充或调整图层"按钮 ◎.,在弹出的菜单中选择"通道混和器"命令,得到图层"通道混和器2",按Ctrl+Alt+G组合键执行"创建剪贴蒙版"操作,在"属性"面板中设置参数如图4.42~图4.44所示,得到如图4.45所示的效果。

图4.42 "红"选项

16 新建图层,得到"图层5",按Ctrl+Alt+G组合键执行"创建剪贴蒙版"操作。选择"画笔工具" ✐,在工具选项栏中设置适当的画笔大小,在石头的右侧进行涂抹,得到如图4.46所示的效果。

图4.43 "绿"选项

图4.44 "蓝"选项

图4.45 应用调整图层后的效果

提 示

在石头的右侧进行涂抹,是为了加强石头的暗面。

图4.46 绘制石头的暗面

17 新建图层，得到"图层 6"，按Ctrl+Alt+G组合键执行"创建剪贴蒙版"操作。选择"画笔工具" ✐，在工具选项栏中设置适当的画笔大小，在画布内进行涂抹，得到如图4.47所示的效果。将"图层 6"的混合模式设置为"叠加"，得到如图4.48所示的效果。

图4.47 绘制石头的亮面

图4.48 设置图层混合模式后的效果

18 按Ctrl单击"图层 3"的图层缩览图以载入选区，按Shift+F6组合键，在弹出的对话框中设置"羽化半径"为15像素，单击"确定"按钮。执行"选择"|"修改"|"收缩"命令，在弹出的对话框中设置"收缩量"为10像素，单击"确定"按钮。将选区反选，新建图层，得到"图层 7"，使用白色

填充选区，得到如图4.49所示的效果，按Ctrl+D组合键将选区取消。

图4.49 填充选区后的效果

19 将"图层 7"的混合模式设置为"叠加"，"不透明度"设置为90%，效果如图4.50所示，将图层中的图像向右下方移动稍许，得到如图4.51所示的效果。在"图层"面板底部单击"添加图层蒙版"按钮 ▣，为"图层 7"添加图层蒙版，选择"画笔工具" ✐，在工具选项栏中设置适当的画笔大小，在图层蒙版中进行涂抹，得到如图4.52所示的效果，图层蒙版中的状态如图4.53所示。

图4.50 设置图层属性后的效果

图4.51 调整位置后的效果

20 新建图层，得到"图层 8"，并将其拖到"图层 3"的下面。选择"画笔工具" ，设置适当的画笔大小，在文字的下方进行涂抹，制作出文字的阴影效果，得到如图4.54所示的效果。

图4.55 添加图层蒙版并进行涂抹后的效果

图4.52 编辑图层蒙版后的效果

22 选择"横排文字工具" ，在工具选项栏中设置适当的颜色、字体字号，在画布的右下角输入如图4.56所示的文字，完成制作，此时的"图层"面板如图4.57所示。

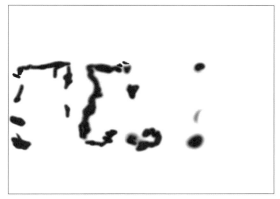

图4.53 图层蒙版中的状态

图4.56 输入文字

图4.54 制作文字的阴影效果

21 选择"图层 8"以上的所有图层，按Ctrl+G组合键将选中的图层编组，得到"组 1"。在"图层"面板底部单击"添加图层蒙版"按钮 ，为"组 1"添加图层蒙版。选择"画笔工具" ，在工具选项栏中设置适当的画笔大小，在图层蒙版中进行涂抹，以将树显现出来，得到如图4.55所示的效果。

图4.57 "图层"面板

4.3 腐蚀岩石效果电影海报设计

从使用的技术来说，本例制作的海报与上一例基本相同，仍然是以图层混合模式和图层蒙版作为混合图像的关键性技术，然后配合适当的图像调整命令来协调整体的色彩。另外，图层样式在其中也起到了增加图像立体效果的重要作用。

核心技能：

> 设置图层属性以混合图像。

> 结合选区及滤镜功能在"通道"面板中创建特殊的选区。

> 添加图层样式，制作图像的立体、投影等效果。

> 应用调整图层功能，调整图像的亮度、色彩等

属性。

> 利用图层蒙版功能隐藏不需要的图像。

> 利用剪贴蒙版限制图像的显示范围。

> 应用"钢笔工具" 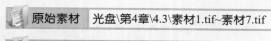 绘制形状。

| 原始素材 | 光盘\第4章\4.3\素材1.tif~素材7.tif |
| 最终效果 | 光盘\第4章\4.3\4.3.psd |

第1部分 绘制背景及球体

01 按Ctrl+N组合键新建一个文件，在弹出的对话框中设置参数，如图4.58所示。

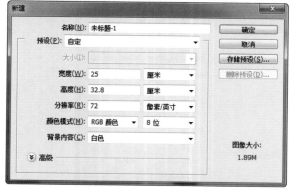

图4.58 "新建"对话框

 提示

首先结合多幅素材图像，配合图像调整、混合模式及图层蒙版等功能，制作一幅背景纹理图像。

02 打开随书所附光盘中的文件"第4章\4.3\素材1.tif"，即如图4.59所示的素材图像，使用"移动工具" ⊕ 将其移至新建文件中，以覆盖当前画布，得到"图层1"。

图4.59 素材图像

03 打开随书所附光盘中的文件"第4章\4.3\素材2.tif"，即如图4.60所示的素材图像，使用"移动工具" ⊕ 将其移至新建文件中，得到"图层

2"，设置其混合模式为"强光"，得到如图4.61所示的效果。

图4.60 素材图像

图4.61 设置图层混合模式后的效果

04 打开随书所附光盘中的文件"第4章\4.3\素材3.tif和素材4.tif"，即如图4.62和图4.63所示的两幅素材图像，分别得到"图层 3"和"图层 4"，并设置其混合模式分别为"强光"和"差值"，得到如图4.64所示的效果。

图4.62 素材图像

图4.63 素材图像

图4.64 设置图层混合模式后的效果

提 示

下面开始在画布上半部分制作圆形凸出图像，并结合滤镜及图层样式等功能，为其增加立体及阴影效果。

05 新建图层，得到"图层 5"，在"图层"面板底部单击"添加图层蒙版"按钮 回。选择"椭圆选框工具" ○，在当前图像中绘制如图4.65所示的圆形选区。切换至"通道"面板，单击"将选区存储为通道"按钮 回，得到通道"Alpha 1"，单击此通道名称进入其编辑状态，按Ctrl+D组合键取消选区。

06 执行"滤镜"|"滤镜库"命令，在弹出的对话框中选择"画笔描边"区域中的"喷溅"选项，然后设置各参数如图4.66所示，单击"确定"按钮。按Ctrl键单击通道"Alpha 1"的通道缩览图以载入其选区。返回至"图层"面板，选择"图层 5"的图层蒙版缩览图，设置前景色为黑色，按Alt+Delete组合键用前景色填充选区，按Ctrl+D组合键取消选区。

图4.65 绘制选区

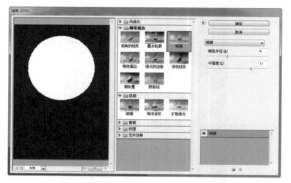

图4.66 "喷溅"对话框

07 选择"图层 5"的图层缩览图，设置前景色为黑色，选择"画笔工具" ✎，在工具选项栏中设置适当的柔边圆画笔，在当前图像的上方进行涂抹，直至得到如图4.67所示的效果。

图4.67 使用"画笔工具"进行涂抹后的效果

08 新建图层，得到"图层 6"，按Ctrl键单击"图层5"的图层蒙版缩览图以调出其选区，按Ctrl+Shift+I组合键执行"反向"操作。设置前景色为黑色，按Alt+Delete组合键用前景色填充选区，按Ctrl+D组合键取消选区，得到如图4.68所示的效果，局部效果

如图4.69所示。设置"图层 6"的"填充"为0%，此时"图层"面板如图4.70所示。

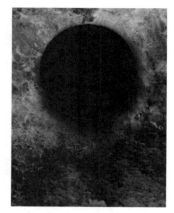

图4.68 填充前景色后的效果

图4.69 局部效果

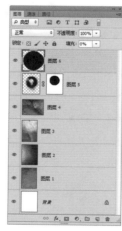

图4.70 "图层"面板

09 在"图层"面板底部单击"添加图层样式"按钮 fx.，在弹出的菜单中选择"投影"命令，在弹出的对话框中设置参数，如图4.71所示；继续在该对话框中选择"斜面和浮雕"选项，设置其参数如图4.72所示，单击"确定"按钮得到如图4.73所示的效果。

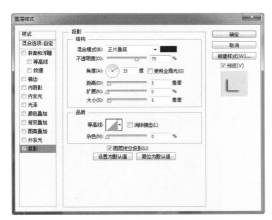

图4.71　"投影"图层样式参数设置

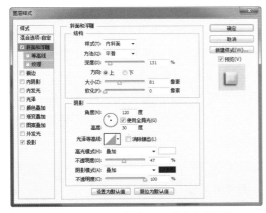

图4.72　"斜面和浮雕"图层样式参数设置

图4.73　应用图层样式后的效果

10 新建图层，得到"图层 7"，设置前景色为白色，选择"画笔工具" ，在工具选项栏中设置适当的画笔大小，在球体上进行涂抹以添加光源效果。设置"图层 7"的混合模式为"叠加"，得到如图4.74所示的效果。

提 示

在下面的几步操作中，将利用调整图层对图像进行整体色彩上的调整。

图4.74　设置图层混合模式后的效果

11 在"图层"面板底部单击"创建新的填充或调整图层"按钮 ，在弹出的菜单中选择"色相/饱和度"命令，得到图层"色相/饱和度 1"，在"属性"面板中设置参数，如图4.75所示，得到如图4.76所示的效果。

图4.75　"色相/饱和度"参数设置

图4.76　应用调整图层后的效果

12 选择"图层 7"为当前工作层，再次单击"创建新的填充或调整图层"按钮 ，在弹出的菜单中选择"通道混和器"命令，得到图层"通道混和器

1"，在"属性"面板中设置参数如图4.77~图4.79
所示，得到如图4.80所示的效果。

图4.77 "红"选项

图4.78 "绿"选项

图4.79 "蓝"选项

图4.80 应用调整图层后的效果

13 设置图层"通道混和器 1"的"不透明度"为
85%，得到如图4.81所示的效果，此时"图层"面
板如图4.82所示。

图4.81 设置图层属性后的效果

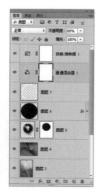

图4.82 "图层"面板

第2部分 制作洞中的眼

01 复制"图层6"，得到"图层6 副本"，将其移至
所有图层的上方。按Ctrl+T组合键调出自由变换控
制框，按住Alt+Shift组合键等比例缩小副本图层中
的图像，按Enter键确认变换操作，得到如图4.83所
示的效果。

图4.83 变换图像的效果

02 打开随书所附光盘中的文件"第4章\4.3\素材
5.tif"，即如图4.84所示的眼睛素材图像。使用
移动工具 将其移至制作文件中的小黑圆上，
得到"图层 8"，得到如图4.85所示的效果，按
Ctrl+Alt+G组合键执行"创建剪贴蒙版"操作，得
到如图4.86所示的效果。

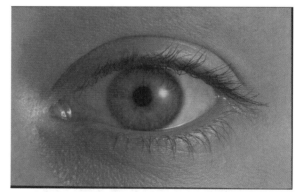

图4.84 素材图像

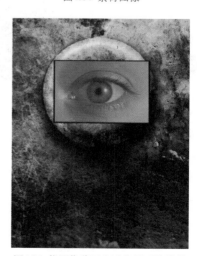

图4.85 将图像移至合适位置后的效果

图4.86 创建剪贴蒙版后的效果

03 在"图层"面板底部单击"添加图层蒙版"按钮 ▢ ，为"图层 8"添加图层蒙版。设置前景色为黑色，选择"画笔工具" ✍ ，在工具选项栏中设置适当的画笔大小，在眼球以外的位置进行涂抹，得到如图4.87所示的效果，图层蒙版中的状态如图4.88所示。

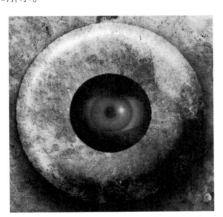

图4.87 使用"画笔工具"涂抹后的效果

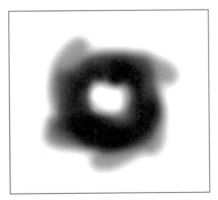

图4.88 图层蒙版中的状态

04 复制"图层 8"，得到"图层 8 副本"，按Ctrl+Alt+G组合键执行"创建剪贴蒙版"操作，并设置副本图层的混合模式为"叠加"，得到如图4.89所示的效果。

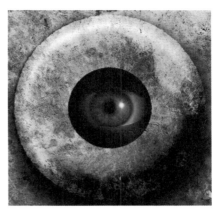

图4.89 创建剪贴蒙版并设置混合模式后的效果

05 新建图层，得到"图层 9"，按照本部分步骤**03**的操作方法，在眼球边缘位置进行涂抹，以起到加深图像的作用，按Ctrl+Alt+G组合键执行"创建剪贴蒙版"操作，得到如图4.90所示的效果。

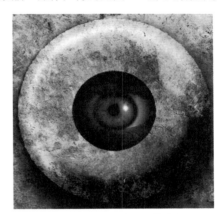

图4.90 创建剪贴蒙版后的效果

提 示

在眼球周围进行涂抹，并在后面增加了调整图层对其进行调色后，此处涂抹的效果所产生的影响会变得更加明显。在下面的操作中，将为眼睛图像进行调色。

06 在"图层"面板底部单击"创建新的填充或调整图层"按钮 ◑ ，在弹出的菜单中选择"通道混和器"命令，得到图层"通道混和器 2"，按Ctrl+Alt+G组合键执行"创建剪贴蒙版"操作，在"属性"面板中设置参数，如图4.91~图4.93所示，得到如图4.94所示的效果。

07 再次单击"创建新的填充或调整图层"按钮 ◑ ，在弹出的菜单中选择"色调分离"命令，得到图层"色调分离 1"，按Ctrl+Alt+G组合键执行"创建剪贴蒙版"操作，在"属性"面板中设置参数，如图4.95所示，得到如图4.96所示的效果。

图4.91 "红"选项

图4.92 "绿"选项

图4.93 "蓝"选项

图4.94 应用调整图层后的效果

图4.95 "色调分离"参数设置

图4.96 应用调整图层后的效果

08 继续单击"创建新的填充或调整图层"按钮 ❍.，在弹出的菜单中选择"色相/饱和度"命令，得到图层"色相/饱和度 2"，按Ctrl+Alt+G组合键执行"创建剪贴蒙版"操作，在"属性"面板中设置参数如图4.97所示，得到如图4.98所示的效果。

图4.97 "色相/饱和度"参数设置

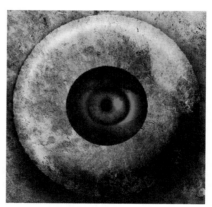

图4.98 应用调整图层后的效果

 提 示

下面利用绘图工具及混合模式，来模拟眼睛图像上的高光效果，使这个洞中的眼睛看起来更加的醒目。

09 新建图层，得到"图层 10"，设置前景色为白色，按照本部分步骤**03**的操作方法，在眼球上进行涂抹，以加亮图像，得到如图4.99所示的效果。设置"图层10"的混合模式为"叠加"，得到如图4.100所示的效果。

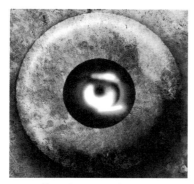

图4.99 使用"画笔工具"涂抹后的效果

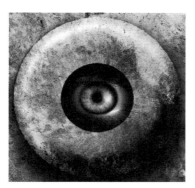

图4.100 设置图层混合模式后的效果

10 复制"图层 10"，得到"图层 10 副本"，并设置副本图层的"不透明度"为87%，得到如图4.101所示的效果。

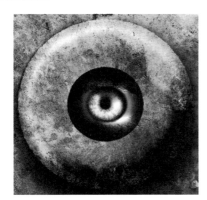

图4.101 设置图层属性后的效果

提 示

在上面的操作中，我们已经将眼睛图像处理完毕，下面来为圆洞的边缘增加一定的立体效果，使其看起来更加的逼真。

11 新建图层，得到"图层 11"，按Ctrl键单击"图层 6 副本"的图层缩览图以调出其选区。执行"选择"|"修改"|"扩展"命令，在弹出的对话框中设置"扩展量"为3像素，单击"确定"按钮，再按住Ctrl+Alt组合键单击"图层 6 副本"的图层缩览图，得到如图4.102所示的选区。

图4.102 得到选区

12 设置前景色为白色，按Alt+Delete组合键用前景色填充选区，按Ctrl+D组合键取消选区，得到如图4.103所示的效果。设置"图层 11"的混合模式为"叠加"，得到如图4.104所示的效果。在"图层"面板底部单击"添加图层蒙版"按钮，为"图层 11"添加图层蒙版。

图4.103 用前景色填充选区后的效果

13 设置前景色为黑色，选择"画笔工具"，在工具选项栏中设置适当的画笔大小，在白色圆线位置进行涂抹，以免过于生硬，得到如图4.105所示的效果，图层蒙版中的状态如图4.106所示，图4.107所示为整体效果，此时"图层"面板如图4.108所示。

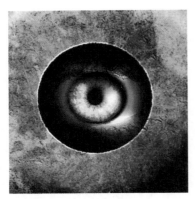

图4.104 设置图层混合模式后的效果

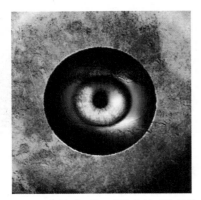

图4.105 使用"画笔工具"涂抹后的效果

图4.106 图层蒙版中的状态

图4.107 整体效果　　　　图4.108 "图层"面板

> **提 示**
>
> 　　除了使用上面的方法制作浮雕效果外，读者也可以尝试使用"斜面和浮雕"或其他图层样式来模拟浮雕效果，虽然得到的效果不尽相同，但却很接近。

第3部分 绘制文字效果

01 在"图层"面板底部单击"创建新的填充或调整图层"按钮 ◎.，在弹出的菜单中选择"渐变"命令，得到图层"渐变填充 1"，在弹出的对话框中设置参数，如图4.109所示，单击"确定"按钮，得到如图4.110所示的效果。

图4.109 "渐变填充"对话框

图4.110 应用填充图层后的效果

> **提 示**
>
> 　　在"渐变填充"对话框中，设置渐变为从黑色到透明。

02 设置图层"渐变填充 1"的混合模式为"叠加"，选择图层"渐变填充 1"的图层蒙版缩览图。

03 选择"渐变工具" ■，在工具选项栏中单击渐变，在弹出的对话框中设置参数，如图4.111所示，单击"确定"按钮。在当前画布中从上至下绘制渐变，得到如图4.112所示的效果，图层蒙版中的状态如图4.113所示。

图4.111 "渐变编辑器"对话框

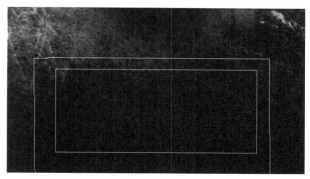

图4.114 绘制路径后的效果

05 再次单击"创建新的填充或调整图层"按钮 ⊙.|，在弹出的菜单中选择"通道混和器"命令，得到图层"通道混和器 3"，在"属性"面板中设置参数，如图4.115~图4.117所示，得到如图4.118所示的效果。

图4.112 绘制渐变后的效果

图4.115 "红"选项

图4.113 图层蒙版中的状态

图4.116 "绿"选项　　　图4.117 "蓝"选项

提 示

　　在"渐变编辑器"对话框中，设置色标的颜色从左至右分别为黑色、黑色和白色。下面在画布的底部绘制用于装载文字的方框路径。

04 选择"钢笔工具" ☑，在工具选项栏中选择"路径"选项，再结合"合并形状"选项和"减去顶层形状"选项 🖻，在当前画布的最下方绘制如图4.114所示的路径。

06 在"图层"面板底部单击"添加图层样式"按钮 | fx.|，在弹出的菜单中选择"外发光"命令，在弹出的对话框中设置参数，如图4.119所示；在该对话框中选择"斜面和浮雕"选项，设置参数如图4.120所示，单击"确定"按钮，得到如图4.121所示的效果。

图4.118 应用调整图层后的效果

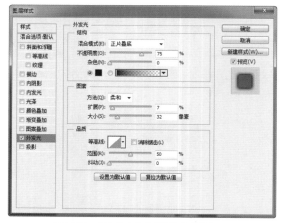

图4.119 "外发光"图层样式参数设置

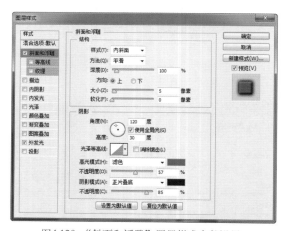

图4.120 "斜面和浮雕"图层样式参数设置

图4.121 应用图层样式后的效果

 提 示

在"斜面和浮雕"图层样式参数设置中,设置"高光模式"右侧色块的颜色值为a14e48。另外,虽然图像中的内容很暗,几乎看不到太多细节,但实际上,真正优秀的作品正是由这些看似可有可无的细节组合在一起的。下面在红色的方框中制作主题文字的特殊效果。

07 选择"横排文字工具" T ,在工具选项栏中设置适当的字体、字号和字体颜色,在红色框内输入文字"FLY"和"DEGENERATE THE STREET",得到如图4.122所示的效果。

图4.122 输入文字

08 选择"钢笔工具" ,在工具选项栏中选择"形状"选项,在"FLY"左侧绘制如图4.123所示的形状,得到图层"形状 1",结合工具选项栏中的"减去顶层形状"选项 ,在原有形状上绘制如图4.124所示的竖向形状。

图4.123 绘制形状

图4.124 绘制形状

图4.127 创建剪贴蒙版后的效果

提 示

对于左侧弹头状的图形，其具体制作方法读者可以参看本例随书所附光盘中的最终效果源文件。

09 选择图层"形状 1"，按住Shift键单击图层"DEGENERATE THE STREET"，以将其选中，按Ctrl+Alt +E组合键执行"盖印"操作，得到图层"形状1（合并）"。

10 隐藏图层"形状 1"～图层"DEGENERATE THE STREET"，此时"图层"面板如图4.125所示。

图4.125 "图层"面板

提 示

下面为文字叠加纹理效果。在制作过程中，将用到混合模式、图层蒙版及剪贴蒙版等知识。

11 打开随书所附光盘中的文件"第4章\4.3\素材6.tif"，即如图4.126所示的素材图像。使用"移动工具"⊕将其移至制作文件中文字的上方，得到"图层 12"，按Ctrl+Alt+G组合键执行"创建剪贴蒙版"操作，得到如图4.127所示的效果。

图4.126 素材图像

12 打开随书所附光盘中的文件"第4章\4.3\素材7.tif"，即如图4.128所示的素材图像。使用"移动工具"⊕将其移至制作文件中文字的上方，得到"图层 13"，按Ctrl+Alt+G组合键执行"创建剪贴蒙版"操作，得到如图4.129所示的效果。设置"图层 13"的混合模式为"叠加"，得到如图4.130所示的效果。

图4.128 素材图像

图4.129 创建剪贴蒙版后的效果

13 在"图层"面板底部单击"添加图层蒙版"按钮 ▣，为"图层 13"添加图层蒙版。选择"画笔工具"✑，在工具选项栏中设置适当的画笔大小，在文字上进行涂抹，得到如图4.131所示的效果，图层蒙版中的状态如图4.132所示。

图4.130 设置图层混合模式后的效果

图4.131 使用"画笔工具"涂抹后的效果

图4.132 图层蒙版中的状态

14 在"图层"面板底部单击"创建新的填充或调整图层"按钮 ◎. ，在弹出的菜单中选择"亮度/对比度"命令，得到图层"亮度/对比度 1"，按Ctrl+Alt+G组合键执行"创建剪贴蒙版"操作，在"属性"面板中设置参数如图4.133所示，得到如图4.134所示的效果。

图4.133 "亮度/对比度"参数设置

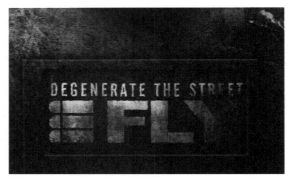

图4.134 应用调整图层后的效果

15 再次单击"创建新的填充或调整图层"按钮 ◎. ，在弹出的菜单中选择"色相/饱和度"命令，得到图层"色相/饱和度 3"，按Ctrl+Alt+G组合键执行"创建剪贴蒙版"操作，在"属性"面板中设置参数如图4.135所示，得到如图4.136所示的效果。

图4.135 "色相/饱和度"参数设置

图4.136 应用调整图层后的效果

16 新建图层，得到"图层 14"，设置前景色为黑色，选择"画笔工具" ✐. ，在当前文件边缘涂抹至如图4.137所示的效果，并设置"图层 14"的混合模式为"柔光"，得到如图4.138所示的最终效果，此时的"图层"面板如图4.139所示，图4.140所示为添加了海报的说明性文字的效果。

图4.137 使用"画笔工具"涂抹后的效果

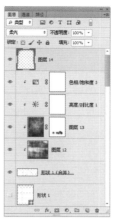

图4.139 "图层"面板

图4.138 最终效果

图4.140 添加了说明性文字的效果

4.4 雕刻岩壁效果主题招贴设计

本例制作的图像较为复杂，主要是按照图像的层次与质感，将其拆分为背景岩石纹理、金属铁边、锈金属铁圈、黄色按钮、金属内铁圈、蓝玻璃球6大部分。

核心技能：

> 设置图层属性以混合图像。

> 结合"色阶"命令及"通道"面板创建特殊的选区。

> 利用图层蒙版功能隐藏不需要的图像。

> 添加图层样式，制作图像的立体、发光等效果。

> 应用路径工具绘制路径。

> 利用"再次变换并复制"操作制作规则的图像。

> 应用"色相/饱和度"调整图层调整图像的色相及饱和度。

> 利用剪贴蒙版限制图像的显示范围。

 原始素材 光盘\第4章\4.4\素材.psd 最终效果 光盘\第4章\4.4\4.4.psd

第1部分 制作背景的外框

01 打开随书所附光盘中的文件"第4章\4.4\素材.psd",在该文件中共包括了本例制作过程中将使用的8幅素材图像,"图层"面板如图4.141所示。隐藏除"背景"图层以外的所有图层。

图4.141 素材图像的"图层"面板

02 显示图层"素材01"并将其重命名为"图层 1",其图像状态如图4.142所示,设置其图层混合模式为"颜色",得到如图4.143所示的效果。

图4.142 素材图像

03 显示图层"素材02"并将其重命名为"图层 2",其图像状态如图4.144所示,调整其大小与画布相匹配,设置其图层混合模式为"强光","不透明度"为97%,得到如图4.145所示的效果。

图4.143 设置图层混合模式后的效果

图4.144 素材图像

04 显示并选择图层"素材03",其图像状态如图4.146所示,按Ctrl+A组合键执行"全选"操作,按Ctrl+C组合键执行"拷贝"操作,删除图层"素材03"。选择"通道"面板,新建通道"Alpha 1",按Ctrl+V组合键将复制的图像粘贴到通道中,按Ctrl+D组合键取消选区。

图4.145 设置图层属性后的效果

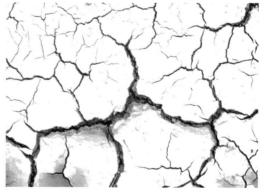

图4.146 素材图像

05 按Ctrl+I组合键执行"反相"操作,得到如图4.147所示的效果。按Ctrl+L组合键调出"色阶"对话框,设置参数如图4.148所示,单击"确定"按钮退出对话框,得到如图4.149所示的效果。

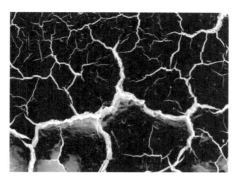

图4.147 反相后的效果

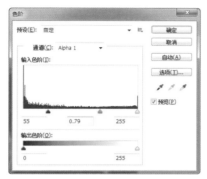

图4.148 "色阶"对话框

06 按Ctrl键单击通道"Alpha 1"的通道缩览图以调出其选区，返回"图层"面板，选择"图层2"，在"图层"面板底部单击"添加图层蒙版"按钮⬜，为其添加图层蒙版，得到如图4.150所示的效果。

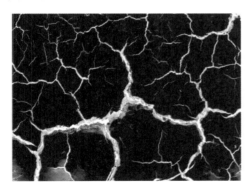

图4.149 应用"色阶"命令后的效果

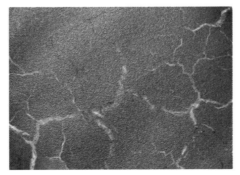

图4.150 添加图层蒙版后的效果

07 在"图层"面板底部单击"添加图层样式"按钮 *fx.*，在弹出的对话框中选择"斜面和浮雕"命令，在弹出对话框中设置参数，如图4.151所示，单击"确定"按钮退出对话框，得到如图4.152所示的效果。

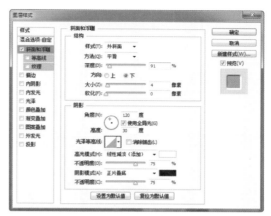

图4.151 "斜面和浮雕"图层样式参数设置

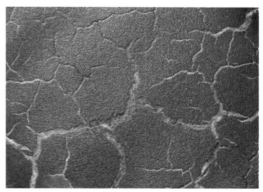

图4.152 应用图层样式后的效果

08 按Ctrl+R组合键调出标尺，从标尺上拖出横竖两条参考线，使其交点刚好位于画布的中央，下面通过路径来绘制作品的基本造型。为了便于观看，笔者暂时隐藏其他图层，并创建一个使用白色填充的图层。

 提 示

如果想让拖曳的参考线刚好位于文件画布的中央，只要选择图层"背景"，执行"视图"|"对齐"命令，将参考线拖曳到大致是画布中央的位置时，便会自动吸附在画布正中央的位置，此时松开鼠标即可。

09 选择"椭圆工具"⬭，在工具选项栏中选择"路径"选项和"合并形状"选项⬜，按Alt+Shift组合键从文件画布的中央向外拖动，绘制如图4.153所示的正圆路径。

10 按Ctrl+Alt+T组合键调出自由变换并复制控制框，按Shift键将路径缩小，得到复制的新路径，如图4.154所示，按Enter键确认变换操作。选择"路径选择工具"，在工具选项栏中选择"减去顶层形状"选项。

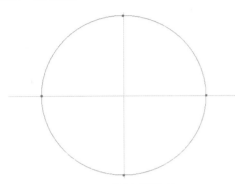

图4.153 绘制正圆路径

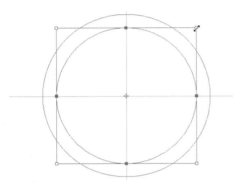

图4.154 复制并缩小路径

11 选择"钢笔工具"，在工具选项栏中选择"路径"选项和"减去顶层形状"选项，在圆形路径右侧绘制如图4.155所示的路径。

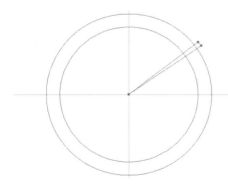

图4.155 绘制路径

12 使用"路径选择工具"，选中上一步绘制的路径，按Ctrl+Alt+T组合键调出自由变换并复制控制框，将变换中心点移动到圆心的位置，将路径顺时针旋转20°，如图4.156所示，按Enter键确认变换操作。

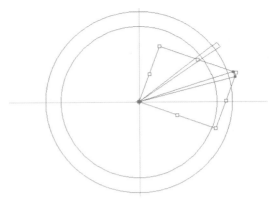

图4.156 复制并旋转路径

13 按Ctrl+Alt+Shift+T组合键16次执行"再次变换并复制"操作，得到类似图4.157所示的路径。使用"路径选择工具"将全部路径选中，在工具选项栏中选择"合并形状组件"选项，将路径组合。

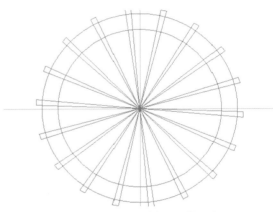

图4.157 多次变换并复制后的效果

14 执行"视图"|"显示"|"参考线"命令，将参考线隐藏。按照上面讲解的操作方法，使用"钢笔工具"并结合路径运算模式，在画布中绘制得到如图4.158所示的路径。

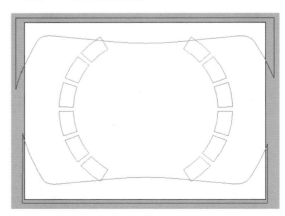

图4.158 绘制得到的路径

对于无法制作得到该路径的读者，可以直接调用本例随书所附光盘中素材文件中的"路径1"。

15 选择图层"背景"，按Ctrl+Enter组合键将路径转换为选区。按Ctrl+J组合键，得到"图层 3"，并将其移动到所有图层的上方，得到如图4.159所示的效果（为便于观看效果，笔者隐藏了除"图层3"以外的图层）。

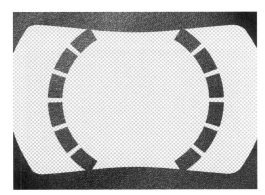

图4.159 调整图层位置后的效果

16 在"图层"面板底部单击"添加图层样式"按钮 fx.，在弹出的菜单中选择"投影"命令，在弹出的对话框中设置参数，如图4.160所示；再在对话框中选择"外发光"和"斜面和浮雕"选项，设置其参数如图4.161和图4.162所示，单击"确定"按钮退出对话框，得到如图4.163所示的效果。

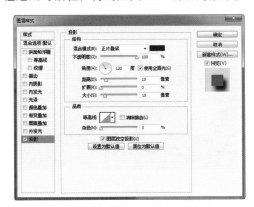

图4.160 "投影"图层样式参数设置

17 在"图层"面板底部单击"创建新的填充或调整图层"按钮 o.，在弹出的菜单中选择"色阶"命令，得到图层"色阶 1"，按Ctrl+Alt+G组合键执行"创建剪贴蒙版"操作，在"属性"面板中设置参数如图4.164所示，得到如图4.165所示的效果。

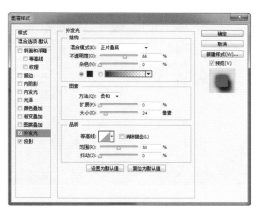

图4.161 "外发光"图层样式参数设置

图4.162 "斜面和浮雕"图层样式参数设置

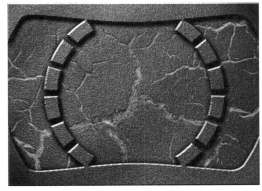

图4.163 应用图层样式后的效果

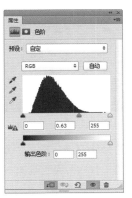

图4.164 "色阶"参数设置

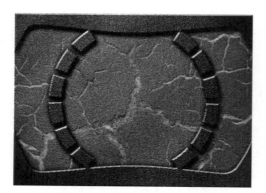

图4.165 应用调整图层后的效果

第2部分 制作装饰图形

01 显示图层"素材04"并将其重命名为"图层 4"，其图像如图4.166所示。使用"移动工具"⊕将该图像移动到当前图像的下方，效果如图4.167所示。使用"矩形选框工具"▦在其周围绘制选区以将其框选。

图4.166 素材图像

02 保持上一步得到的选区不变，按Ctrl+Alt+T组合键调出自由变换并复制控制框，执行"编辑"|"变换"|"垂直翻转"命令，并调整图像的位置，得到如图4.168所示的效果，按Enter键确认变换操作，按Ctrl+D组合键取消选区。

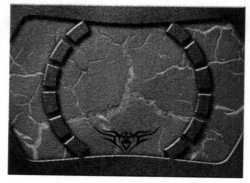

图4.167 摆放图像位置后的效果

03 按照前两步的操作方法，继续复制并调整图像的位置，得到如图4.169所示的效果。在"图层"面板顶部单击"锁定透明像素"按钮▣，设置前景色的

颜色值为c4c4c4，按Alt+Delete组合键用前景色填充图层，得到如图4.170所示的效果。

图4.168 复制并调整位置后的效果

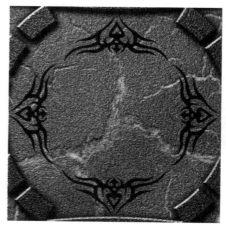

图4.169 继续复制并调整位置后的效果

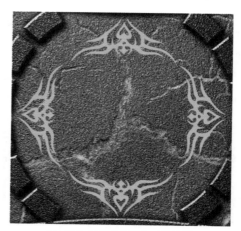

图4.170 用前景色填充后的效果

> **提 示**
>
> 下面为上面制作的异形图像添加图层样式。

04 复制"图层 4"，得到"图层 4 副本"，在"图层"面板底部单击"添加图层样式"按钮 *fx.*，在弹出的菜单中选择"外发光"命令，在弹出的对话框中设置参数如图4.171所示；再在对话框中选择"斜面和浮雕"选项，设置其参数如图4.172所示，单击"确定"按钮退出对话框，得到如图4.173所示的效果。

图4.171 "外发光"图层样式参数设置

图4.172 "斜面和浮雕"图层样式参数设置

 提 示

在"斜面和浮雕"图层样式参数设置中，"光泽等高线"设为系统自带的"环形"。

05 新建图层，得到"图层 5"，按Ctrl键单击"图层 4"的图层缩览图以调出其选区。执行"选择"|"修改"|"收缩"命令，在弹出的对话框中设置"收缩量"为3像素，单击"确定"按钮，得到如图4.174所示的选区。

图4.173 应用图层样式后的效果

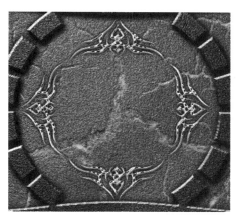

图4.174 收缩后的选区

06 设置前景色的颜色值为b3b3b3，按Alt+Delete组合键用前景色填充选区，按Ctrl+D组合键取消选区。再次单击"添加图层样式"按钮 *fx.*，在弹出的菜单中选择"内阴影"命令，在弹出对话框中设置参数如图4.175所示；再在对话框中选择"斜面和浮雕"和"渐变叠加"选项，设置其参数如图4.176和图4.177所示，单击"确定"按钮退出对话框，得到如图4.178所示的效果。

图4.175 "内阴影"图层样式参数设置

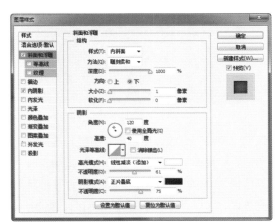

图4.176 "斜面和浮雕"图层样式参数设置

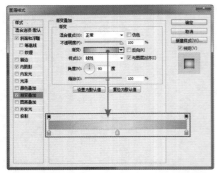

图4.177 "渐变叠加"图层样式参数设置

图4.178 应用图层样式后的效果

提 示

在"渐变叠加"图层样式参数设置中,设置渐变各色标的颜色值从左至右依次为e16e1b、ffff3c和e16d19。

07 按照第1部分中绘制路径的操作方法,在画布中间绘制得到如图4.179所示的路径。为便于观看,笔者在图像与路径之间增加了一个半透明的白色图像。

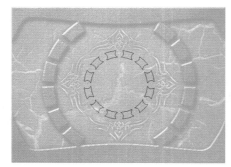

图4.179 绘制路径

08 返回"图层"面板,显示所有图层,选择最上方的图层,新建图层,得到"图层 6"。设置前景色的颜色值为c5c5c5,按Alt+Delete组合键用前景色填充选区,按Ctrl+D组合键取消选区,按Ctrl+;组合键隐藏参考线,得到如图4.180所示的效果。

图4.180 填充前景色并取消选区后的效果

提 示

要绘制得到上面的路径,可以先绘制一个路径圆环,然后利用"自由变换并复制"功能,在圆环上复制得到大于半径的正圆,再运用路径运算即可。对于无法绘制该路径的读者,可以直接调用本例随书所附光盘中素材文件中的"路径2"。

09 在"图层"面板底部单击"添加图层样式"按钮|fx.|,在弹出的菜单中选择"投影"命令,在弹出的对话框中设置参数,如图4.181所示;再在对话框中选择"外发光"和"斜面和浮雕"选项,设置其参数如图4.182和图4.183所示,单击"确定"按钮退出对话框,得到如图4.184所示的效果。

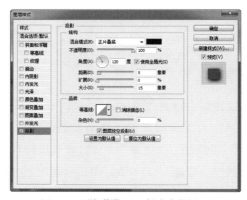

图4.181 "投影"图层样式参数设置

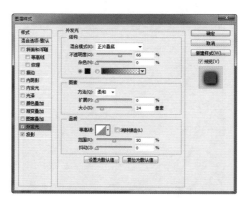

图4.182 "外发光"图层样式参数设置

图4.183 "斜面和浮雕"图层样式参数设置

图4.184 应用图层样式后的效果

10　按住Alt键向上拖动图层"色阶 1"到"图层 6"的上方，得到图层"色阶 1 副本"，按Ctrl+Alt+G组合键执行"创建剪贴蒙版"操作，得到如图4.185所示的效果，此时"图层"面板如图4.186所示。

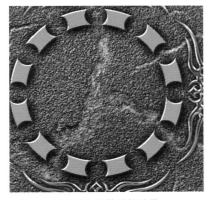

图4.185 调整后的效果

11　新建图层"图层 7"，按住Ctrl键单击"图层 6"的图层缩览图以调出其选区。执行"选择"|"修改"|"收缩"命令，在弹出的对话框中设置"收缩量"为4像素，单击"确定"按钮。设置前景色的颜色值为c5c5c5，按Alt+Delete组合键用前景色填充选区，得到如图4.187所示的效果，按Ctrl+D组合键取消选区。

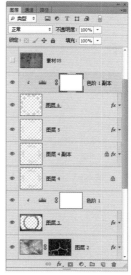

图4.186 "图层"面板

图4.187 填充选区后的效果

12　在"图层"面板底部单击"添加图层样式"按钮 fx.，在弹出的菜单中选择"内阴影"命令，在弹出的对话框中设置参数，如图4.188所示；再在对话框中选择"斜面和浮雕"选项，设置其参数如图4.189所示，单击"确定"按钮退出对话框，得到如图4.190所示的效果。

图4.188 "内阴影"图层样式参数设置

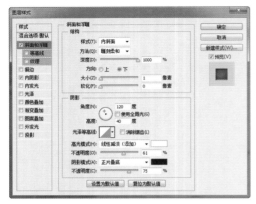

图4.189 "斜面和浮雕"图层样式参数设置

13 显示图层"素材05",如图4.191所示。使用"移动工具" ，将素材图像移动到最中央圆环的上方,并将图层重命名为"图层 8"。按Ctrl+T组合键调出自由变换控制框,按Shift键将素材图像缩小到刚好可以覆盖圆环,按Enter键确认变换操作,得到如图4.192所示的效果。

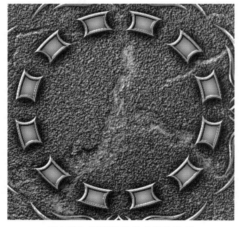

图4.190 应用图层样式后的效果

图4.191 素材图像

14 设置"图层 8"的混合模式为"线性光","不透明度"为54%,按Ctrl+Alt+G组合键执行"创建剪贴蒙版"操作,得到如图4.193所示的效果。

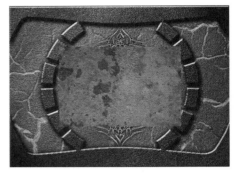

图4.192 调整图像后的效果

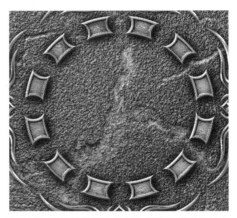

图4.193 设置图层属性并创建剪贴蒙版后的效果

15 隐藏图层"背景"～图层"色阶 1",选择"椭圆工具" ，在工具选项栏中选择"路径"选项,按Shift键在最小的圆环顶部的缺口上绘制如图4.194所示的正圆路径。

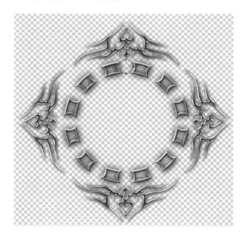

图4.194 绘制路径

16 保持上一步绘制的路径处于被选中状态,按Ctrl+Alt+T组合键调出自由变换并复制控制框,按Alt+Shift组合键将其缩小至如图4.195所示的状态,按Enter键确认变换操作,在工具选项栏中选择"减去顶层形状"选项 ，按Ctrl+Enter组合键将得到的路径转换为选区。

图4.195 复制并缩小路径

17 返回"图层"面板，显示所有图层，新建图层，得到"图层 9"。设置前景色的颜色值为574b35，按Alt+Delete组合键用前景色填充选区，按Ctrl+D组合键取消选区，得到如图4.196所示的效果。

图4.196 填充前景色后的结果

18 在"图层"面板底部单击"添加图层样式"按钮 fx，在弹出的菜单中选择"投影"命令，在弹出的对话框中设置参数，如图4.197所示；再在对话框中选择"斜面和浮雕"选项，设置其参数如图4.198所示，单击"确定"按钮退出对话框，得到如图4.199所示的效果。

图4.197 "投影"图层样式参数设置

图4.198 "斜面和浮雕"图层样式参数设置

图4.199 应用图层样式后的效果

19 新建图层，得到"图层 10"，设置前景色为白色。选择"椭圆工具" ○，在工具选项栏中选择"像素"选项，按Shift键在前两步得到的小圆环中央绘制一个比其略小的正圆，效果如图4.200所示。

图4.200 绘制正圆

20 再次单击"添加图层样式"按钮 fx，在弹出的菜单中选择"内阴影"命令，在弹出对话框中设置参数，如图4.201所示；再在对话框中选择"斜面和浮雕"选项，设置其参数如图4.202所示，其"光泽等高线"的"等高线编辑器"对话框参数设置如图4.203所示，得到如图4.204所示的效果。

135

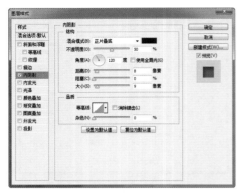

图4.201 "内阴影"图层样式参数设置

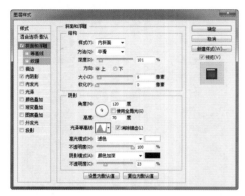

图4.202 "斜面和浮雕"图层样式参数设置

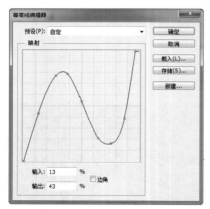

图4.203 "等高线编辑器"图层样式参数设置

图4.204 应用图层样式后的效果

21 保持上一步的设置不变，继续在对话框中选择"颜色叠加"和"渐变叠加"选项，设置其参数如图4.205和图4.206所示，单击"确定"按钮退出对话框，得到如图4.207所示的效果。

图4.205 "颜色叠加"图层样式参数设置

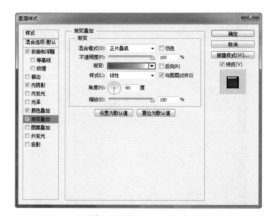

图4.206 "渐变叠加"图层样式参数设置

图4.207 应用图层样式后的效果

提示

在"颜色叠加"图层样式参数设置中，设置色块的颜色值为ddaf2d；在"渐变叠加"图层样式参数设置中，设置渐变各色标的颜色值为4d4d4d到ffffff(白色)。

22 选择"图层 9"和"图层 10"，将其拖动到"图层"面板底部的"创建新图层"按钮 ⬛ 上，松开鼠标，得到"图层 9 副本"和"图层 10 副本"，使用"移动工具" ⊕ 将副本图层中的图像向右移动到圆环右侧的缺口上。

23 双击"图层 10 副本"的"斜面和浮雕"图层效果名称，在弹出的"图层样式"对话框中调整其"高光模式"选项下面的"不透明度"为98％，如图4.208所示，单击"确定"按钮退出对话框，得到如图4.209所示的效果。

图4.208 修改参数

图4.209 调整后的效果

 提 示

为了保证每个圆形图像的光照方向都相同，且强弱还有差别，在此并没有将一个圆形图像合并后再分别复制到各个缺口上，这样可以使整体效果看起来更加的精致、细腻。

24 按照上面两步的操作方法，再复制圆形图像数次，直到把圆环所有缺口填满，并调整其"斜面和浮雕"图层样式"高光模式"的"不透明度"数值，单击"确定"按钮，得到如图4.210所示的效果，此时的"图层"面板如图4.211所示。

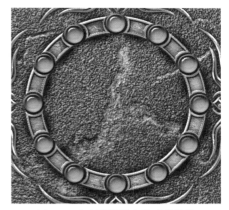

图4.210 复制并调整参数后的效果

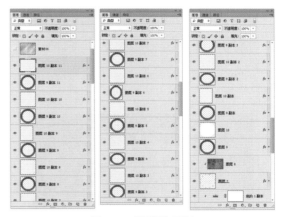

图4.211 "图层"面板

25 选择最上方的图层，按Shift键单击"图层 9"的图层名称以将二者之间的图层选中，按Ctrl+G组合键将其编组，得到"组 1"。

第3部分 制作最终效果

01 新建图层，得到"图层 11"，设置前景色的颜色值为b2b2b2，按照上一部分步骤**11**和步骤**12**的绘制圆环的方法，在图像中央绘制圆环，其效果如图4.212所示。

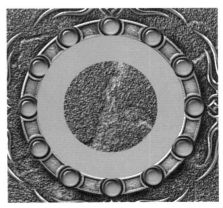

图4.212 绘制圆环

02 显示图层"素材06"并将其重命名为"图层12"，其图像状态如图4.213所示。使用"移动工具"将图像移动到圆环上，效果如图4.214所示。设置"图层 12"的图层混合模式为"强光"，按Ctrl+Alt+G组合键执行"创建剪贴蒙版"操作，得到如图4.215所示的效果。

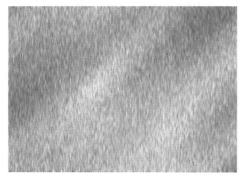

图4.213 素材图像

图4.214 调整位置后的效果

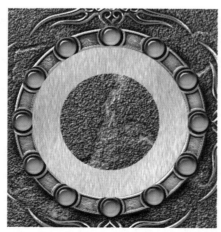

图4.215 设置图层属性并创建剪贴蒙版后的效果

03 新建图层，得到"图层 13"，设置前景色为黑色，在本部分步骤01绘制的圆环上绘制一个黑色圆环，其效果如图4.216所示。

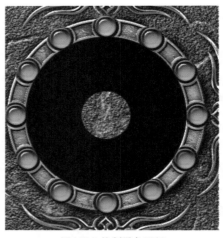

图4.216 绘制黑色圆环

04 在"图层"面板底部单击"添加图层样式"按钮fx，在弹出的菜单中选择"投影"命令，在弹出的对话框中设置参数，如图4.217所示；再在对话框中选择"外发光"和"斜面和浮雕"选项，设置其参数如图4.218和图4.219所示，单击"确定"按钮退出对话框。设置"图层 13"的"填充"数值为0%，得到如图4.220所示的金属圆环效果。

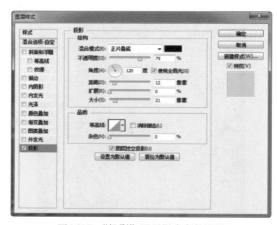

图4.217 "投影"图层样式参数设置

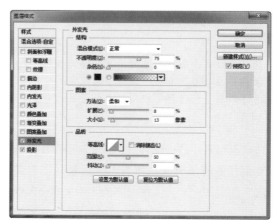

图4.218 "外发光"图层样式参数设置

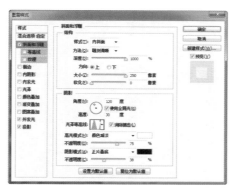

图4.219 "斜面和浮雕"图层样式参数设置

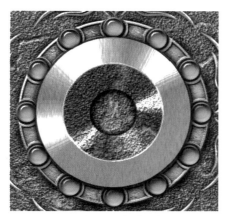

图4.220 应用图层样式后的效果

提 示

在"斜面和浮雕"图层样式参数设置中，"光泽等
高线"的"等高线编辑器"对话框编辑状态如图4.221
所示。

05 新建图层，得到"图层 14"，选择"椭圆选框工
具" ○，按Shift键在金属圆环内部绘制如图4.222
所示的选区。执行"编辑" | "描边"命令，在弹
出的对话框中设置参数；如图4.223所示，单击
"确定"按钮退出对话框，按Ctrl+D组合键取消选
区，得到如图4.224所示的效果。

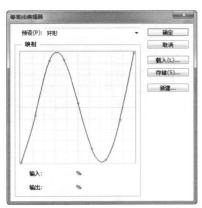

图4.221 "渐变编辑器"对话框

图4.222 绘制选区

图4.223 "描边"对话框

图4.224 描边后的效果

提 示

在"描边"对话框中，设置色块的颜色值为
b3b3b3。

06 设置"图层 14"的"填充"为0%，在"图层"面
板底部单击"添加图层样式"按钮 *fx.*，在弹出的
菜单中选择"斜面和浮雕"命令，在弹出对话框中
设置参数，如图4.225所示，单击"确定"按钮退
出对话框，得到如图4.226所示的效果。

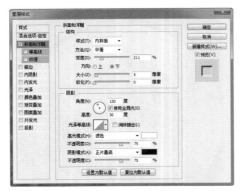

图4.225 "斜面和浮雕"图层样式参数设置

图4.228 添加图层蒙版后的效果

图4.226 应用图层样式后的效果

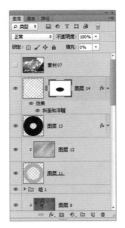

图4.229 "图层"面板

07 选择"椭圆选框工具" ，在上一步制作得到的圆圈下方绘制如图4.227所示的椭圆选区，按住Alt键单击"添加图层蒙版"按钮 ，为"图层 14"添加图层蒙版，以将多余的图像内容隐藏，得到如图4.228所示的效果，此时"图层"面板如图4.229所示。

08 按照上面绘制路径的操作方法，按照图4.230所示的流程绘制路径。选择"路径"面板，双击其路径缩览图，在弹出的对话框中输入"上部"以将其存储，单击"确定"按钮。

图4.227 绘制选项

图4.230 流程图

 提 示

如果读者无法绘制该路径，可以直接调用本例随书所附光盘中素材文件中的路径"上部"。

09 按照类似上一步的操作方法，绘制如图4.231所示的圆环路径，按Ctrl+Enter组合键将其转换为选区，按Ctrl+Alt组合键单击路径"上部"的路径缩览图以减选其选区，得到如图4.232所示的选区。

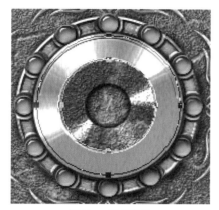

图4.231 圆环路径

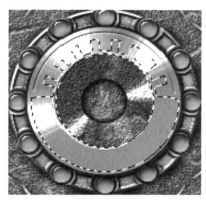

图4.232 得到的选区

10 按Shift+F6组合键弹出"羽化选区"对话框，设置"羽化半径"为5像素，单击"确定"按钮退出对话框，得到如图4.233所示的选区。在"路径"面板底部单击"从选区生成路径"按钮 ⟡ ，得到如图4.234所示的路径，再按Enter键将其转换为选区，以得到没有羽化效果的圆滑选区。

图4.233 羽化后的选区

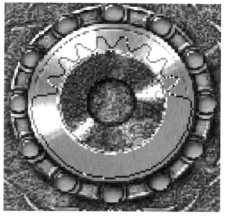

图4.234 生成的路径

提 示

这里反复的在路径与选区之间进行转换，是为了得到一个较为平滑、随意的选区，而同时又不需要在通道中进行复杂的处理。

11 执行"选择"|"修改"|"扩展"命令，在弹出的对话框中设置"扩展量"为3像素，单击"确定"按钮退出对话框，得到如图4.235所示的选区。

图4.235 扩展得到的选区

12 新建图层，得到"图层 15"，设置前景色的颜色值为7e7964，按Alt+Delete组合键用前景色填充选区，按Ctrl+D组合键取消选区，得到如图4.236所示的效果。

13 在"图层"面板底部单击"添加图层样式"按钮 *fx.* ，在弹出的菜单中选择"内阴影"命令，在弹出的对话框中设置参数，如图4.237所示；再在对话框中选择"外发光"和"斜面和浮雕"选项，设置其参数如图4.238和图4.239所示，单击"确定"按钮退出对话框，得到如图4.240所示的效果。设

置"图层 15"的图层混合模式为"颜色"，得到
如图4.241所示的效果。

图4.236 填充前景色后的效果色并取消选区

图4.237 "内阴影"图层样式参数设置

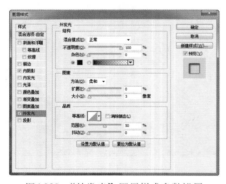

图4.238 "外发光"图层样式参数设置

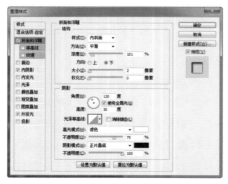

图4.239 "斜面和浮雕"图层样式参数设置

图4.240 应用图层样式后的效果

14 按照上面讲解的操作方法，结合路径运算功能，绘
制如图4.242所示的路径，按Ctrl+Enter组合键将其
转换为选区。新建图层，得到"图层 16"，设置
前景色的颜色值为827d67，按Alt+Delete组合键用
前景色填充选区，按Ctrl+D组合键取消选区，得到
如图4.243所示的效果。

图4.241 设置图层混合模式后的效果

图4.242 绘制的路径

提 示

　　如果读者无法绘制出该路径，可以直接调用本例随
书所附光盘中素材文件的"路径4"。

图4.243 填充前景色后的效果

⑮ 在"图层"面板底部单击"添加图层样式"按钮 *fx.*，在弹出的菜单中选择"内阴影"命令，在弹出的对话框中设置参数，如图4.244所示；再在对话框中选择"内发光"和"斜面和浮雕"选项，设置其参数如图4.245和图4.246所示，单击"确定"按钮退出对话框，得到如图4.247所示的效果。

图4.244 "内阴影"图层样式参数设置

图4.245 "内发光"图层样式参数设置

⑯ 设置前景色的颜色值为827d68，选择"椭圆工具" ⬭，在其工具选项栏中选择"形状"选项，按Shift键在圆环上方绘制如图4.248所示的形状，得到图层"椭圆 1"。

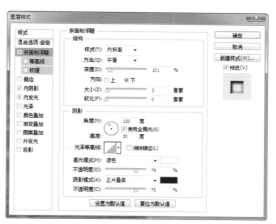

图4.246 "斜面和浮雕"图层样式参数设置

图4.247 应用图层样式后的效果

图4.248 绘制形状

⑰ 再次单击"添加图层样式"按钮 *fx.*，在弹出的菜单中选择"外发光"命令，在弹出的对话框中设置参数，如图4.249所示；再在对话框中选择 "斜面和浮雕"选项，设置其参数如图4.250所示，单击"确定"按钮退出对话框，得到如图4.251所示的效果。设置图层"椭圆 1"的"填充"为0%，得到如图4.252所示的效果。

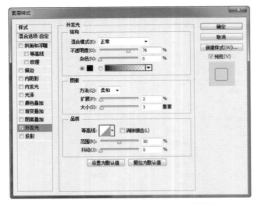

图4.249 "外发光"图层样式参数设置

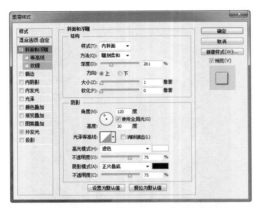

图4.250 "斜面和浮雕"图层样式参数设置

图4.251 应用图层样式后的效果

图4.252 设置图层属性后的效果

18 保持前景色的颜色值不变，继续使用"椭圆工具" ⬭ 绘制如图4.253所示的形状，得到图层"椭圆2"。再次单击"添加图层样式"按钮 fx.，在弹出的菜单中选择"内阴影"命令，在弹出的对话框中设置参数，如图4.254所示；再在对话框中选择"内发光"和"斜面和浮雕"选项，设置其参数如图4.255和图4.256所示，单击"确定"按钮退出对话框。设置图层"椭圆 2"的"填充"为0%，得到如图4.257所示的效果。

图4.253 绘制形状

图4.254 "内阴影"图层样式参数设置

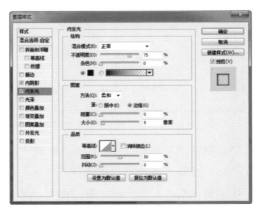

图4.255 "内发光"图层样式参数设置

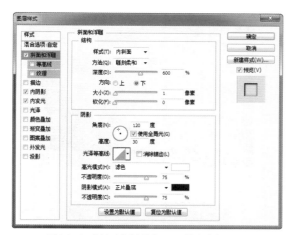

图4.256 "斜面和浮雕"图层样式参数设置

图4.257 应用图层样式并设置图层属性后的效果

19 选择图层"椭圆 2",按Shift键单击"图层 11"的图层名称,以将二者之间的图层选中,如图4.258所示,按Ctrl+G组合键将其编组,得到"组 2"。

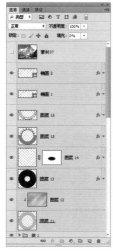

图4.258 "图层"面板

20 新建图层,得到"图层17",按Shift键使用"椭圆工具" 在图像中央绘制选区,效果如图4.259所

示。设置前景色的颜色值为0900dd,背景色为黑色,选择"渐变工具" ,在工具选项栏中单击"径向渐变"按钮,设置渐变为"前景色到背景色渐变",从选区下方向上拖动一段距离以绘制渐变,按Ctrl+D组合键取消选区,得到如图4.260所示的效果。

图4.259 绘制选区

图4.260 绘制渐变后的效果

21 再次单击"添加图层样式"按钮 ,在弹出的菜单中选择"内发光"命令,在弹出的对话框中设置参数如图4.261所示,单击"确定"按钮退出对话框,得到如图4.262所示的效果。

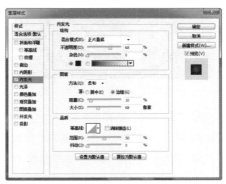

图4.261 "内发光"图层样式参数设置

145

图4.262 应用图层样式后的效果

图4.265 素材图像

㉒ 在"图层"面板底部单击"创建新的填充或调整图层"按钮 ◎，在弹出的菜单中选择"色相/饱和度"命令，得到图层"色相/饱和度 1"，按Ctrl+Alt+G组合键执行"创建剪贴蒙版"操作，在"属性"面板中设置参数如图4.263所示，得到如图4.264所示的效果。

图4.263 "色相/饱和度"参数设置

图4.266 调整图像后的效果

㉔ 按Ctrl键单击"图层17"的图层缩览图以载入其选区，执行"滤镜"|"扭曲"|"极坐标"命令，在弹出的对话框中设置参数，如图4.267所示，单击"确定"按钮退出对话框，得到如图4.268所示的效果。

图4.267 "极坐标"对话框

图4.264 应用调整图层后的效果

㉓ 显示图层"素材07"，如图4.265所示，将其重命名为"图层 18"。按Ctrl+T组合键调出自由变换控制框，按Shift键将"图层 18"中的图像缩小，按Enter键确认变换操作，得到如图4.266所示的效果。

图4.268 应用"极坐标"命令后的效果

25 保持选区，在"图层"面板底部单击"添加图层蒙版"按钮⬜，为"图层18"添加图层蒙版，得到如图4.269所示的效果。使用"仿制图章工具"🔲将图像中央的生硬的线修掉，得到类似图4.270所示的效果。设置"图层 18"的混合模式为"柔光"，得到如图4.271所示的效果。

图4.269 添加图层蒙版后的效果

图4.270 修饰后的效果

图4.271 设置图层混合模式后的效果

提 示

由于使用"仿制图章工具"🔲修饰图像的过程比较简单，笔者在这里就不详细叙述了。

26 新建图层，得到"图层 19"，使用"椭圆选框工具"⬭在蓝色图像上绘制如图4.272所示的选区。按D键设置前景色和背景色为默认的黑、白色，选择"渐变工具"🔲，在工具选项栏中单击"线性渐变"按钮🔲，从选区下方向上拖动绘制渐变，按Ctrl+D键取消选区，得到如图4.273所示的反光效果。

图4.272 绘制选区

图4.273 绘制渐变后的效果

27 设置"图层 19"的混合模式为"滤色"，得到如图4.274所示的效果。在"图层面板底部"单击"添加图层蒙版"按钮⬜，为"图层19"添加图层蒙版，设置前景色为黑色，选择"画笔工具"🖌在工具选项栏中设置适当的画笔大小和不透明度，在反光的下方涂抹，以将生硬的边缘隐藏，得到如图4.275所示的效果，图层蒙版中的状态如图4.276所示。

图4.274 设置图层混合模式后的效果

图4.275 使用"画笔工具"涂抹后的效果

图4.276 图层蒙版中的状态

28 新建图层，得到"图层 20"，设置前景色为白色，选择"画笔工具"，在工具选项栏中设置适当的画笔大小和不透明度，在反光顶部涂抹以增强反光的效果，得到如图4.277所示的效果。

29 现在看上去宝石镶嵌得似乎并不牢固，需要再调整一下。选择最上方的图层"图层 20"，按Shift键选择"图层17"，此时"图层"面板如图4.278所示。

按Ctrl+G组合键将其编组，得到"组 3"，将其拖动到"组 2"的下方，得到如图4.279所示的效果。

图4.277 涂抹后的效果

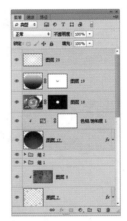

图4.278 "图层"面板

图4.279 调整图层位置后的效果

30 按Ctrl键单击"图层 17"的图层缩览图以调出其选区，选择"图层 13"，按Alt键在"图层"面板底部单击"添加图层蒙版"按钮，为其添加图层蒙版，得到如图4.280所示的效果。

图4.280 添加图层蒙版后的效果

31 通过观察，发现宝石外圈的金属环显示出"图层13"的图层样式，即有一道明显的环印。在"图层"面板底部单击"添加图层样式"按钮 *fx.*，在弹出的菜单中选择"混合选项"命令，在弹出的对话框中选中"图层蒙版隐藏效果"复选框，如图4.281所示，单击"确定"按钮退出对话框，得到如图4.282所示的效果。

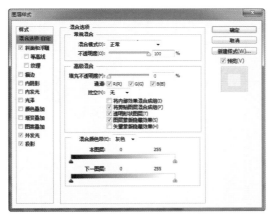

图4.281 "混合选项"参数设置

图4.282 调整后的效果

32 在所有组和图层的上方新建"图层 21"，设置前景色图层为黑色，选择"画笔工具" *✐*，在工具选项栏中设置适当的画笔大小和不透明度，在图像四周涂抹以将其变暗，得到如图4.283所示的最终效果，图4.284为隐藏其他图层、只显示"图层21"时的效果，显示最终效果时的"图层"面板如图4.285所示。

图4.283 最终效果

图4.284 隐藏其他图层后的效果

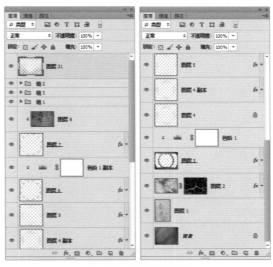

图4.285 "图层"面板

第5章

玻璃质感

　　人们周围有许多玻璃制成的物品，它们玲珑剔透、造型丰富。在Photoshop中，想要制作具有玻璃质感的作品，只需要把握好物体的形状以及图层的透明度，就可以模拟逼真的玻璃效果了。在本章中将通过两个案例来讲解玻璃质感的制作流程。

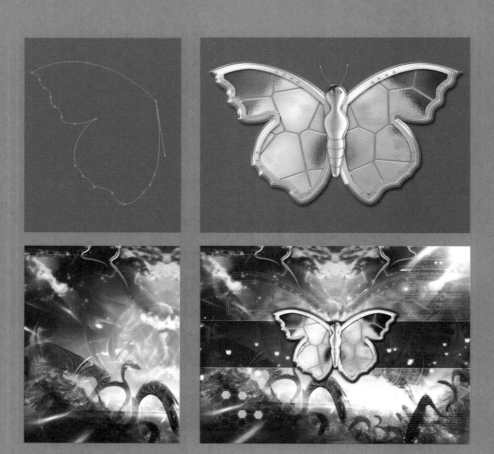

5.1 玻璃质感信封图标设计

本例主要运用形状图层和图层样式来制作矢量信封效果。另外，通过图层蒙版来制作高光效果也是学习的重点之一。

核心技能：

> 使用形状工具绘制形状。

> 结合路径及"渐变"填充图层功能制作图像的渐变效果。

> 利用图层蒙版功能隐藏不需要的图像。

> 添加图层样式，制作图像的描边、发光等效果。

> 设置图层属性以混合图像。

最终效果 | 光盘\第5章\5.1\5.1.psd

第1部分 制作主体形状

01 按Ctrl+N组合键新建一个文件，在弹出的对话框中设置参数，如图5.1所示，单击"确定"按钮退出对话框，创建一个新的空白文件。设置前景色的颜色值为946806，选择"钢笔工具" ，在工具选项栏中选择"形状"选项，绘制如图5.2所示的信封形状，得到图层"形状 1"。

图5.1 "新建"对话框

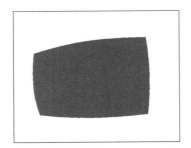

图5.2 绘制信封形状

提 示

切换到"路径"面板中，用鼠标单击"路径"面板中的空白处以隐藏路径。信封图像主要是由信封上的折叠形状构成的，下面先制作折叠形状。

02 切换到"路径"面板，新建路径，得到"路径1"。选择"钢笔工具" ，在工具选项栏中选择"路径"选项，在信封形状右侧绘制如图5.3所示的三角形路径，用其制作信封右侧的折叠形状。

图5.3 绘制信封形状右侧的折叠形状

03 为右侧的折叠形状添加渐变颜色。切换到"图层"面板，在"图层"面板底部单击"创建新的填充或调整图层"按钮 ，在弹出的菜单中选择"渐变"命令，在弹出的对话框中设置参数，如图5.4所示，单击"确定"按钮，得到如图5.5所示的效果，同时得到图层"渐变填充 1"。

图5.4 "渐变填充"对话框

图5.5 应用填充图层后的效果

提 示

　　在"渐变填充"对话框中，设置渐变各色标的颜色值从左至右分别为f8eed3、feee89和e3b74b。下面制作信封上其他三个边的折叠形状。

04 切换到"路径"面板，新建路径，得到"路径2"。选择"钢笔工具" ，在工具选项栏中选择"路径"选项，在信封形状的下方绘制如图5.6所示的三角形路径，用其制作信封下方的折叠形状。

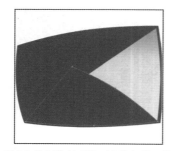

图5.6 绘制信封形状下方的折叠形状

05 为下方的折叠形状添加渐变颜色。切换到"图层"面板，再次单击"创建新的填充或调整图层"按钮 ，在弹出的菜单中选择"渐变"命令，在弹出的对话框中设置参数，如图5.7所示，单击"确定"按钮，得到如图5.8所示的效果，同时得到图层"渐变填充2"。

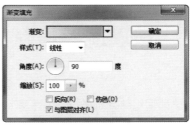

图5.7 "渐变填充"对话框

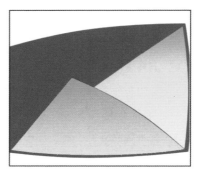

图5.8 应用填充图层后的效果

提 示

　　在"渐变填充"对话框中，设置渐变各色标的颜色值为fff08c、ecb844。

06 继续使用上面讲解的操作方法，制作信封形状左侧和上方的折叠形状，得到"路径3"、"路径4"，以及图层"渐变填充3"、图层"渐变填充4"。图5.9和图5.10所示为制作的效果图，信封的大体雏形已经绘制出来了，此时的"图层"面板如图5.11所示。

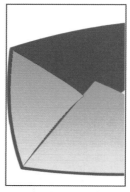

图5.9 制作信封左侧的折叠形状

提 示

　　本步骤中关于"渐变填充"对话框中的参数设置，请参考本例随书所附光盘中的最终效果源文件。

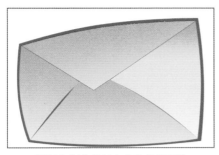

图5.10 制作信封上方的折叠形状

图5.11 "图层"面板

07 在"图层"面板底部单击"添加图层样式"按钮 *fx.*，在弹出的菜单中选择"描边"命令，在弹出的对话框中设置参数，如图5.12所示，单击"确定"按钮，使最上方的折叠形状具有边缘效果，如图5.13所示。

图5.12 "描边"图层样式参数设置

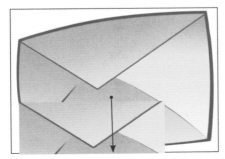

图5.13 应用图层样式后的效果

提 示

在"描边"图层样式参数设置中，设置色块的颜色值为946806。下面制作信封右侧折叠形状上的高光效果。

08 设置前景色为白色，选择"钢笔工具" *∅*，在工具选项栏中选择"形状"选项，在信封右侧形状上绘制如图5.14所示的高光形状，得到图层"形状2"。设置此图层的"不透明度"为32%，以降低形状的透明度，得到如图5.15所示的效果。

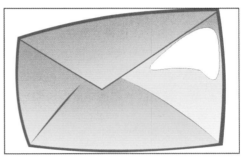

图5.14 绘制信封右侧形状的高光形状

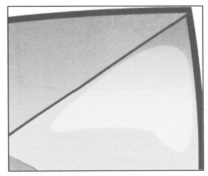

图5.15 降低形状的透明度

09 在"图层"面板底部单击"添加图层蒙版"按钮 ▣，为图层"形状2"添加图层蒙版。设置前景色为黑色，选择"画笔工具" *✐*，在工具选项栏中设置适当的画笔大小及不透明度，在图层蒙版中进行涂抹，以降低图层"形状2"下方的透明度，直至得到如图5.16所示的渐隐效果，此时图层蒙版中的状态如图5.17所示。

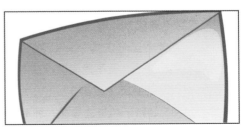

图5.16 添加图层蒙版并进行涂抹后的效果

图5.17 图层蒙版中的状态

下面制作信封下方折叠形状上的高光效果。

10 设置前景色为白色，选择"钢笔工具" ，在工具选项栏中选择"形状"选项，在信封下方形状上绘制如图5.18所示的高光形状，得到图层"形状3"。设置此图层的"不透明度"为55%，降低形状的透明度，效果如图5.19所示。

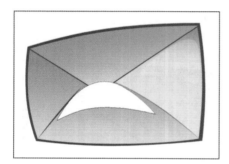

图5.18 绘制信封下方形状的高光形状

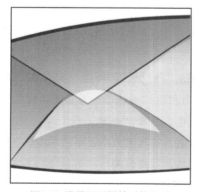

图5.19 设置图层属性后的效果

11 在"图层"面板底部单击"添加图层蒙版"按钮 ，为图层"形状 3"添加图层蒙版。设置前景色为黑色，选择"画笔工具" ，在工具选项栏中设置适当的画笔大小及不透明度，在图层蒙版中进行涂抹，以降低图层"形状 3"下方的透明度，直至得到如图5.20所示的渐隐效果，此时图层蒙版中的状态如图5.21所示。

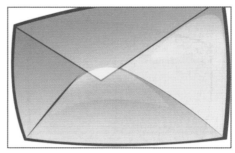

图5.20 添加图层蒙版并进行涂抹后的效果

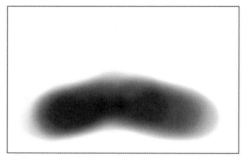

图5.21 图层蒙版中的状态

12 信封下方折叠形状上的高光效果，在整体图像的最上方产生了一些视觉错误。将图层"形状 3"拖到图层"渐变填充 3"下方以调整图层顺序，得到如图5.22所示的效果，此时的"图层"面板如图5.23所示。

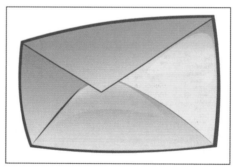

图5.22 调整图层顺序后的效果

图5.23 "图层"面板

提 示

制作信封上其他两个边折叠形状上的高光效果。

13 选择图层"形状 2"，设置前景色为白色，选择"钢笔工具" 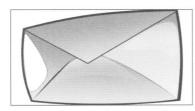，在工具选项栏中选择"形状"选项，在信封左侧形状上绘制如图5.24所示的高光形状，得到图层"形状 4"。

图5.24 绘制信封左侧形状的高光形状

14 调整信封左侧形状上的高光效果。在"图层"面板底部单击"添加图层蒙版"按钮 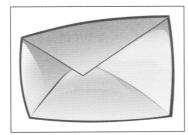，为图层"形状 4"添加图层蒙版。设置前景色为黑色，选择"画笔工具" ，在工具选项栏中设置适当的画笔大小及不透明度，在图层蒙版中进行涂抹，以降低形状的透明度，制作从下向上的渐隐效果，如图5.25所示。

图5.25 添加图层蒙版并进行涂抹后的效果

15 继续使用"钢笔工具" 绘制形状并利用图层蒙版功能，制作信封上方形状的高光效果，如图5.26所示，得到图层"形状 5"，此时的"图层"面板如图5.27所示。

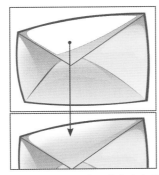
图5.26 制作信封上方形状的高光形状

图5.27 "图层"面板

制作信封中间的圆形玻璃按钮形状。

16 切换到"路径"面板，新建路径，得到"路径 5"。选择"椭圆工具" ，在工具选项栏中选择"路径"选项，按住Shift键在信封的中间绘制如图5.28所示的正圆路径，用其制作玻璃按钮的外形。

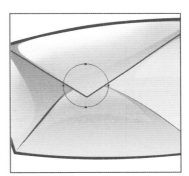
图5.28 绘制正圆路径

17 制作玻璃按钮上的渐变效果。切换到"图层"面板，单击"创建新的填充或调整图层按钮" ，在弹出的菜单中选择"渐变"命令，得到图层"渐变填充 5"，在弹出的对话框中设置参数，将渐变中心移动到圆形的下方，其效果如图5.29所示，单击"确定"按钮。

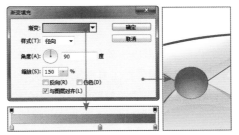
图5.29 "渐变填充"对话框参数设置及应用后的效果

提 示

在"渐变填充"对话框中单击渐变色条，调出"渐变编辑器"对话框，设置渐变参数后，单击"确定"按钮，返回到"渐变填充"对话框，用鼠标在图像上拖动可以确定渐变中心的位置。其中，各色标的颜色值从左至右分别为b6daef、78a9e6和4983df。

18 下面使玻璃按钮立体化。在"图层"面板底部单击"添加图层样式"按钮 *fx.*，在弹出的菜单中选择"投影"命令，在弹出的对话框中设置参数如图5.30所示；然后在"图层样式"对话框中继续选择"内发光"选项，设置其参数如图5.31所示，单击"确定"按钮，得到如图5.32所示的效果。

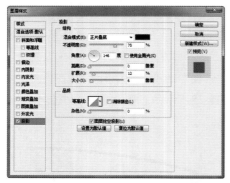

图5.30 "投影"图层样式参数设置

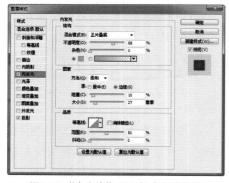

图5.31 "内发光"图层样式参数设置

提 示

在"内发光"图层样式参数设置中，设置色块的颜色值为abacbe。下面制作玻璃上的光泽效果。

19 切换到"路径"面板，新建路径"路径6"，选择"椭圆工具" ，在工具选项栏中选择"路径"选项，在信封中间的圆形形状上绘制如图5.33所示的椭圆路径，用其制作玻璃按钮的光泽形状。

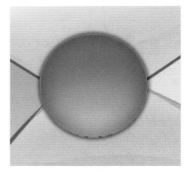

图5.32 应用图层样式后的效果

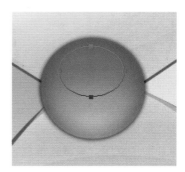

图5.33 绘制椭圆路径

20 切换到"图层"面板，单击"创建新的填充或调整图层"按钮 ，在弹出的菜单中选择"渐变"命令，得到图层"渐变填充6"，在弹出的对话框中设置参数，单击"确定"按钮，得到如图5.34所示的效果。下面用渐变效果中的白色部分制作玻璃按钮的光泽效果。

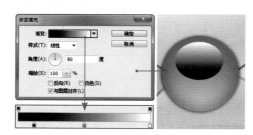

图5.34 "渐变填充"对话框参数设置及应用后的效果

21 设置图层"渐变填充6"的混合模式为"滤色"，将渐变里的黑色成分去除，得到如图5.35所示的光泽效果。

22 光泽形状两侧的边缘有些锐利，下面进行调整。单击"添加图层蒙版"按钮 ，为图层"渐变填充6"添加图层蒙版。设置前景色为黑色，选择"画笔工具" ，在工具选项栏中设置适当的画笔大小及不透明度，在图层蒙版中进行涂抹，以降低椭圆左右两侧的透明度，直至得到如图5.36所示的效果，此时图层蒙版中的状态如图5.37所示。

图5.35 设置图层混合模式后的效果

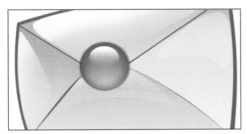

图5.36 添加图层蒙版并进行涂抹后的效果

图5.37 图层蒙版中的状态

提 示

　　下面在玻璃按钮上输入文字，并为文字添加朦胧效果。

23 选择"横排文字工具" T，设置前景色为白色，在工具选项栏中设置适当的字体和字号，在信封中间的圆形玻璃按钮上输入"@"，效果如图5.38所示，得到相应的文字图层，此时的"图层"面板如图5.39所示。

图5.38 输入"@"

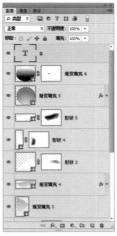

图5.39 "图层"面板

24 在"图层"面板底部单击"添加图层样式"按钮 fx，在弹出的菜单中选择"外发光"命令，在弹出的对话框中设置参数，如图5.40所示，单击"确定"按钮，得到如图5.41所示的效果，"外发光"图层样式可以使文字的边缘变得有些模糊。

图5.40 "外发光"图层样式参数设置

图5.41 应用图层样式后的效果

第2部分 制作人体形状

01 切换到"路径"面板，新建路径，得到"路径7"。选择"椭圆工具" ◯，在工具选项栏中选择"路径"选项，在信封的右下方绘制如图5.42所示的椭圆路径，用其制作女性人物的身体。

02 下面制作人物身体上的渐变效果。切换到"图层"面板，单击"创建新的填充或调整图层"按钮 ⊙，在弹出的菜单中选择"渐变"命令，得到图层"渐变填充 7"，在弹出的对话框中设置参数，将渐变的中心移动到椭圆形的下方，单击"确定"按钮，效果如图5.43所示。

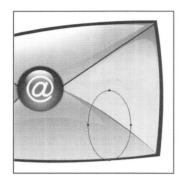

图5.42 绘制椭圆路径

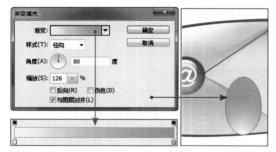

图5.43 "渐变填充"对话框参数设置及应用后的效果

 提示

    在"渐变填充"对话框中，设置渐变各色标的颜色值为eef1ff、88e37a。

03 下面将人物身体从信封上凸显出来。在"图层"面板底部单击"添加图层样式"按钮 fx，在弹出的菜单中选择"描边"命令，在弹出的对话框中设置参数，如图5.44所示，单击"确定"按钮，得到如图5.45所示的效果。

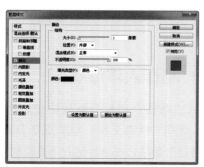

图5.44 "描边"图层样式参数设置

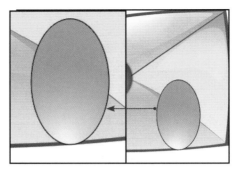

图5.45 应用图层样式后的效果

04 切换到"路径"面板，新建路径，得到"路径8"。选择"椭圆工具" ⬭，在工具选项栏中选择"路径"选项，在刚才绘制的椭圆上方绘制如图5.46所示的正圆路径，用其制作人物的头部。

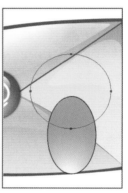

图5.46 绘制正圆路径

05 下面制作人物头部的渐变效果。切换到"图层"面板，在"图层"面板底部单击"创建新的填充或调整图层"按钮 ⊙，在弹出的菜单中选择"渐变"命令，得到图层"渐变填充 8"，在弹出的对话框中设置参数，将渐变的中心移动到正圆形的下方，单击"确定"按钮，效果如图5.47所示。

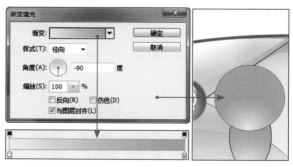

图5.47 "渐变填充"对话框参数设置及应用后的效果

 提示

    在"渐变填充"对话框中，设置渐变各色标的颜色值为f1f2d3、e0b75d。

06 用鼠标右键单击图层"渐变填充 7"的图层名称，在弹出的菜单中选择"拷贝图层样式"命令，再次选择图层"渐变填充 8"的图层名称，单击鼠标右键，在弹出的菜单中选择"粘贴图层样式"命令，将人物头部凸显出来，得到如图5.48所示的效果，此时的"图层"面板如图5.49所示。

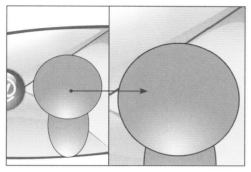

图5.48 复制图层样式后的效果

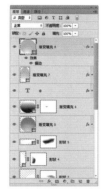

图5.49 "图层"面板

> 提 示
>
> 下面绘制人物的头发及人物身体上的高光效果。

07 选择"钢笔工具" ，在工具选项栏中选择"形状"选项，绘制人物的头发，得到图层"形状 6"，其绘制流程图如图5.50所示。

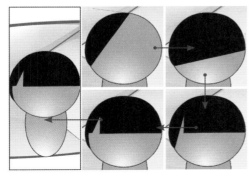

图5.50 绘制人物头发的流程图

08 设置前景色为白色，选择钢笔工具 ，并在其工具选项条上选择"形状"选项，在人物身体左侧绘制如图5.51所示的高光形状，得到"形状7"。绘制人物身体上的高光大体可以根据人物的外形边缘进行绘制。

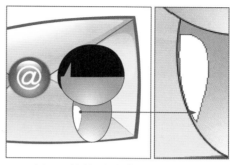

图5.51 绘制人物身体上的高光形状

09 下面利用图层蒙版对高光形状进行处理，使高光效果看起来不是那么生硬。在"图层"面板底部单击"添加图层蒙版"按钮 ，为图层"形状 7"添加图层蒙版，设置前景色为黑色，设置背景色为白色，选择"渐变工具" ，在工具选项栏中单击"线性渐变"按钮 ，设置渐变为"前景色到背景色渐变"，从右下至左上绘制渐变，将高光形状渐隐，得到如图5.52所示的效果，此时图层蒙版中的状态如图5.53所示。

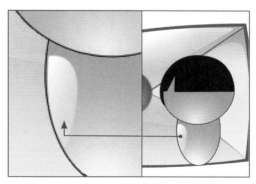

图5.52 添加图层蒙版并绘制渐变后的效果

图5.53 图层蒙版中的状态

提 示
下面制作人物脸部的高光效果及人物头发上的高光
效果。

10 设置前景色为白色，选择"钢笔工具" ，在
工具选项栏中选择"形状"选项，在人物脸部的
左下方绘制如图5.54所示的高光形状，得到图层
"形状 8"。

11 下面通过降低形状的透明度并利用图层蒙版，对高
光形状进行处理。设置图层"形状 8"的"不透明
度"为65%，得到如图5.55所示的透明效果。

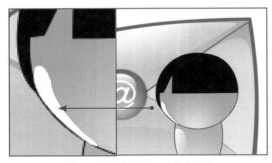
图5.54 绘制人物脸部的高光形状

图5.55 降低形状的透明度

12 在"图层"面板底部单击"添加图层蒙版"按钮
，为图层"形状8"添加图层蒙版。设置前景
色为黑色，设置背景色为白色，选择"渐变工
具" ，在工具选项栏中单击"线性渐变"按钮
，设置渐变为"前景色到背景色渐变"，从右
下至左上绘制渐变，将高光形状渐隐，得到如图
5.56所示的效果，此时图层蒙版中的状态如图5.57
所示。

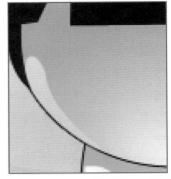
图5.56 添加图层蒙版并绘制渐变后的效果

图5.57 图层蒙版中的状态

13 设置前景色为白色，选择"钢笔工具" ，在工
具选项栏中选择"形状"选项，在人物头发的上
方绘制如图5.58所示的高光形状，得到图层"形
状 9"。

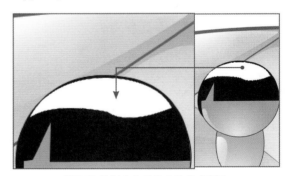
图5.58 绘制人物头发上的高光形状

14 再次单击"添加图层蒙版"按钮 ，为图层"形
状 9"添加图层蒙版。设置前景色为黑色，设置背
景色为白色，选择"渐变工具" ，在工具选项
栏中单击"线性渐变"按钮 ，设置渐变为"前景
色到背景色渐变"，从右下至左上绘制渐变，将
高光形状渐隐，得到如图5.59所示的效果，此时图层
蒙版中的状态如图5.60所示。

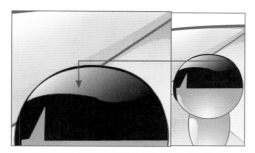

图5.59 添加图层蒙版并绘制渐变后的效果

15 用同样的方法，制作女性人物形状右侧的男性人物形状，得到如图5.61所示的最终效果，此时的"图层"面板如图5.62所示，图5.63为制作多个图标的效果。

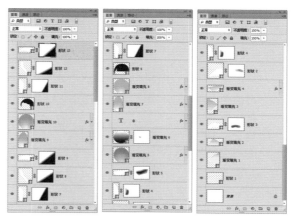

图5.62 "图层"面板

图5.60 图层蒙版中的状态

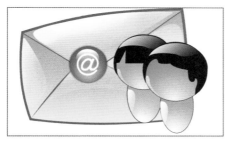

图5.61 最终效果

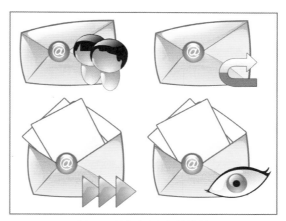

图5.63 制作多个图标的效果

 提 示

制作男性人物形状的方法和制作女性人物形状的方法大体相同，只是更换了颜色，具体细节请参看本例随书附光盘中的最终效果源文件。

5.2 炫彩玻璃蝴蝶视觉效果表现

一只极具科幻色彩的蝴蝶，本例是本书所有案例中包含质感种类最多的一个案例。其中，在制作蝴蝶的翅膀时使用了黄金、白银、水晶、琉璃（即七彩玻璃）及玻璃管等质感，在制作蝴蝶身体部分时使用了白银、光板玻璃、水晶等质感。

大家在制作的过程中除了学习各种质感的表现方法外，还应该重点分析一下如何将具有多种质感的设计元素结合起来，形成一个完整的作品。

由于本例步骤较长，难度较高，大家在制作过程中应该紧跟操作步骤的叙述进行，也可以从某一个操作部分开始，直接打开本例随书所附光盘中的最终效果源文件进行后续操作。

核心技能：

➤ 应用"钢笔工具" 绘制路径。

➤ 添加图层样式，制作图像的描边、发光等效果。

➤ 应用"光照效果"命令增强图像的光照感。

➤ 利用图层蒙版功能隐藏不需要的图像。

➤ 应用"玻璃"、"染色玻璃"等滤镜命令，制作图像的玻璃、纹理等效果。

➤ 应用"液化"滤镜命令改变图像的形态。

➤ 结合路径及"用画笔描边路径"功能，为所绘制的路径进行描边。

➤ 应用"色相/饱和度"调整图层调整图像的色相及饱和度。

➤ 应用"渐变工具" 绘制渐变。

原始素材 光盘\第5章\5.2\素材1.tif、素材2.psd、素材3.tif~素材5.tif、素材6.psd、素材7.txt

最终效果 光盘\第5章\5.2\5.2.psd

第1部分 制作外层金属翅膀

01 按Ctrl+N组合键新建一个文件，在弹出的对话框如图5.64所示，然后单击"确定"按钮。设置前景色的颜色值为585858，按Alt+Delete组合键填充图层"背景"。

图5.64 "新建"对话框

提 示

在此所设置的背景色与制作蝴蝶并无关系，只是为了便于观看效果。

02 选择"钢笔工具" ，在工具选项栏中选择"路径"选项，在画布中绘制如图5.65所示的路径。

03 切换至"路径"面板，双击当前的"工作路径"，在弹出的对话框中直接单击"确定"按钮，从而将其保存为"路径 1"。

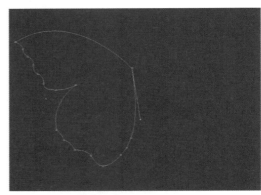

图5.65 绘制路径

04 按Ctrl+Alt+T组合键调出自由变换并复制控制框，在该控制框中单击鼠标右键，在弹出的菜单中选择"水平翻转"命令，并将复制得到的路径置于如图5.66所示的位置，按Enter键确认变换操作。

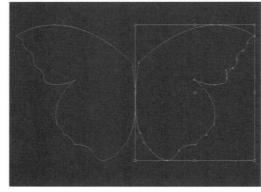

图5.66 调整后的效果

05 切换至"图层"面板，新建图层，得到"图层1"，按Ctrl+Enter组合键将当前路径转换为选区。

设置前景色的颜色值为b79c7a，按Alt+Delete组合键填充选区，按Ctrl+D组合键取消选区。

06 在"图层"面板底部单击"添加图层样式"按钮 fx.，在弹出的菜单中选择"斜面和浮雕"命令，在弹出的对话框中设置参数，如图5.67所示；在该对话框中选择"内发光"和"投影"选项，分别设置其参数如图5.68、图5.69所示，然后单击"确定"按钮，得到如图5.70所示的效果。

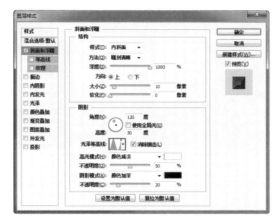

图5.67 "斜面和浮雕"图层样式参数设置

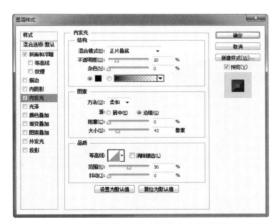

图5.68 "内发光"图层样式参数设置

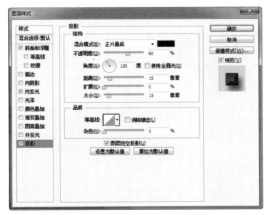

图5.69 "投影"图层样式参数设置

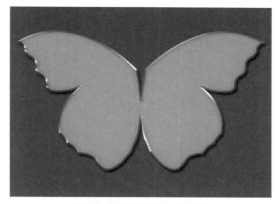

图5.70 应用图层样式后的效果

提示

在"斜面和浮雕"图层样式参数设置中，"光泽等高线"的"等高线编辑器"对话框编辑状态如图5.71所示。

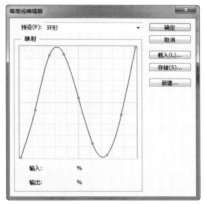

图5.71 "等高线编辑器"对话框

07 按Ctrl键单击"图层 1"的图层缩览图以调出其选区，执行"选择"|"修改"|"收缩"命令，在弹出的对话框中设置"收缩量"为10像素，然后单击"确定"按钮。切换至"通道"面板，在"通道"面板底部单击"将选区存储为通道"按钮 ⬛，得到通道"Alpha 1"，选择此通道。

08 保持选区不变，连续执行"滤镜"|"模糊"|"高斯模糊"命令6次，分别在弹出的对话框中设置"半径"为24、12、6、3、2、1像素，单击"确定"按钮，按Ctrl+D组合键取消选区，得到如图5.72所示的效果。

09 切换至"图层"面板，新建图层，得到"图层2"。执行"编辑"|"填充"命令，在弹出的对话框中设置参数，如图5.73所示，单击"确定"按钮退出对话框。

图5.72 应用"高斯模糊"命令后的效果

图5.73 "填充"对话框

10 执行"滤镜"|"渲染"|"光照效果"命令，在弹出的面板中设置参数如图5.74所示（为便于观看，在此只显示了当前图层和背景），得到如图5.75所示的效果。

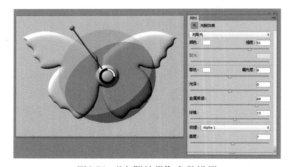

图5.74 "光照效果"参数设置

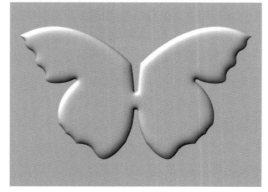

图5.75 应用"光照效果"命令后的效果

11 按Ctrl键单击"图层 1"的图层缩览图以调出其选区，执行"选择"|"修改"|"收缩"命令，在弹出的对话框中设置"收缩量"为12像素，然后单击"确定"按钮。在"图层"面板底部单击"添加图层蒙版"按钮 ，为"图层 2"添加图层蒙版，得到如图5.76所示的效果。

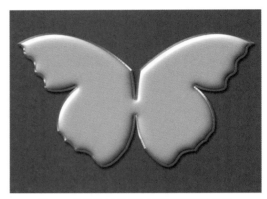

图5.76 收缩选区并添加图层蒙版后的效果

12 观看图像可以看出，应用光照效果后的图像表面有明显的纹理，如图5.77所示，下面解决这个问题。选择"模糊工具" ，将工具选项栏中的"强度"设置为100%，并设置适当的画笔大小，在图像中进行涂抹，直至得到如图5.78所示的效果。

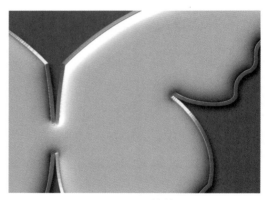

图5.77 纹理效果

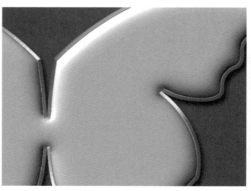

图5.78 涂抹后的效果

13 在"图层"面板底部单击"添加图层样式"按钮
　　|_fx._|，在弹出的菜单中选择"斜面和浮雕"命令，
　　在弹出的对话框中设置参数，如图5.79所示；在该
　　对话框中选择"内发光"和"外发光"选项，分别
　　设置其参数如图5.80、图5.81所示，单击"确定"
　　按钮，得到如图5.82所示的效果。

图5.79　"斜面和浮雕"图层样式参数设置

图5.80　"内发光"图层样式参数设置

图5.81　"外发光"图层样式参数设置

14 选择"图层 2"的图层缩览图，按Ctrl+M组合键应用
　　"曲线"命令，在弹出的对话框中设置参数，如
　　图5.83所示，单击"确定"按钮，得到如图5.84所
　　示的效果。

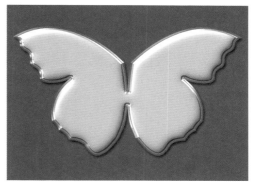

图5.82　应用图层样式后的效果

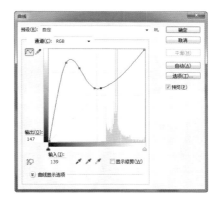

图5.83　"曲线"对话框

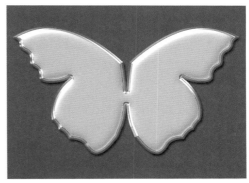

图5.84　应用"曲线"命令后的效果

第2部分　制作内层玻璃翅膀

01 按Ctrl键单击"图层 1"的图层缩览图调出其执
　　行，选择"选择"|"修改"|"收缩"命令，在弹
　　出的对话框中设置"收缩量"为50像素，然后单击
　　"确定"按钮。切换至"通道"面板，单击"将选
　　区存储为通道"按钮|　|，得到通道"Alpha 2"，
　　选择此通道，按Ctrl+D组合键取消选区。

02 执行"滤镜"|"模糊"|"高斯模糊"命令，在弹出
　　的对话框中设置"半径"为3像素，然后单击"确
　　定"按钮。按Ctrl+L组合键应用"色阶"命令，在

弹出的对话框中设置参数，如图5.85所示，然后单击"确定"按钮，得到如图5.86所示的效果。

图5.85 "色阶"对话框

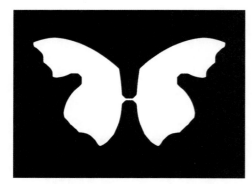

图5.86 应用"色阶"命令后的效果

03 按Ctrl键单击通道"Alpha 2"的通道缩览图以载入其选区，切换至"图层"面板，在所有图层的上方新建"图层 3"。

04 选择"渐变工具" ，在工具选项栏中单击"线性渐变"按钮 ，并单击渐变色条，在弹出的"渐变编辑器"对话框中设置参数，如图5.87所示，单击"确定"按钮。从选区的左上角至右下角绘制渐变，按Ctrl+D组合键取消选区，得到如图5.88所示的效果。

图5.87 "渐变编辑器"对话框

图5.88 绘制渐变后的效果

提示

在"渐变编辑器"对话框中，从左至右各个色标的颜色值分别为acacac、ffffff和6b6b6b。

05 按Ctrl键单击"图层 3"的图层缩览图以调出其选区，打开随书所附光盘中的文件"第5章\5.2\素材1.tif"，得到如图5.89所示的素材图像。按Ctrl+A组合键执行"全选"操作，按Ctrl+C组合键执行"拷贝"操作，关闭该素材图像。

图5.89 素材图像

06 返回制作文件中，按Alt+Ctrl+Shift+V组合键执行"贴入"操作，得到"图层 4"。使用"移动工具" 将贴入的图像移动到如图5.90所示的位置。

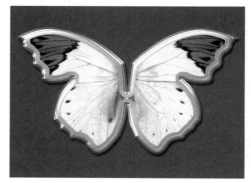

图5.90 调整后的效果

07 执行"图像"|"调整"|"亮度/对比度"命令，在弹出的对话框中设置参数，如图5.91所示，然后单击"确定"按钮，得到如图5.92所示的效果。

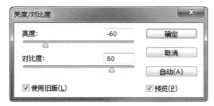

图5.91 "亮度/对比度"对话框

图5.92 应用"亮度/对比度"命令后的效果

08 执行"滤镜"|"滤镜库"命令，在弹出的对话框中选择"扭曲"区域中的"玻璃"选项，设置对话框右侧的参数，如图5.93所示，单击"确定"按钮退出该对话框。设置"图层 4"的"不透明度"为60%，得到如图5.94所示的效果。

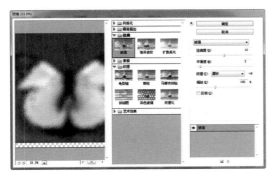

图5.93 "玻璃"对话框

09 复制"图层 3"，得到"图层 3 副本"，然后将副本图层拖至所有图层的上方，设置其"填充"数值为0%。在"图层"面板底部单击"添加图层样式"按钮 fx.，在弹出的菜单中选择"内阴影"命令，在弹出的对话框中设置参数，如图5.95所示；在该对话框中选择"内发光"选项，并设置其参数如图5.96所示，然后单击"确定"按钮，得到如图5.97所示的效果。

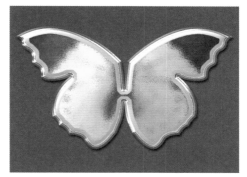

图5.94 设置图层属性后的效果

图5.95 "内阴影"图层样式参数设置

图5.96 "内发光"图层样式参数设置

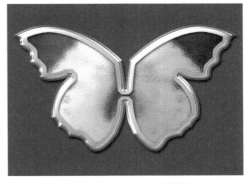

图5.97 应用图层样式后的效果

10 切换至"通道"面板，新建通道，得到"Alpha 3"，按Ctrl键单击通道"Alpha 2"的通道缩览

图以载入其选区。设置前景色为白色，执行"滤镜" | "滤镜库"命令，在弹出的对话框中选择"纹理"区域中的"染色玻璃"选项，设置对话框右侧的参数，如图5.98所示，单击"确定"按钮。

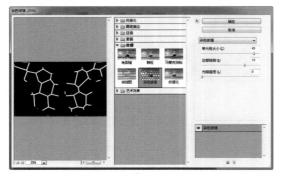

图5.98 "染色玻璃"对话框

11 设置前景色为黑色，选择"画笔工具" ✓，在工具选项栏中设置适当的画笔大小，将网状图像边缘的细纹擦除，得到如图5.99所示的效果。

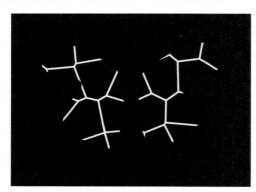

图5.99 擦除后的效果

12 按Ctrl键单击通道"Alpha 3"的通道缩览图以载入其选区。切换至"图层"面板，新建图层，得到"图层 5"并将其拖至"图层 3 副本"的下方。设置前景色的颜色值为4aff40，按Alt+Delete组合键填充选区，按Ctrl+D组合键取消选区，得到如图5.100所示的效果。

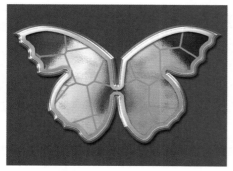

图5.100 填充选区后的效果

13 在"图层"面板底部单击"添加图层样式"按钮 *fx.*，在弹出的菜单中选择"斜面和浮雕"命令，在弹出的对话框中设置参数，如图5.101所示；在该对话框中选择"等高线"和"内发光"选项，分别设置其参数如图5.102和图5.103所示，得到如图5.104所示的效果。

图5.101 "斜面和浮雕"图层样式参数设置

图5.102 "等高线"图层样式参数设置

图5.103 "内发光"图层样式参数设置

提示

在"斜面和浮雕"图层样式参数设置中，"光泽等高线"在"等高线编辑器"对话框中的编辑状态如图5.105所示；在"等高线"图层样式参数设置中，"等高线"在"等高线编辑器"对话框中的编辑状态如图5.106所示；在"内发光"图层样式参数设置中，设置色块的颜色值为096810。

图5.104 应用图层样式后的效果

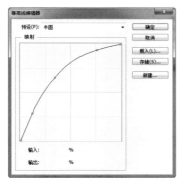

图5.105 "斜面和浮雕"中"光泽等高线"的编辑状态

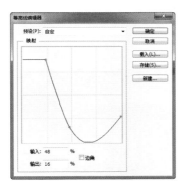

图5.106 "等高线"中"等高线"的编辑状态

14 保持在"图层样式"对话框中，选择"外发光"、"内阴影"和"投影"选项，分别设置其参数如图5.107～图5.109所示，然后单击"确定"按钮，得到如图5.110所示的效果。

图5.107 "外发光"图层样式参数设置

图5.108 "内阴影"对话框

图5.109 "投影"图层样式参数设置

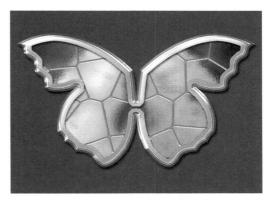

图5.110 应用图层样式后的效果

 提 示

在"外发光"图层样式参数设置中，设置色块的颜色值为4eff52；在"投影"图层样式参数设置中，设置色块的颜色值为4eff52。

15 在所有图层的上方新建"图层 6"，设置前景色的颜色值为e1f3e2，使用"画笔工具" 在图像中单击鼠标右键，在弹出的"画笔预设"选取器中设置参数，如图5.111所示。

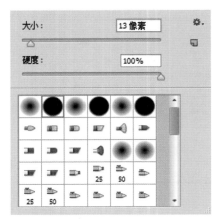

图5.111 "画笔预设"选取器

16 使用"画笔工具" 按照图5.112中所示的效果，为蝴蝶图像的翅膀添加圆点（为了便于观看效果，这里将圆点暂时调整为黑色）。

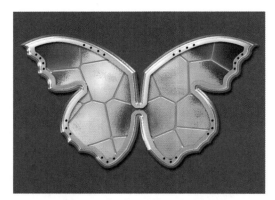

图5.112 用"画笔工具"涂抹后的效果

17 在"图层"面板底部单击"添加图层样式"按钮 **fx.**，在弹出的菜单中选择"内发光"命令，在弹出的对话框中设置参数，如图5.113所示；在该对话框中选择"内阴影"和"投影"选项，分别设置其参数如图5.114和图5.115所示，得到如图5.116所示的效果。

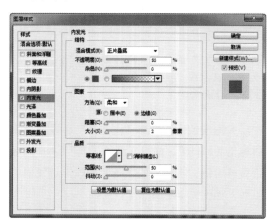

图5.113 "内发光"图层样式参数设置

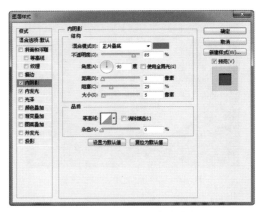

图5.114 "内阴影"图层样式参数设置

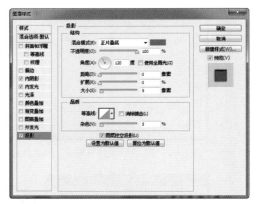

图5.115 "投影"图层样式参数设置

图5.116 应用图层样式后的效果

提 示

在"内发光"图层样式参数设置中，设置色块的颜色值为314e9a；在"内阴影"图层样式参数设置中，设置色块的颜色值为307298；在"投影"图层样式参数设置中，设置色块的颜色值为4b6b95。

18 保持在"图层样式"对话框中，选择"斜面和浮雕"和"等高线"选项，分别设置其参数如图5.117、图5.118所示，然后单击"确定"按钮，得到如图5.119所示的效果。

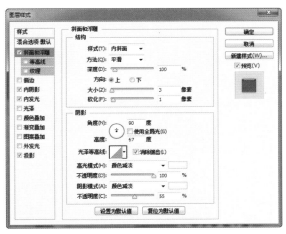

图5.117 "斜面和浮雕"图层样式参数设置

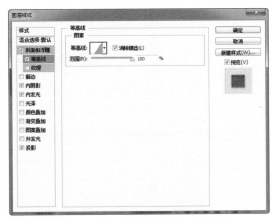

图5.118 "等高线"图层样式参数设置

图5.119 应用图层样式后的效果

 提 示

　　在"等高线"图层样式参数设置中，"等高线"在"等高线编辑器"对话框中的编辑状态如图5.120所示。

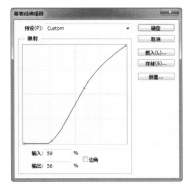

图5.120 "等高线编辑器"对话框

19 图5.121中所示为图像的整体效果，此时的"图层"面板如图5.122所示。

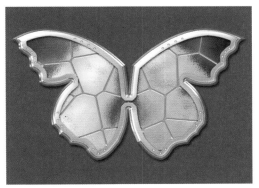

图5.121 整体效果

图5.122 "图层"面板

第3部分 制作蝴蝶身体

01 打开随书所附光盘中的文件"第5章\5.2\素材2.psd"，如图5.123所示。按Ctrl+A组合键执行"全选"操作，按Ctrl+C组合键执行"拷贝"操作。

02 返回本例制作文件中，按Ctrl+V组合键执行"粘贴"操作，得到"图层 7"。执行"编辑"|"变

换"|"旋转90度（顺时针）"命令，并使用"移动工具" 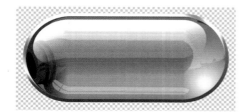 将粘贴的图像置于如图5.124所示的位置。

图5.123 素材图像

图5.124 调整后的效果

03 使用"矩形选框工具" 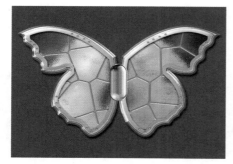绘制如图5.125所示的选区。选择"移动工具" 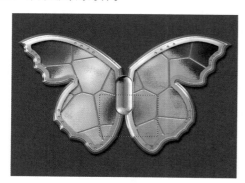，按住Alt键连续按向下方向键多次，对该图像的长度满意后，按Ctrl+D组合键取消选区，并将其置于如图5.126所示的位置，作为蝴蝶的身体。

图5.125 绘制选区

图5.126 调整后的效果

04 执行"滤镜"|"液化"命令，在弹出的对话框中选择"褶皱工具" 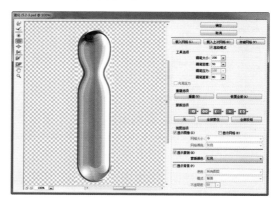，并设置适当的画笔大小，在蝴蝶的颈部按住鼠标左键不放，直至得到类似图5.127所示的效果为止。

图5.127 应用"液化"命令后的效果1

05 在"液化"对话框中，选择"膨胀工具" 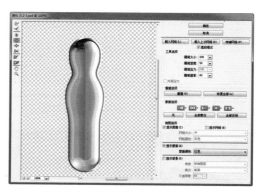并设置适当的画笔大小，在蝴蝶身体的中间处按住鼠标左键不放，直至得到类似图5.128所示的效果为止。

图5.128 应用"液化"命令后的效果2

06 按照本部分步骤 04~05 的方法，结合使用"向前变形工具" 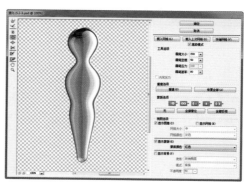、"褶皱工具" 和"膨胀工具" ，将图像调整为如图5.129所示的效果，单击"确定"按钮退出该对话框。

图5.129 应用"液化"命令后的效果3

07 在"图层"面板底部单击"添加图层样式"按钮 |*fx.*|，在弹出的菜单中选择"投影"命令，在弹出的对话框如图5.130所示，然后单击"确定"按钮，得到如图5.131所示的效果。

图5.130　"投影"图层样式参数设置

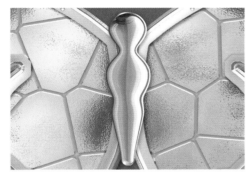

图5.131　应用图层样式后的效果

08 按住Ctrl键单击"图层 7"的图层缩览图以载入其选区，按Ctrl+C组合键执行"拷贝"操作。切换至"通道"面板，新建通道，得到"Alpha 4"，按Ctrl+V组合键执行"粘贴"操作，按Ctrl+D组合键取消选区。

09 执行"滤镜"|"模糊"|"高斯模糊"命令，在弹出的对话框中设置"半径"为2像素，然后单击"确定"按钮，得到如图5.132所示的效果。

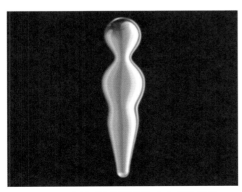

图5.132　应用"高斯模糊"命令后的效果

10 在通道"Alpha 4"上单击鼠标右键，在弹出的菜单中选择"复制通道"命令，在设置弹出的对话框中设置参数，如图5.133所示，单击"确定"按钮，从而得到一个新的图像文件，关闭并以PSD格式保存该文件。

图5.133　"复制通道"对话框

11 切换至"图层"面板，隐藏"图层 7"，按Ctrl键单击"图层 1"以载入其选区，选择任意一个可见图层，按Ctrl+Shift+C组合键执行"合并拷贝"操作。

12 显示并选择"图层 7"，按Ctrl+V组合键执行"粘贴"操作，得到"图层 8"，按Ctrl+Alt+G组合键执行"创建剪贴蒙版"操作，得到如图5.134所示的效果。

图5.134　复制粘贴并创建剪贴蒙版后的效果

13 执行"滤镜"|"扭曲"|"置换"命令，在弹出的对话框中设置参数如图5.135所示，单击"确定"按钮退出对话框，在接下来弹出的对话框中选择本部分步骤**10**保存为PSD格式文件，单击"确定"按钮，得到如图5.136所示的效果。

图5.135　"置换"对话框

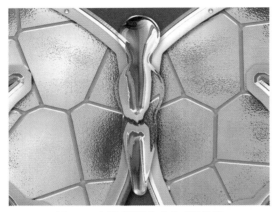

图5.136 应用"置换"命令后的效果

14 设置"图层 8"的混合模式为"滤色","不透明度"为30%,得到如图5.137所示的效果,图5.138中所示为此时图像的整体效果。

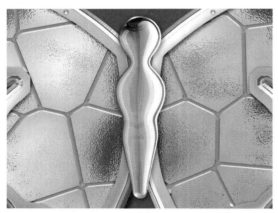

图5.137 设置图层属性后的效果

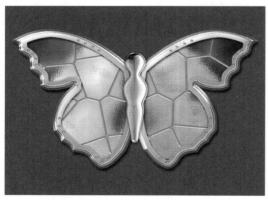

图5.138 整体效果

第4部分 制作蝴蝶的眼睛及其他部分

01 选择"钢笔工具" ,在工具选项相当规模中选择"路径"选项,在图像中绘制如图5.139所示的路径。按照本例第1部分步骤03的方法,将刚刚绘制的路径保存为"路径2"。

02 按Ctrl+Enter组合键将当前路径转换为选区。新建图层,得到"图层 9",设置前景色的颜色值为02508e,背景色的颜色值为028ad6。

03 选择"渐变工具" ,在工具选项栏中单击"线性渐变"按钮 ,并设置其渐变为"前景色到背景色渐变"。从选区的顶部至底部绘制渐变,按Ctrl+D组合键取消选区,得到如图5.140所示的效果。

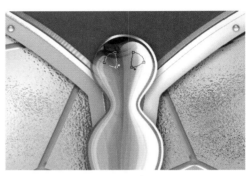

图5.139 绘制路径

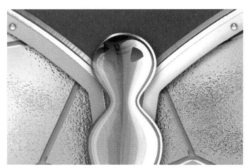

图5.140 绘制渐变

04 在"图层"面板底部单击"添加图层样式"按钮 ,在弹出的菜单中选择"斜面和浮雕"命令,在弹出的对话框中设置参数,如图5.141所示;在该对话框中选择"投影"选项,并设置其参数如图5.142所示,单击"确定"按钮,得到如图5.143所示的效果。

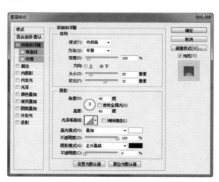

图5.141 "斜面和浮雕"图层样式参数设置

图5.142 "投影"图层样式参数设置

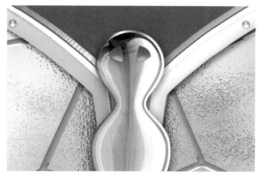

图5.143 应用图层样式后的效果

05 按Ctrl键单击"图层 9"的图层缩览图以载入其选区，执行"选择"|"修改"|"收缩"命令，在弹出的对话框中设置"收缩量"为2像素，然后单击"确定"按钮。

06 选择"图层 9"，设置前景色为白色，选择"渐变工具"，在工具选项栏中单击"线性渐变"按钮，设置渐变为"从前景色到透明渐变"。从选区顶部至底部绘制渐变，按Ctrl+D组合键取消选区，得到如图5.144所示的效果。

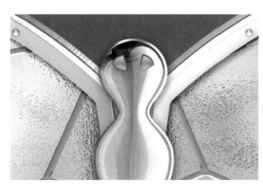

图5.144 绘制渐变

07 在所有图层的上方新建"图层 10"，设置前景色为黑色，选择"画笔工具"，在工具选项栏中设置

适当的画笔大小，在蝴蝶的头顶添加两个黑点，再使用"钢笔工具"在黑点上绘制如图5.145所示的两条路径。按照本例第1部分步骤03的方法，将本部分步骤07绘制的路径保存为"路径 3"。

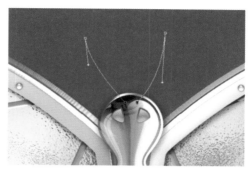

图5.145 绘制路径

08 设置前景色的颜色值为346868，选择"画笔工具"，在工具选项栏中设置画笔大小为3像素，"硬度"为100%，在"路径"面板底部单击"用画笔描边路径"按钮，隐藏路径后得到如图5.146所示的效果。

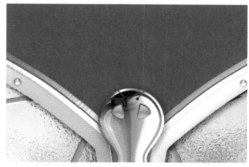

图5.146 描边路径后的效果

09 选择"路径 3"，设置前景色为白色，在工具选项栏中设置画笔大小为1像素，"硬度"为100%，在"路径"面板底部单击"用画笔描边路径"按钮，隐藏路径后得到如图5.147所示的效果。

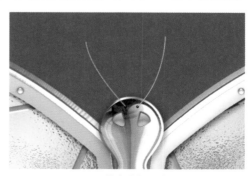

图5.147 描边路径后的效果

10 使用"钢笔工具"在蝴蝶身体的底部绘制如图 5.148所示的路径,并按照本例第1部分步骤03的 方法,将上一步绘制的路径保存为"路径4"。

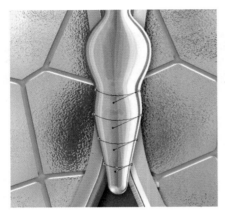

图5.148 绘制路径

11 新建图层,得到"图层 11",按照本例本部分步 骤08~09的方法,制作得到如图5.149所示的效 果。在"图层"面板底部单击"添加图层样式"按 钮fx.,在弹出的菜单中选择"投影"命令,在弹 出的对话框中设置参数,如图5.150所示,然后单 击"确定"按钮,得到如图5.151所示的效果。

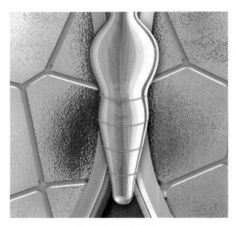

图5.149 制作效果

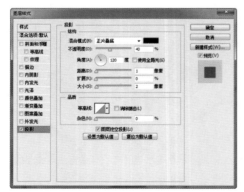

图5.150 "投影"图层样式参数设置

12 在所有图层找上方新建图层,得到"图层 12", 设置前景色的颜色值为e1f3e2,选择"画笔工 具",在工具选项栏中设置画笔大小为13像 素,"硬度"为100%,在图像中按照图5.152中所 示的效果为蝴蝶添加圆点(为了便于观看效果,这 里将圆点颜色暂时变为黑色)。

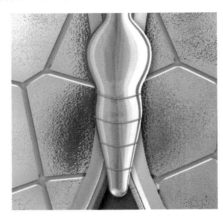

图5.151 应用图层样式后的效果

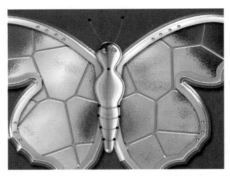

图5.152 用"画笔工具"涂抹后的效果

13 在"图层 6"的图层名称上单击鼠标右键,在弹出 的菜单中选择"拷贝图层样式"命令,在"图层 12"的图层名称上单击鼠标右键,在弹出的菜单中 选择"粘贴图层样式"命令,得到如图5.153所示 的效果。图5.154中所示为此时图像的整体效果。

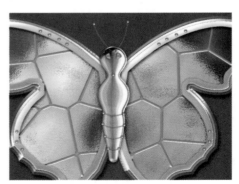

图5.153 复制粘贴图层样式后的效果

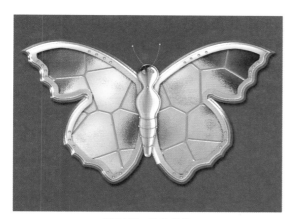

图5.154 整体效果

第5部分 完成整体视觉效果

01 分别打开随书所附光盘中的文件"第5章\5.2\素材3.tif和素材4.tif"素材图像，如图5.155所示。使用"移动工具" ⊕ 按住Shift键将"素材4.tif"中的图像拖至"素材3.tif"文件中，得到"图层 1"。

图5.155 素材图像

02 在"图层"面板底部单击"添加图层蒙版"按钮 ▣ ，为"图层 1"添加图层蒙版。选择"渐变工具" ▣ ，在工具选项栏中单击"线性渐变"按钮 ▣ ，并设置渐变为"黑、白渐变"，从图层蒙

版的顶部至底部绘制渐变，得到如图5.156所示的效果。

图5.156 添加图层蒙版并绘制渐变后的效果

03 设置"图层 1"的混合模式为"明度"后，得到如图5.157所示的效果。

图5.157 设置图层混合模式后的效果

04 打开随书所附光盘中的文件"第5章\5.2\素材5.tif"，得到如图5.158所示的素材图像。使用"移动工具" ⊕ 按住Shift键将其拖至上一步制作的文件中，得到"图层 2"，并设置该图层的混合模式为"滤色"，得到如图5.159所示的效果。

图5.158 素材图像

图5.159 设置图层混合模式后的效果

05 打开随书所附光盘中的文件"第5章\5.2\素材6.psd",得到如图5.160所示的素材图像。使用"移动工具" ▶✛将其拖至上一步制作的文件中,得到"图层 3",按Ctrl+I组合键执行"反相"操作,并将其置于图像的右侧,效果如图5.161所示。

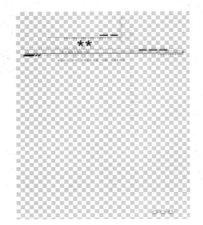

图5.160 素材图像

图5.161 调整后的效果

06 打开随书所附光盘中的文件"第5章\5.2\素材7.txt",按Ctrl+A组合键执行"全选"操作,按Ctrl+C组合键执行"拷贝"操作,关闭该记事本文件。

07 返回到上一步制作的文件中,使用"横排文字工具" T在图像的右侧绘制一个如图5.162所示的文本框。按Ctrl+V组合键执行"粘贴"操作,选择任意其他工具以确定输入的文字,并设置该文字图层的混合模式为"柔光",得到如图5.163所示的效果。

图5.162 绘制文本框

图5.163 设置图层混合模式后的效果

08 新建图层,得到"图层 4",设置前景色为白色,选择"多边形工具" ◉并设置工具选项栏参数,如图5.164所示,按住Shift键在图像的左下角绘制如图5.165所示的六边形。

图5.164 "多边形工具"的工具选项栏

09 按Ctrl键单击"图层 4"的图层缩览图以载入其选区,使用"移动工具" ▶✛按住Alt键拖动该六边形,从而得到其副本图形。按照同样的方法复制得到如图5.166所示的多个六边形。

图5.165 绘制六边形

图5.166 复制对象

10 使用"魔棒工具"按住Shift键随意在上面复制的六边形上单击以选中几个六边形，如图5.167所示。按Ctrl+J组合键执行"通过拷贝的图层"操作，得到"图层 5"。隐藏"图层 5"并选择"图层 4"，继续下面的操作。

图5.167 选取对象

11 在"图层"面板底部单击"添加图层样式"按钮，在弹出的菜单中选择"描边"命令，在弹出的对话框中设置参数，如图5.168所示，单击"确定"按钮得到如图5.169所示的效果。

12 显示并选择"图层 5"，设置该图层的"不透明度"为70%，得到如图5.170所示的效果。

第 5 章 玻璃质感

图5.168 "描边"图层样式参数设置

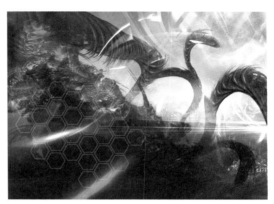

图5.169 应用图层样式后的效果

图5.170 设置图层属性后的效果

13 在"图层"面板底部单击"创建新的填充或调整图层"按钮，在弹出的菜单中选择"色相/饱和度"命令，在弹出的面板中设置参数如图5.171所示，得到如图5.172所示的效果。

14 在所有图层的上方新建"图层 6"，设置前景色为黑色，选择"矩形工具"并在工具选项栏中选择"像素"选项，在图像中间绘制一个黑色矩形。设置该图层的"填充"数值为70%，得到如图5.173所示的效果。

179

图5.171 "色相/饱和度"参数设置

图5.172 应用调整图层后的效果

图5.173 设置图层属性后的效果

15 在"图层"面板底部单击"添加图层样式"按钮 *fx.*，在弹出的菜单中选择"描边"命令，在弹出的对话框中设置参数，如图5.174所示，单击"确定"按钮，得到如图5.175所示的效果。

16 打开本例第1~4部分制作完成的蝴蝶文件，隐藏图层"背景"及"图层 1"中的"投影"图层样式，按Ctrl+A组合键执行"全选"操作，选择任意一个可见图层，按Ctrl+Shift+C组合键执行"合并拷贝"操作，关闭并不保存该文件。

17 返回本部分制作的文件中，按Ctrl+V组合键执行"粘贴"操作，得到"图层 7"。按Ctrl键单击"图层 7"以载入其选区。切换至"通道"面板，新建通道，得到"Alpha 1"，按Ctrl+V组合键再次执行"粘贴"操作，按Ctrl+D组合键取消选区。

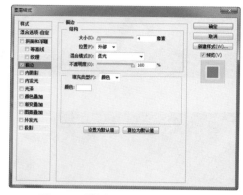

图5.174 "描边"图层样式参数设置

图5.175 应用图层样式后的效果

18 执行"滤镜"|"风格化"|"查找边缘"命令，按Ctrl+I组合键执行"反相"操作，得到如图5.176所示的效果。按Ctrl键单击通道"Alpha 1"的通道缩览图以载入其选区，切换至"图层"面板，按Ctrl+Alt+Shift组合键单击"图层 6"的图层缩览图，得到两者相交后的选区。

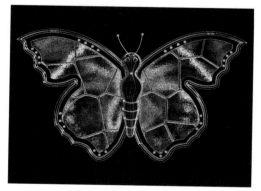

图5.176 执行"反相"操作后的效果

19 新建图层"图层 8",隐藏"图层 7",设置前景色为白色,按Alt+Delete组合键填充选区,按Ctrl+D组合键取消选区,设置"图层 8"的混合模式为"柔光",得到如图5.177所示的效果。

图5.177 填充选区并设置图层混合模式后的效果

20 选择"图层 7"并将该图层拖至所有图层的上方。按Ctrl+T组合键调出自由变换控制框,按住Alt+Shift组合键将"图层 7"中的图像缩小为原来的50%左右,按Enter键确认变换操作,得到如图5.178所示的效果。

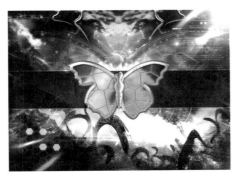

图5.178 调整后的效果

21 复制"图层 7",得到"图层 7 副本",并设置其混合模式为"亮光",得到如图5.179所示的效果。复制"图层 7",得到"图层 7 副本 2",并设置其混合模式为"正片叠底","不透明度"为30%,得到如图5.180所示的效果。

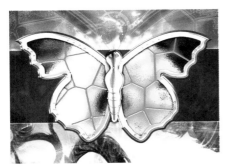

图5.179 复制图层并设置图层混合模式后的效果

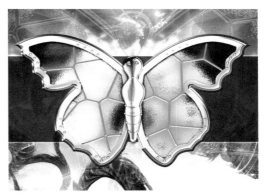

图5.180 复制图层并设置图层属性后的效果

22 选择"图层 7",在"图层"面板底部单击"添加图层样式"按钮 *fx.*,在弹出的菜单中选择"投影"命令,在弹出的对话框中设置参数,如图5.181所示;在该对话框中选择"外发光"选项,并设置其参数如图5.182所示,然后单击"确定"按钮,得到如图5.183所示的效果,此时图像的整体效果如图5.184所示。

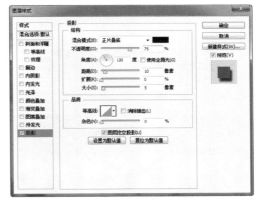

图5.181 "投影"图层样式参数设置

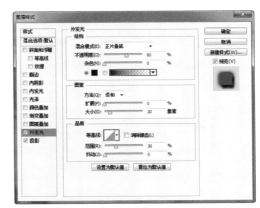

图5.182 "外发光"图层样式参数设置

23 选择"钢笔工具" *⌀*,并在工具选项栏中选择"路径"选项,在图像中绘制如图5.185所示的路径。

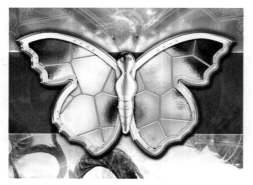

图5.183 应用图层样式后的效果

图5.184 整体效果

图5.185 绘制路径

24 选择"图层6",并新建图层,得到"图层9"。选择"画笔工具" ✎ ,按F5键显示"画笔"面板并按照图5.186中所示进行参数设置。

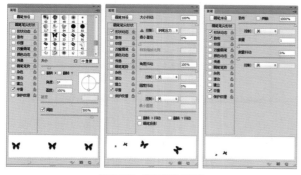

图5.186 "画笔"面板

25 选择"画笔工具" ✎ ,在"路径"面板底部单击"用画笔描边路径"按钮 ○ ,再单击"路径"面板中的空白区域以隐藏路径,得到如图5.187所示的效果。

图5.187 用画笔描边路径后的效果

26 在"图层"面板底部单击"添加图层样式"按钮 fx. ,在弹出的菜单中选择"外发光"命令,在弹出的对话框中设置参数,如图5.188所示,然后单击"确定"按钮,得到如图5.189所示的最终效果。

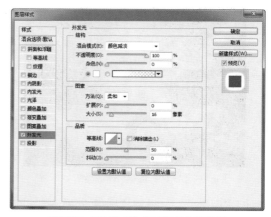

图5.188 "外发光"图层样式参数设置

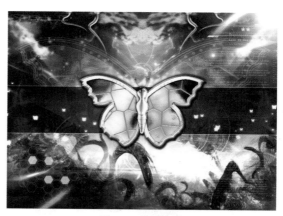

图5.189 最终效果

第6章

水晶质感

　　Photoshop在质感表现方面的功能是非常惊人的，随着每一次版本的更新，越来越多的设想成为现实。现在，Photoshop很少会给使用者摇头叹气的机会了，只要用心钻研，它一定会让每一位使用者梦想成真！在本章中，将通过4个案例全面掌握水晶质感的制作过程，以后就不必再为千篇一律的图标效果而发愁了。

6.1 逼真立体水晶球模拟

本例模拟的是一个可以挑战三维效果的逼真光滑球体。在制作过程中，遵循的是要表现出球体表面极度光滑感觉这一主旨。在绘制高光时，其高光边缘不能带有任何虚化的感觉，而是要获得极其锐利的效果，这样才能达到制作的目的，读者在制作过程中可以慢慢体会这一点。

核心技能：

➤ 使用形状工具绘制形状。

➤ 添加图层样式，制作图像的渐变、阴影等效果。

➤ 利用图层蒙版功能隐藏不需要的图像。

➤ 应用"画笔工具" ✐ 绘制图像。

➤ 利用变换功能调整图像的大小、角度及位置。

 原始素材 光盘\第6章\6.1\素材.psd

 最终效果 光盘\第6章\6.1\6.1.psd

01 打开随书所附光盘中的文件"第6章\6.1\素材.psd"，如图6.1所示。选择"椭圆工具" ◕ ，在工具选项栏中选择"形状"选项，在画布的右侧绘制如图6.2所示的正圆形状，得到图层"椭圆 1"。

图6.1 素材图像

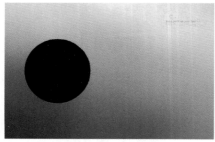

图6.2 绘制正圆形状

02 在"图层"面板底部单击"添加图层样式"按钮 𝘧𝘹 ，在弹出的菜单中选择"渐变叠加"命令，在弹出的对话框中设置参数，如图6.3所示，单击"确定"按钮，得到如图6.4所示的效果。

图6.3 "渐变叠加"图层样式参数设置

图6.4 应用图层样式后的效果

提 示

在"渐变叠加"图层样式参数设置中，所使用的渐变在"渐变编辑器"对话框中显示为如图6.5所示的设置状态，其中从左至右各个色标的颜色值分别为9caa1c、757f09和798400。

图6.5 "渐变编辑器"对话框

03 复制图层"椭圆 1"，得到图层"椭圆 1 副本"，在"椭圆 1 副本"的图层名称上单击鼠标右键，在弹出的菜单中选择"清除图层样式"命令，得到如图6.6所示的效果。

图6.6 复制形状并清除图层样式后的效果

04 按Ctrl+T组合键调出自由变换控制框，按住Alt键向下拖动控制框正上方的控制手柄，得到如图6.7所示的效果，按Enter键确认变换操作。

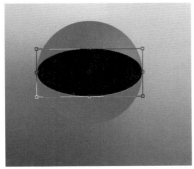

图6.7 调整后的效果

05 复制图层"椭圆 1"，得到图层"椭圆 1 副本 2"，并将其拖动到"图层"面板的最上方，再清除图层样式，此时"图层"面板如图6.8所示。

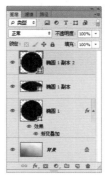

图6.8 "图层"面板

06 按住Ctrl键单击图层"椭圆 1 副本"的图层缩览图以载入其选区。按Ctrl+Shift+I组合键将选区反选，再将图层"椭圆 1 副本"隐藏。选择图层"椭圆 1 副本 2"，在"图层"面板底部单击"添加图层蒙版"按钮 ▣|，得到如图6.9所示的效果。

07 选择"画笔工具" ✓，设置前景色为黑色，并在工具选项栏中设置适当的画笔大小。在球体上半部分的黑色处涂抹，以将其隐藏，得到如图6.10所示的效果，其图层蒙版中的状态如图6.11所示。

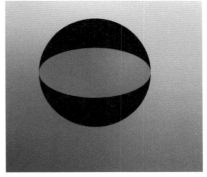

图6.9 添加图层蒙版后的效果

图6.10 用"画笔工具"涂抹后的效果

图6.11 图层蒙版中的状态

图6.14 应用图层样式后的效果

08 在"图层"面板底部单击"添加图层样式"按钮 *fx.*，在弹出的菜单中选择"内阴影"命令，在弹出的对话框中设置参数，如图6.12所示；并在该对话框中选择"渐变叠加"选项，设置其参数如图6.13所示，单击"确定"按钮，得到如图6.14所示的效果。

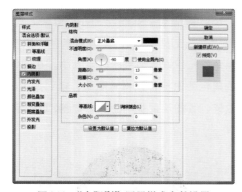

图6.12 "内阴影"图层样式参数设置

图6.15 "渐变编辑器"对话框

09 复制图层"椭圆 1 副本 2"，得到图层"椭圆 1 副本 2 副本"。为了简化名称，将其重命名为"椭圆 2"，并清除其图层样式，得到如图6.16所示的效果。

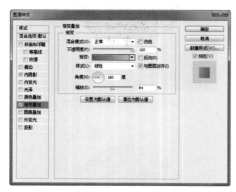

图6.13 "渐变叠加"图层样式参数设置

提 示

在"渐变叠加"图层样式参数设置中，所使用的渐变在"渐变编辑器"对话框中显示为如图6.15所示的设置状态，其中从左至右各个色标的颜色值分别为77800f和dbe900。

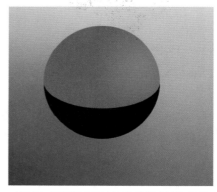

图6.16 复制形状并清除图层样式后的效果

10 选择"路径选择工具" ▶，将图层"椭圆 2"的路径选中，按Ctrl+Alt+T组合键调出自由变换并复制控制框，向控制框内部拖动控制手柄以缩小图像，并将其移动到球中心偏下的位置，效果如图6.17所示，按Enter键确认变换操作。在工具选项栏中选择"减去顶层形状"选项 ▣，得到如图6.18所示的效果。

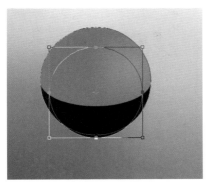

图6.17 调整后的效果

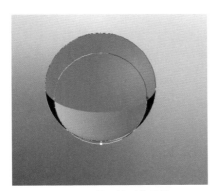

图6.18 形状运算后的效果

11 在"图层"面板底部单击"添加图层样式"按钮
 fx ,在弹出的菜单中选择"渐变叠加"命令,在
弹出的对话框中设置参数,如图6.19所示,单击
"确定"按钮得到如图6.20所示的效果。

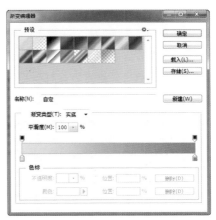

图6.19 "渐变叠加"图层样式参数设置

> **提示**
>
> 在"渐变叠加"图层新式参数设置中,所使用的渐
> 变在"渐变编辑器"对话框中显示为如图6.21所示的设
> 置状态,其中从左至右各个色标的颜色值分别为ffff00和
> 909900。

12 选择"钢笔工具" $\mathscr{Q}$,在工具选项栏中选择"形
状"选项,在球的上半部分依次绘制如图6.22~图
6.24所示的形状,分别得到图层"形状1"、图层
"形状 2"和图层"形状 3"。

图6.20 应用图层样式后的效果

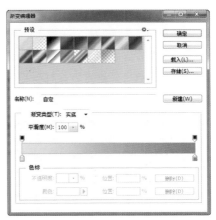

图6.21 "渐变编辑器"对话框

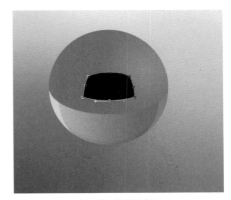

图6.22 绘制形状1

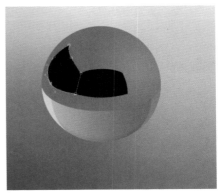

图6.23 绘制形状2

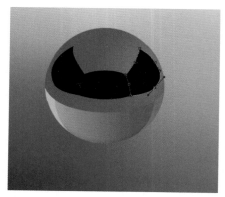

图6.24 绘制形状3

13 选择图层"形状 1"，在"图层"面板底部单击"添加图层样式"按钮 *fx.*，在弹出的菜单中选择"渐变叠加"命令，在弹出的对话框中设置参数，如图6.25所示，单击"确定"按钮，得到如图6.26所示的效果。

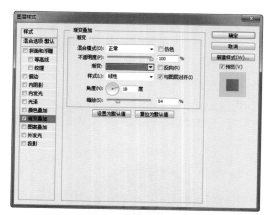

图6.25 "渐变叠加"图层样式参数设置

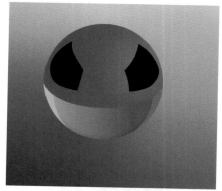

图6.26 图层样式后的效果

提 示

在"渐变叠加"图层样式参数设置中，所使用的渐变在"渐变编辑器"对话框中显示为如图6.27所示的设置状态，其中从左至右各个色标的颜色值分别为76810b和919a23。

图6.27 "渐变编辑器"对话框

14 按照同样的方法，分别为图层"形状 2"和图层"形状 3"添加"渐变叠加"图层样式，得到如图6.28所示的效果。

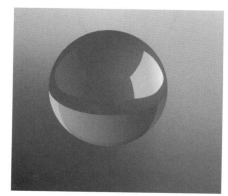

图6.28 应用图层样式后的效果

提 示

设置图层"形状 2"的"渐变叠加"图层样式，如图6.29所示，所使用的渐变在"渐变编辑器"对话框中显示为如图6.30所示的设置状态，其中从左至右各个色标的颜色值分别为8a951c和7b850f。设置图层"形状 3"的"渐变叠加"图层样式，如图6.31所示，所使用的渐变在"渐变编辑器"对话框中显示为如图6.32所示的设置状态，其中从左至右各个色标的颜色值分别为dfe77b和fefeb5。下面为玻璃球添加眼睛和嘴巴效果。

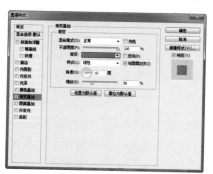

图6.29 "渐变叠加"图层样式参数设置

图6.30 "渐变编辑器"对话框

图6.31 "渐变叠加"图层样式参数设置

图6.32 "渐变编辑器"对话框

15 选择"钢笔工具" ✐ ，在工具选项栏中选择"形状"选项，在球体上绘制嘴巴的形状，效果如图6.33所示，得到图层"形状 4"。

图6.33 绘制形状

16 在"图层"面板底部单击"添加图层样式"按钮 fx. ，在弹出的菜单中选择"斜面和浮雕"命令，在弹出的对话框中设置参数，如图6.34所示，单击"确定"按钮，得到如图6.35所示的效果。

图6.34 "斜面和浮雕"图层样式参数设置

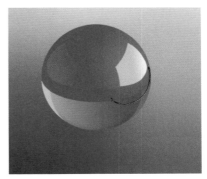

图6.35 应用图层样式后的效果

提 示

在"斜面和浮雕"图层样式参数设置中，"光泽等高线"在"等高线编辑器"对话框中的编辑状态如图6.36所示。

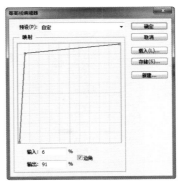

图6.36 "等高线编辑器"对话框

17 选择"椭圆工具" ⬭ ，在工具选项栏中选择"形状"选项，在球体上绘制如图6.37所示的椭圆形状作为眼睛，得到图层"椭圆 3"。按Ctrl+T组合键调出自由变换控制框，将形状逆时针旋转45°，得到如图6.38所示的效果。

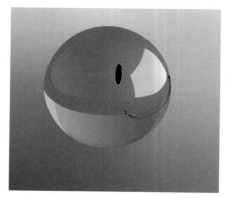

图6.37 绘制椭圆形状

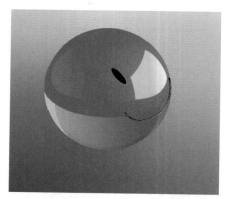

图6.38 旋转角度后的效果

18 在"图层"面板底部单击"添加图层样式"按钮
fx，在弹出的菜单中选择"斜面和浮雕"命令，
在弹出的对话框中设置参数，如图6.39所示；并在
该对话框中选择"渐变叠加"选项，设置其参数如
图6.40所示，单击"确定"按钮得到如图6.41所示
的效果。

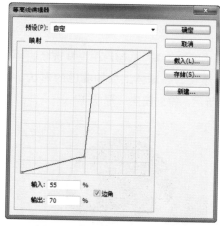

图6.39 "斜面和浮雕"图层样式参数设置

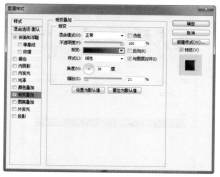

图6.40 "渐变叠加"图层样式参数设置

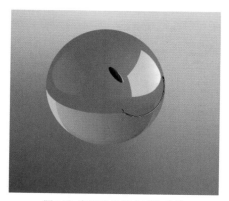

图6.41 应用图层样式后的效果

提 示

> 在"斜面和浮雕"图层样式参数设置中，"光泽等
> 高线"在"等高线编辑器"对话框中的编辑状态如图
> 6.42所示；在"渐变叠加"图层样式参数设置中，所使
> 用的渐变在"渐变编辑器"对话框中显示为如图6.43所
> 示的设置状态，其中从左至右各个色标的颜色值分别为
> 12140e和797c6d。

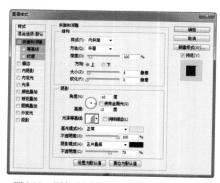

图6.42 "等高线编辑器"对话框

图6.43 "渐变编辑器"对话框

19 以同样的方法，为球体添加另一只眼睛，得到如图
6.44所示的效果，同时得到图层"椭圆 4"。

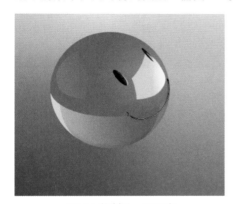

图6.44 绘制另一只眼睛

提 示

图层"椭圆 4"的"斜面和浮雕"及"渐变叠加"
图层样式的参数设置如图6.45和图6.46所示。其中在
"斜面和浮雕"图层样式参数设置中，"光泽等高线"
在"等高线编辑器"对话框中的编辑状态如图6.47所
示；在"渐变叠加"图层样式参数设置中，所使用的渐
变在"渐变编辑器"对话框中显示为如图6.48所示的设
置状态，其中从左至右各个色标的颜色值分别为12140e
和797c6d。至此，玻璃球制作完成，其"图层"面板如
图6.49所示。接下来为玻璃球添加倒影及投影效果。

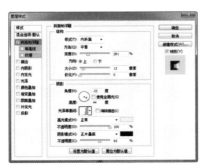

图6.45 "斜面和浮雕"图层样式参数设置

图6.46 "渐变叠加"图层样式参数设置

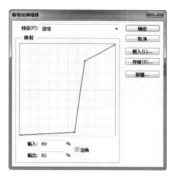

图6.47 "等高线编辑器"对话框

图6.48 "渐变编辑器"对话框

图6.49 "图层"面板

20 复制图层"椭圆 1"，得到图层"椭圆 1 副本
3"，并将其拖动到图层"椭圆 1"的下方，再向
下移动其中图像至如图6.50所示的位置。

21 在"图层"面板底部单击"添加图层蒙版"按钮
，为图层"椭圆 1 副本 3"添加图层蒙版。
设置前景色为白色背景色为黑色，选择"渐变工
具"，在工具选项栏中单击"径向渐变"按钮

■，选择渐变为"前景色到背景色渐变"。从两个球体交界的地方绘制渐变，得到如图6.51所示的效果。

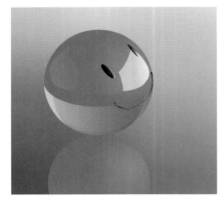

图6.50 调整后的效果

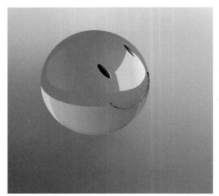

图6.51 绘制渐变后的效果

提 示

下面使用"画笔工具" **■**为其绘制投影效果。

22 新建图层，得到"图层 1"。选择"画笔工具" **■**，在工具选项栏中设置适当的画笔大小、硬度及不透明度，设置前景色为黑色，在球体的下方进行涂抹，直至得到类似图6.52所示的效果。

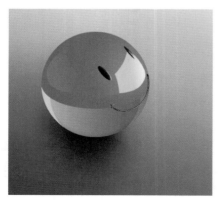

图6.52 使用"画笔工具"涂抹后的效果

23 新建图层，得到"图层 2"。设置前景色的颜色值为e2f800，继续在球体的下方涂抹，为其绘制桌面的环境光效果，得到如图6.53所示的效果。至此，玻璃球的制作全部完成，图6.54所示为本例的最终效果，此时的"图层"面板如图6.55所示。

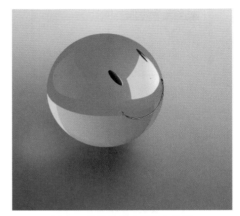

图6.53 继续涂抹出环境光效果

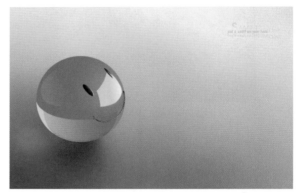

图6.54 最终效果

图6.55 "图层"面板

6.2 黄金镶边立体水晶文字特效表现

本例以黄金镶边立体水晶为主题，设计一幅文字特效表现作品。在制作过程中，将以立体的文字作为核心的处理内容，结合围绕着立体文字周围的炫光效果，同时配合烟雾效果，以表现画面的丰富感。

核心技能：

➤ 结合"钢笔工具" 绘制路径，并进行颜色填充及渐变填充，制作立体图像效果。

➤ 利用"画笔工具" 制作边缘融合的图像效果。

➤ 结合图层属性，融合各部分图像效果。

➤ "描边"图层样式，制作图像的描边效果。

➤ 结合"径向模糊"、"分层云彩"等滤镜命令，制作模糊及云彩状的图像效果。

➤ 结合图层蒙版功能隐藏不需要的图像效果。

原始素材	光盘\第6章\6.2\素材1.tif、素材2.abr
最终效果	光盘\第6章\6.2\6.2.psd

01 打开随书所附光盘中的文件"第6章\6.2\素材1.tif"，如图6.56所示，将其作为图层"背景"。

图6.56 素材图像

02 选择"钢笔工具" ，在工具选项栏中选择"路径"选项，在当前画布中绘制"t"路径，效果如图6.57所示。切换至"路径"面板，双击当前的工作路径，在弹出的对话框中输入路径名称为"路径1"，切换至"图层"面板。

03 在"图层"面板底部单击"创建新的填充或调整图层"按钮 ，在弹出的菜单中选择"纯色"命令，然后在弹出的"拾色器（纯色）"对话框中设

置其颜色值为fd7205，单击"确定"按钮得到如图6.58所示的效果，同时得到图层"颜色填充1"。

图6.57 绘制"t"路径

04 选择图层"背景"，切换至"路径"面板，选择"路径1"，按Ctrl+T组合键调出自由变换控制框，按住Shift键向变换控制框外部拖动控制手柄，以等比例放大路径，直至得到如图6.59所示的路径效果，按Enter键确认变换操作。

图6.58 应用填充图层后的效果

图6.59 调整路径后的效果

05 切换至"图层"面板，单击"创建新的填充或调整图层"按钮 ◎.，在弹出的菜单中选择"渐变"命令，在弹出的对话框中单击渐变色条，在弹出的渐变编辑器对话框中设置参数，如图6.60所示，单击"确定"按钮；设置"渐变填充"对话框参数如图6.61所示，单击"确定"按钮，得到如图6.62所示的效果，同时得到图层"渐变填充1"。

图6.60 "渐变编辑器"对话框

 提 示

　　在"渐变编辑器"对话框中，渐变各色标的颜色值从左至右分别为fee48e和fe821e。

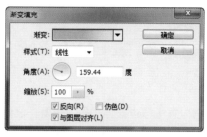

图6.61 "渐变填充"对话框

图6.62 应用填充图层后的效果

06 选择图层"背景"，按照步骤 04 的操作方法调整路径，效果如图6.63所示。按照步骤 03 的操作方法，创建"纯色"填充图层，填充的颜色值为fff7ad，得到如图6.64所示的效果，同时得到图层"颜色填充2"。

图6.63 调整路径后的效果

图6.64 应用填充图层后的效果

07 选择图层"颜色填充1",按照步骤04~05的操作方法,制作文字的正面,得到如图6.65、图6.66所示的效果,同时得到图层"渐变填充 2"和"渐变填充 3",此时的"图层"面板如图6.67所示。

08 选择图层"背景",按照上面的操作方法,制作"t"的侧面及高光效果,得到如图6.69所示的效果,此时的"图层"面板如图6.70所示。

图6.65 制作文字的最表面

提 示

此处还为图层"渐变填充 2"添加了"描边"图层样式,在弹出的对话框中设置参数,如图6.68所示,设置色块的颜色值为fffac8,单击"确定"按钮。"t"的正面已经制作完毕,下面来制作"t"的侧面。

图6.69 制作"t"的侧面及高光效果

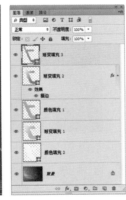

图6.66 制作文字的正面　　图6.67 "图层"面板

图6.68 "描边"图层样式参数设置

图6.70 "图层"面板

09 选择图层"渐变填充 3",按住Shift键单击图层"渐变填充 4"的图层名称以将二者之间的图层选中,按Ctrl+G组合键将选中的图层编组,得到"组 1"。

10 按照上面制作"t"的正面、侧面及高光立体效果的方法,制作"i"、"t"、"o"立体文字,得到如图6.71所示的效果,此时的"图层"面板如图6.72所示,图6.73～图6.75所示为单独显示"i"、"t"、"o"文字的效果。

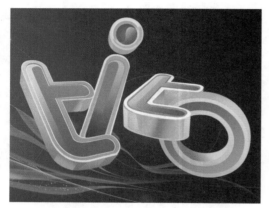

图6.71 制作其他立体文字的效果

图6.72 "图层"面板

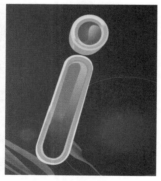

图6.73 字母"i"的效果

图6.74 字母"t"的效果

图6.75 字母"o"的效果

11 选择图层"背景",新建图层,得到"图层 1",选择画笔工具 ,打开随书所附光盘中的文件

"第6章\6.2\素材2.abr",在画布中单击鼠标右键,然后在弹出的"画笔预设"选取器中选择刚刚打开的画笔。

12 设置前景色的颜色值分别为ffff00和ffffe0,在文字的周围涂抹多次,直至得到如图6.76所示的效果。执行"滤镜"|"模糊"|"高斯模糊"命令,在弹出的对话框中设置"半径"为24像素,单击"确定"按钮,得到如图6.77所示的效果。

图6.76 画笔涂抹后的效果

图6.77 应用"高斯模糊"命令后的效果

13 选择最上方的图层组"立体字",按Ctrl+Shift+Alt+E组合键执行"盖印"操作,从而将当前所有可见的图像合并至一个新图层中,得到"图层 2"。

14 在"图层 2"的图层名称上单击鼠标右键,在弹出的菜单中选择"转换为智能对象"命令,从而将其转换成为智能对象图层。

15 执行"滤镜"|"模糊"|"径向模糊"命令,在弹出的对话框中设置参数,如图6.78所示,单击"确定"按钮,得到如图6.79所示的效果。

16 选择"图层 2"的滤镜效果蒙版缩览图,设置前景色为黑色,选择"画笔工具" ,在工具选项栏中设置适当的画笔大小及不透明度,在图层蒙版中进行涂抹，以将文字上的模糊效果隐藏起来，直至得到如图6.80所示的效果，图层蒙版中的状态如图6.81所示，此时的"图层"面板如图6.82所示。

图6.78 "径向模糊"对话框

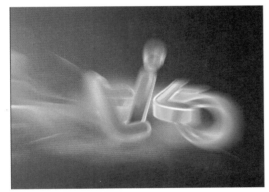

图6.79 应用"径向模糊"命令后的效果

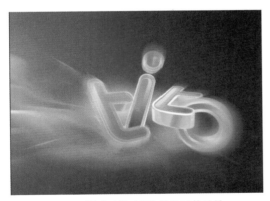

图6.80 用"画笔工具"涂抹后的效果

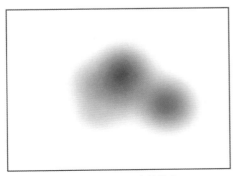

图6.81 图层蒙版中的状态

图6.82 "图层"面板

17 选择"图层 2"，按Ctrl+Shift+Alt+E组合键执行"盖印"操作，从而将当前所有可见的图像合并至一个新图层中，得到"图层 3"。

18 按D键将背景色恢复为默认的黑白色，执行"滤镜"|"渲染"|"云彩"命令，得到类似图6.83所示的效果。

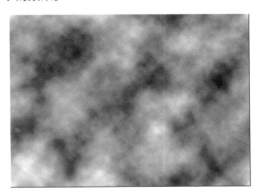

图6.83 应用"分层云彩"命令后的效果

19 设置"图层 3"的混合模式为"差值"，得到类似图6.84所示的效果。按照步骤**14**~**15**的操作方法，将其转换为智能对象，并分别应用"分层云彩"4次、"径向模糊"1次，直至得到类似图6.85所示的效果，此时的"图层"面板如图6.86所示。

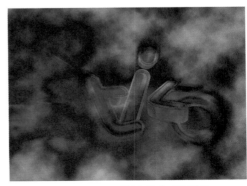

图6.84 设置图层混合模式后的效果

197

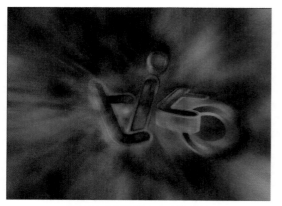

图6.85 应用滤镜命令后的效果

提 示

在应用"分层云彩"及"径向模糊"命令时，具体的参数设置可以查看本例随书后附光盘最终效果源文件中的相关图层，双击滤镜效果名称即可查看具体设置，由于操作方法简单，前面都有过讲解，这里不再一一赘述。

图6.86 "图层"面板

20 按Ctrl+J组合键复制"图层 2"，得到"图层 2 副本"，并将其移至所有图层的最上方，设置"其不透明度"为70%，得到如图6.87所示的效果。

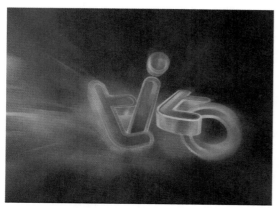

图6.87 设置图层属性后的效果

21 复制"图层 2 副本"，得到"图层 2 副本 2"，更改其"不透明度"为100%，设置其混合模式为"强光"，得到如图6.88所示的最终效果，此时的"图层"面板如图6.89所示。

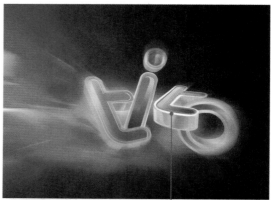

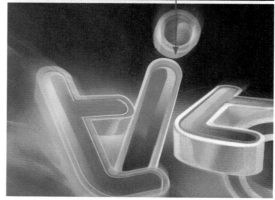

图6.88 最终效果

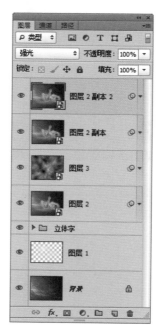

图6.89 "图层"面板

6.3 纤薄3D立体水晶文字特效表现

本例是以纤薄3D立体水晶文字为主题的特效表现作品。在制作过程中，主要以处理画面中的文字为核心内容，而文字立体感的把握是本例的重点。通过本例的学习，希望读者能够从中汲取更多的设计灵感，以制作出更加优秀的作品。

核心技能：

➢ 结合路径及"渐变"填充图层功能制作图像的渐变效果。

➢ 利用剪贴蒙版限制图像的显示范围。

➢ 设置图层属性以混合图像。

➢ 利用图层蒙版功能隐藏不需要的图像。

➢ 结合路径及"用画笔描边路径"功能，为所绘制的路径进行描边。

➢ 添加"渐变叠加"图层样式，制作图像的渐变效果。

➢ 应用"光照效果"滤镜命令，为图像增强光强感。

 原始素材 光盘\第6章\6.3\素材1.psd~素材4.psd

 最终效果 光盘\第6章\6.3\6.3.psd

---

01 打开随书所附光盘中的文件"第6章\6.3\素材1.psd"，如图6.90所示，将其作为本例的背景图像。

图6.90 素材图像

 提 示

本步骤是以图层组的形式给出的素材，读者可以参考本例随书所附光盘中的最终效果源文件进行参数设置，展开图层组即可观看到操作的过程。下面制作文字图像。

02 选择"钢笔工具" ，在工具选项栏中选择"路径"选项，在画布中绘制如图6.91所示的文字路径。在"图层"面板底部单击"创建新的填充或调整图层"按钮 ，在弹出的菜单中选择"渐变"命令，在弹出的对话框中进行参数设置，如图6.92所示，单击"确定"按钮退出对话框，隐藏路径后的效果如图6.93所示，同时得到图层"渐变填充2"。

图6.91 绘制路径

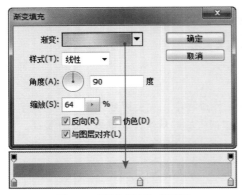

图6.92 "渐变填充"对话框

图6.93 应用填充图层后的效果

提 示

在"渐变填充"对话框中，设置渐变各色标的颜色值从左至右分别为2fa0cf、ffee79和ffc465。下面制作文字上面的高光效果。

03 新建图层，得到"图层 1"，按Ctrl+Alt+G组合键执行"创建剪贴蒙版"操作。设置前景色为白色，选择"画笔工具" ，在工具选项栏中设置适当的画笔大小、硬度及不透明度，在文字上面进行涂抹，直至得到类似图6.94所示的效果。

图6.94 涂抹后的效果

提 示

下面结合素材图像、剪贴蒙版、图层属性及图层蒙版等功能，制作文字上面的图案效果。

04 打开随书所附光盘中的文件"第6章\6.3\素材2.psd"，使用"移动工具" 将其中的图像拖至本例步骤01打开的文件中，得到"图层 2"，按Ctrl+Alt+G组合键执行"创建剪贴蒙版"操作。

05 按Ctrl+T组合键调出自由变换控制框，按住Shift键向内拖动控制手柄以缩小"图层 2"中的图像，顺时针调整图像的角度并移动图像的位置，按Enter键确认操作，得到如图6.95所示的效果。设置"图层 2"的混合模式为"线性加深"，"不透明度"为38%，以混合图像，得到如图6.96所示的效果。

图6.95 调整图像后的效果

图6.96 设置图层属性后的效果

06 在"图层"面板底部单击"添加图层蒙版"按钮 ，为"图层 2"添加图层蒙版。设置前景色为黑色，选择"画笔工具" ，在工具选项栏中设置适当的画笔大小及不透明度，在图层蒙版中进行涂抹，以将上、下方的部分图像隐藏起来，直至得到如图6.97所示的效果，此时图层蒙版中的状态如图6.98所示。

图6.97 添加图层蒙版并进行涂抹后的效果

图6.98 图层蒙版中的状态

07 按照步骤04~05的操作方法，利用随书所附光盘中的文件"第6章\6.3\素材3.psd"，结合"移动工具" ，剪贴蒙版以及图层属性的功能，制作文字左下方的图案效果，效果如图6.99所示，同时得到"图层3"，此时的"图层"面板如图6.100所示。

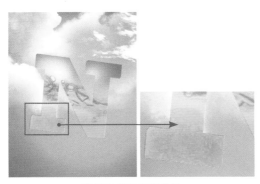

图6.99 制作图案效果

图6.100 "图层"面板

> **提 示**
>
> 本步骤中设置"图层 3"的混合模式为"颜色加深"。另外，为了方便图层的管理，在此将制作文字图案的图层选中，按Ctrl+G组合键执行"图层编组"命令，得到"组 1"，并将其重命名为"面"。在下面的操作中，也对各部分执行了"图层编组"操作，在步骤中不再叙述。

> **提 示**
>
> 至此，文字的基本轮廓已制作出来，下面制作文字的立体感。

08 结合路径及填充图层、图层属性等功能，制作文字的立体效果，效果如图6.101所示，此时的"图层"面板如图6.102所示。

图6.101 制作文字的立体效果

> **提 示**
>
> 本步骤中关于"渐变填充"对话框及图层属性的设置请参考本例随书所附光盘中的最终效果源文件，下面有类似的操作时不再加以提示。另外，在制作过程中，还需要注意各图层间的顺序。下面制作文字的描边效果。

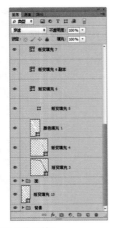

图6.102 "图层"面板

09 选择图层"渐变填充 2",切换至"路径"面板，双击"渐变填充 2 形状路径"的路径缩览图，在弹出的对话框中将此路径存储为"路径 1"。

10 选择图层组"立体边缘"，新建图层，得到"图层4"，设置前景色为白色，选择"画笔工具"，在工具选项栏中设置画笔为"硬边圆1像素"、"不透明度"为100%。切换至"路径"面板，在"路径"面板底部单击"用画笔描边路径"按钮，隐藏路径后的效果如图6.103所示。

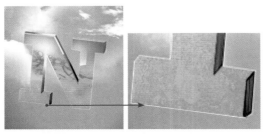

图6.103 描边路径后的效果

11 切换回"图层"面板。单击"添加图层样式"按钮，在弹出的菜单中选择"渐变叠加"命令，在弹出的对话框中进行参数设置，如图6.104所示，单击"确定"按钮，得到如图6.105所示的效果。

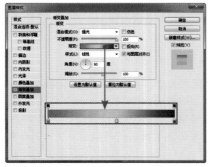

图6.104 "渐变叠加"图层样式参数设置

图6.105 应用图层样式后的效果

提 示

在"渐变叠加"图层样式参数设置中，设置渐变各色标的颜色值从左至右分别为d58403、fce17c和004659。

12 结合路径及描边路径等功能，制作文字右侧的蓝白线条图像（红色方框内），如图6.106所示，此时的"图层"面板如图6.107所示。

图6.106 制作蓝白线条图像

图6.107 "图层"面板

提 示

至此，文字"N"的立体效果已制作完成。下面制作文字图像"R"。

13 按照上面的操作步骤，结合路径、填充图层、图层蒙版、图层属性、路径及"用画笔描边路径"等功能，制作文字图像"R"，效果如图6.108所示，此时的"图层"面板如图6.109所示。

图6.108 文字"R"的制作效果

图6.109 "图层"面板

> **提示**
>
> 在本步骤的操作过程中，没有给出图像的颜色值，读者可依自己的审美偏好进行颜色的搭配。在下面的操作中，不再进行颜色设置的提示。下面制作文字的光照效果。

14 选择图层"渐变填充 14"，在此图层的图层名称上单击鼠标右键，在弹出的菜单中选择"转换为智能对象"命令，从而将其转换成为智能对象图层。

> **提示**
>
> 转换为智能对象的目的是，在后面将对图层"渐变填充 14"中的图像进行滤镜操作，而智能对象图层可以记录下所有的参数设置，以便于进行反复的调整；同时还可以编辑智能蒙版，得到所需的图像效果。

15 执行"滤镜"|"渲染"|"光照效果"命令，在弹出的面板中进行参数设置，如图6.110所示（为便于观看，在此只显示了当前图层和背景），得到如图6.111所示的效果。

图6.110 "光照效果"参数设置

图6.111 应用"光照效果"命令后的效果

16 选择图层"渐变填充 14"的智能蒙版缩览图，设置前景色为黑色，选择"画笔工具"，在工具选项栏中设置适当的画笔大小及不透明度，在智能蒙版中进行涂抹，以将下方的光照效果隐藏起来，直至得到如图6.112所示的效果。

图6.112 编辑智能蒙版后的效果

提 示

　　下面结合路径及"用画笔描边路径"功能中的"模拟压力"选项，制作两端细、中间粗的图像效果。

17 选择最上面的图层作为当前工作层，选择"钢笔工具" ，在工具选项栏中选择"路径"选项，在文字"R"的右上方绘制如图6.113所示的路径。

图6.113 绘制路径后的效果

18 新建图层，得到"图层 5"。设置前景色的颜色值为a5c9eb，选择"画笔工具" ，在工具选项栏中设置画笔为"柔边圆10像素"、"不透明度"为100%。切换至"路径"面板，按住Alt键单击"用画笔描边路径"按钮 ，在弹出的对话框中选中"模拟压力"选项，单击"确定"按钮退出对话框，隐藏路径后的效果如图6.114所示。

图6.114 描边路径后的效果

提 示

　　选中"模拟压力"选项的目的在于，让描边路径后得到的线条具有两端细、中间粗的效果。需要注意的是，此时必须在"画笔"面板的"形状动态"区域中，设置"大小抖动"下方的"控制"为"钢笔压力"，否则将无法得到这样的效果。

19 切换回"图层"面板。按照步骤**17**~**18**的操作方法，结合路径及"用画笔描边路径"等功能，制作另外两条彩色线条，效果如图6.115所示，同时得到"图层 6"和"图层 7"。

图6.115 制作另外两条彩色线条

20 选择"图层 5"~"图层 7"，按Ctrl+Alt+E组合键执行"盖印"操作，将所选图层中的图像合并至一个新图层中，并将其重命名为"图层 8"，隐藏"图层 5"~"图层 7"。

21 执行"滤镜"|"模糊"|"高斯模糊"命令，在弹出的对话框中设置"半径"为2.7像素，单击"确定"按钮得到如图6.116所示的效果。设置"图层8"的混合模式为"线性光"、"不透明度"为85%，以混合图像，得到如图6.117所示的效果，此时的"图层"面板如图6.118所示。

图6.116 应用"高斯模糊"命令后的效果

图6.117 设置图层属性后的效果

图6.118 "图层"面板

提示

至此，文字"R"的效果已制作完成。下面制作其他文字图像。

22 结合路径、填充图层、图层样式、路径、"用画笔描边路径"及图层属性等功能，制作其他文字图像，效果如图6.119所示，同时得到图层组"a"、"u"、"T"和"e"。

提示

由于本步的图层过多，所应用到的技术在上面都详细讲解，因此没有展示相应的"图层"面板，读者可以打开最终效果源文件查看操作过程。下面制作装饰图像，以丰富整体画面。

23 选择图层组"背景"，打开随书所附光盘中的文件"第6章\6.3\素材4.psd"，按住Shift键使用"移动工具" ▶+ 将其拖至本例步骤 **01** 打开的文件中，并将图层组"水纹"拖至所有图层的上方，得到如图6.120所示的效果，同时得到另外两个图层组"线"和"辅助"。

图6.119 制作其他文字图像

图6.120 拖入素材图像

提示

下面利用"USM锐化"命令调整图像的清晰度。

24 选择图层组"水纹"，按Ctrl+Alt+Shift+E组合键执行"盖印"操作，将当前所有可见的图像合并至一个新图层中，得到"图层 9"。执行"滤镜"|"锐化"|"USM锐化"命令，在弹出的对话框中进行参数设置，如图6.121所示，单击"确定"按钮。图6.122所示为应用"USM锐化"命令前后的对比效果。

图6.121 "USM锐化"对话框

图6.122 应用"USM锐化"命令前后的对比效果（左图为应用前的效果，右图为应用后的效果）

25 至此，完成本例的操作，最终效果如图6.123所示，此时的"图层"面板如图6.124所示。

图6.123 最终效果

图6.124 "图层"面板

6.4 3D立体效果标识设计

本例以数字"3"为中心，制作一幅具有逼真三维效果的标识作品。在制作过程中，首先制作出数字"3"，然后制作其右侧的立方体水晶形状，再输入英文及制作英文的立体效果，最后制作高光效果。本例的核心技术在于表现图像的透视效果和材质，这也是本例的技术难点。

核心技能：

➤ 使用"钢笔工具" ✐ 绘制形状，模拟三维立体图像。

➤ 使用"钢笔工具" ✐ 绘制路径，并结合"渐变"填充图层制作三维图像表面的渐变效果，以模拟其光感。

➤ 使用"画笔工具" ✐ 绘制图像，并制作高光效果。

➤ 多次使用"描边"、"外发光"图层样式，为图像增加立体效果。

原始素材 ┃ 光盘\第6章\6.4\素材.asl

最终效果 ┃ 光盘\第6章\6.4\6.4.psd

01 按Ctrl+N组合键新建一个文件，在弹出的对话框中设置文件的"宽度"为36厘米，"高度"为27厘米，"分辨率"为72像素/英寸，"背景内容"为白色，"颜色模式"为8位的RGB颜色，单击"确定"按钮退出对话框。

提 示

下面通过"渐变"填充图层绘制渐变效果，制作渐变背景。

02 在"图层"面板底部单击"创建新的填充或调整图层"按钮 ，在弹出的菜单中选择"渐变填充"

命令，在弹出的对话框中设置参数，如图6.125所示，单击"确定"按钮，得到如图6.126所示的效果，同时得到图层"渐变填充 1"。

图6.125 "渐变填充"对话框

图6.126 应用填充图层后的效果

提 示

在"渐变填充"对话框中，设置从左至右各个色标的颜色值分别为8e8e8e、ffffff（白色）。下面输入文字，通过创建调整图层、添加图层样式，制作具有立体感的数字效果。

03 设置前景色为黑色，选择"横排文字工具" [T]，在工具选项栏中设置适当的字体和字号，在当前文件中输入主题文字，效果如图6.127所示。在文字图层"3"的图层名称上单击鼠标右键，在弹出的菜单中选择"转换为形状"命令，从而将其转换成为形状图层。选择"直接选择工具" [k]，调整数字"3"的形状，得到如图6.128所示的效果。

04 在"图层"面板底部单击"创建新的填充或调整图层"按钮 ○.，在弹出的菜单中选择"渐变填充"命令，在弹出的对话框中设置参数，如图6.129所示，单击"确定"按钮退出对话框，按Ctrl+Alt+G组合键执行"创建剪贴蒙版"操作，得到如图6.130所示的效果，同时得到"渐变填充 2"。

图6.127 输入主题文字

图6.128 调整形状后的效果

图6.129 "渐变填充"对话框

图6.130 应用填充图层后的效果

提 示

在"渐变填充"对话框中，设置从左至右各色标的颜色值分别为d7d7d7、8e8e8e、e1e1e1，不透明度色标值依次为0%、100%、0%。

05 选择图层"渐变填充 1"，设置前景色的颜色值为383838。选择"钢笔工具" 📝，在工具选项栏中选择"形状"选项，绘制数字"3"立体效果的右侧面，得到如图6.131所示的效果，并得到图层"形状 1"。选择文字图层"3"，在"图层"面板底部单击"添加图层样式"按钮 *fx.*，在弹出的菜单中选择"描边"命令，在弹出的对话框中设置参数，单击"确定"按钮，得到如图6.132所示的效果。

图6.131 绘制文字形状

图6.132 "描边"图层样式参数设置及应用后的效果

06 保持上一步骤的设置，更改前景色的颜色值为878787，继续绘制数字"3"立体效果右侧面上的反光形状，得到如图6.133所示的效果，并得到图层"形状 2"。打开随书所附光盘中的文件"第6章\6.4\素材.asl"，执行"窗口"|"样式"命令，弹出"样式"面板，选择刚打开的样式（通常显示在面板中的最后），为当前图层应用样式，此时的图像效果如图6.134所示。

07 更改前景色的颜色值为383838，在工具选项栏中选择"合并形状"选项 🔲，继续绘制数字"3"立体效果的左侧面，得到如图6.135所示的效果，并得到图层"形状 3"。

图6.133 绘制反光形状

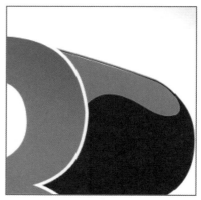

图6.134 应用样式后的效果

图6.135 在文字的左侧绘制形状

08 选择"钢笔工具" 📝，在工具选项栏中选择"路径"选项，在数字"3"的下横截面上绘制路径，效果如图6.136所示。重复步骤**02**的操作，执行"渐变填充"命令，在弹出的对话框中设置参数，单击"确定"按钮，得到如图6.137所示的效果，并得到图层"渐变填充 3"。

图6.136 在下横截面上绘制路径

图6.137 "渐变填充"对话框参数设置及应用后的效果

提 示

在"渐变填充"对话框中，设置渐变各色标的颜色值为626262、383838。

09 复制"渐变填充 3"得到图层"渐变填充 3 副本"。结合"路径选择工具" [▶] 和"直接选择工具" [▷] 调整新复制出的形状，并将其放置于数字"3"的上横截面上，得到如图6.138所示的效果。

图6.138 复制渐变填充形状后的效果

10 选择图层"形状 1"，按住Shift键单击图层"渐变填充 2"的图层名称，以将二者之间的图层选中，按Ctrl+G组合键将选中的图层编组，得到"组1"，此时的"图层"面板如图6.139所示。

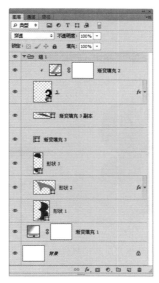

图6.139 "图层"面板

提 示

为了方便图层的管理，笔者在此对制作文字的图层执行了编组操作。在下面的操作中，笔者也对各部分执行了编组的操作，在步骤中不再叙述。下面开始制作不规则立体形状，首先制作立体形状的正右侧面。立体形状的制作是为后面立体文字的制作做基础。

11 选择"组 1"，设置前景色的颜色值为6bbcd2，重复步骤05的操作，制作数字"3"右下方的蓝色形状，效果如图6.140所示，同时得到图层"形状 4"。

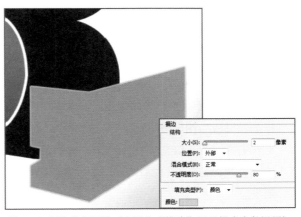

图6.140 制作蓝色形状（右图为"描边"图层样式参数设置）

提 示

在"描边"图层样式参数设置中，设置色块的颜色值为9efcfd。

12 选择"组 1"，重复步骤08的操作，制作立体形状的顶面。结合路径及"渐变"填充图层，制作渐变效果，效果如图6.141所示，同时得到"渐变填充4"。利用"描边"图层样式制作图像的描边效果，效果如图6.142所示。

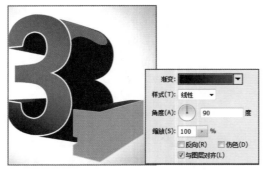

图6.141 "渐变填充"对话框参数设置及应用后的效果

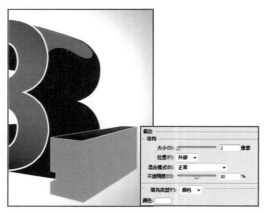

图6.142 "描边"图层样式参数设置及应用后的效果

提 示

在"渐变填充"对话框中，设置渐变各色标的颜色值为012f45、0d6688。

13 选择图层"形状 4"，重复步骤**08**的操作，制作方体形状右侧面的反光效果，"渐变填充"对话框参数设置如图6.143所示，单击"确定"按钮，得到图层"渐变填充 5"，按Ctrl+Alt+G组合键执行"创建剪贴蒙版"操作，得到如图6.144所示的效果。

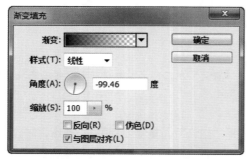

图6.143 "渐变填充"对话框

图6.144 应用填充图层后的效果

提 示

在"渐变填充"对话框中，设置渐变各色标的颜色值从左至右为001a4d、266e99，不透明度色标从左至右为不透明到透明。

14 重复步骤**08**的操作，制作方体形状右侧面的反光效果，"渐变填充"对话框中的参数设置如图6.145所示，单击"确定"按钮，得到图层"渐变填充 6"，按Ctrl+Alt+G组合键执行"创建剪贴蒙版"操作，得到如图6.146所示的效果。

图6.145 "渐变填充"对话框

图6.146 应用填充图层后的效果

提 示

在"渐变填充"对话框中，设置渐变各种色标的颜色值为002444、02c5de。

15 结合形状工具、路径、"渐变"填充图层、图层样式及剪贴蒙版等功能，制作反光效果及蓝色形状上方的立方条效果，效果如图6.147所示，此时的"图层"面板如图6.148所示。

图6.147 制作反光效果及立方条效果

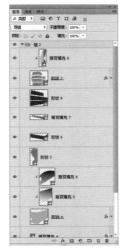

图6.148 "图层"面板

 提 示

本步骤中关于"渐变填充"及"图层样式"对话框中的参数设置，请参考本例随书所附光盘中的最终效果源文件。在下面的操作中，会多次应用这些功能，笔者不再进行相关参数的提示。下面通过使用"画笔工具" ☑ 绘制路径并描边路径，以及添加图层样式，制作立方体的立体折线效果。

16 选择图层"渐变填充 8"，新建图层，得到"图层1"，并按Ctrl+Alt+G组合键创建剪贴蒙版，设置此图层的混合模式为"叠加"。设置前景色为白色，选择"画笔工具" ☑，在工具选项栏中设置合适的画笔大小和不透明度，在右侧立方块上进行涂抹，制作立方块的反光效果，效果如图6.149所示。

图6.149 制作反光效果

17 新建图层，得到"图层 2"。选择"钢笔工具" ☑，在工具选项栏中选择"路径"选项和"合并形状"选项 ☑，沿着立方体的转折面绘制路径，效果如图6.150所示。

图6.150 沿着立方体的转折面绘制路径

18 切换到"路径"面板，双击"工作路径"名称，在弹出的"存储路径"对话框中单击"确定"按钮确认操作，得到"路径 7"。设置前景色为白色，选择"画笔工具" ☑，在工具选项栏中设置画笔"大小"为3像素，"硬度"为100%。在"路径"面板底部单击"用画笔描边路径"按钮 ○，然后单击"路径"面板中的空白区域以隐藏路径，得到如图6.151所示的效果。

图6.151 描边路径后的效果

19 切换回"图层"面板,选择"图层 2",利用"外发光"图层样式制作图像的发光效果,效果如图6.152所示。

图6.152 应用图层样式后的效果

20 在"图层"面板底部单击"添加图层蒙版"按钮 □,为"图层 2"添加图层蒙版。设置前景色为黑色,选择"画笔工具" ☑,在工具选项栏中设置适当的画笔大小及不透明度,在图层蒙版中进行涂抹,以使边缘柔和,直至得到如图6.153所示的效果。

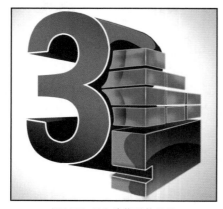

图6.153 柔和边缘后的效果

提 示

至此,主题图像已制作完成。下面制作辅助图像。

21 选择图层"渐变填充 1",参考上面的操作,继续进行绘制,得到如图6.154所示的效果,得到"图层 3"~"图层 5"、图层"渐变填充 9"~"渐变填充 14"、图层"形状 8"和"形状 9",以及图层"Follow"、图层"M"、图层"e"、图层"Doing",此时的"图层"面板如图6.155所示。

图6.154 继续绘制图像后的效果

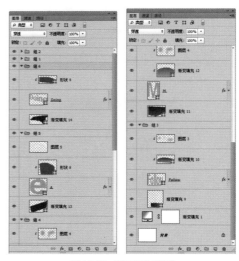

图6.155 "图层"面板

提 示

下面制作附在立方体形状上的透视文字效果,并使用"画笔工具" ☑制作亮点效果,以完成制作。

22 选择"组 2",结合文字工具、图层样式、"画笔工具" ☑以及复制图层等功能,制作透视文字"Design"及亮点效果,效果如图6.156所示,最终效果如图6.157所示,此时的"图层"面板如图6.158所示。

图6.156 制作文字及亮点效果

图6.157 最终效果

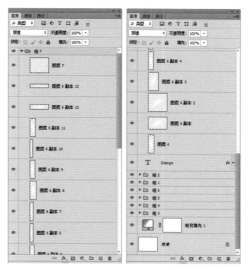

图6.158 "图层"面板

第7章

烟雾质感

　　烟雾是非常常见的一种质感，透彻地掌握烟雾元素的用法，可以为以后的设计工作奠定坚实的基础。本章将通过3个案例来讲解烟雾质感的模拟与应用，希望读者学习后能够制作出更多的烟雾效果。

7.1 现代中国之美公益宣传海报设计

本例在视觉上给观者以优雅、清新的感觉，加上黑色文字"古典中国秉承现代之美"，体现出"古典中国、气质中国、现代中国、美在中国"的特色。

核心技能：

- 应用"渐变"填充图层，制作画面中的渐变效果。
- 结合变换功能调整图像的大小、角度及位置等属性。
- 设置图层的属性以融合图像。
- 利用图层蒙版功能隐藏不需要的图像。
- 添加"外发光"图层样式，制作图像的发光效果。

- 应用"矩形工具" ▣ 绘制图像。
- 应用"涂抹工具" ❷ 制作不规则图像效果。
- 应用文字工具输入文字。
- 应用"画笔工具" ✐ 修饰图像效果。

原始素材 光盘\第7章\7.1\素材1.psd、素材2.psd

最终效果 光盘\第7章\7.1\7.1.psd

01 按Ctrl+N组合键新建一个文件，在弹出的对话框中设置参数，如图7.1所示，单击"确定"按钮，创建一个新的空白文件。

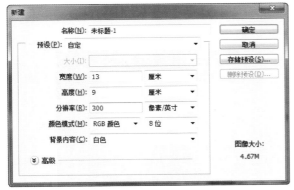

图7.1 "新建"对话框

提 示

下面应用"渐变"填充图层，制作背景中的渐变效果。

02 在"图层"面板底部单击"创建新的填充或调整图层"按钮 ❷，在弹出的菜单中选择"渐变"命令，在弹出的对话框中设置参数，如图7.2所示，单击"确定"按钮，得到如图7.3所示的效果，同时得到图层"渐变填充 1"。

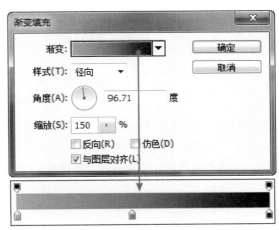

图7.2 "渐变填充"对话框

215

右键，在弹出的菜单中选择"水平翻转"命令，并
向左下方移动图像的位置，按Enter键确认操作，
得到的效果如图7.7所示。

提 示

在"渐变填充"对话框中，设置渐变各色标的颜色
值从左至右分别为3cc3d6、208eab和0b0c2e。对于需要
绘制渐变效果的位置，应在未退出"渐变填充"对话框
前应用"移动工具" 进行调整。

03 打开随书所附光盘中的文件"第7章\7.1\素材
1.psd"，使用"移动工具" 将其拖至制作文件
中，并置于文件画布右下角的位置，得到的效果如
图7.4所示，同时得到"图层 1"。

图7.3 应用填充图层后的效果

图7.4 调整图像后的效果

提 示

下面利用素材图像，结合图层混合模式及图层蒙版
等功能，制作烟效果。

04 打开随书所附光盘中的文件"第7章\7.1\素材
2.psd"，使用"移动工具" 将其拖至制作文件
中，并置于杯子图像的上方，效果如图7.5所示，
得到"图层 2"，设置当前图层的混合模式为"滤
色"，得到的效果如图7.6所示。

05 复制"图层 2"，得到"图层 2 副本"，按Ctrl+T
组合键调出自由变换控制框，在控制框内单击鼠标

图7.5 摆放图像

图7.6 设置图层混合模式后的效果

图7.7 复制及调整图像后的效果

06 在"图层"面板底部单击"添加图层蒙版"按钮 ▣ ，为"图层 2 副本"添加图层蒙版。设置前景色为黑色，选择"画笔工具" ☑ ，在工具选项栏中设置适当的画笔大小及不透明度，在图层蒙版中进行涂抹，以将部分图像隐藏起来，直至得到如图7.8所示的效果，此时图层蒙版中的状态如图7.9所示。

图7.8 添加图层蒙版并进行涂抹后的效果

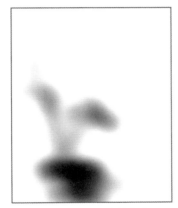

图7.9 图层蒙版中的状态

07 按照步骤05~06的操作方法，结合复制图层、变换图像及图层蒙版功能，完善烟效果，效果如图7.10所示此时的"图层"面板如图7.11所示。

图7.10 完善烟效果

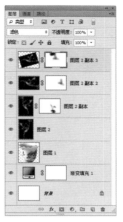

图7.11 "图层"面板

08 设置前景色为白色，新建图层，得到"图层 3"，选择"画笔工具" ☑ ，在工具选项栏中设置画笔为"硬边圆4像素"，"不透明度"为100%，在画布的上方绘制类似图7.12所示的不规则线条。

图7.12 绘制线条

09 下面为图像添加发光效果。在"图层"面板底部单击"添加图层样式"按钮 fx. ，在弹出的菜单中选择"外发光"命令，在弹出的对话框中设置参数，如图7.13所示，单击"确定"按钮，得到如图7.14所示的效果。

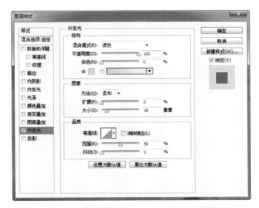

图7.13 "外发光"图层样式参数设置

图7.14 应用图层样式后的效果

提 示

在"外发光"图层样式参数设置中，设置色块的颜色值为d0d0d0。

10 下面制作模糊图像效果。执行"滤镜"|"模糊"|"高斯模糊"命令，在弹出的对话框中设置"半径"为3.2像素，单击"确定"按钮，得到如图7.15所示的效果。设置"图层3"的不透明度为86%。

图7.15 应用"高斯模糊"命令后的效果

提 示

下面制作线条下方的烟效果，以丰富画面。

11 新建图层，得到"图层 4"，设置前景色为白色，选择"矩形工具" ▢，在工具选项栏中选择"像素"选项，在画布的上方绘制如图7.16所示的白色矩形。

12 选择"涂抹工具" ✐，在工具选项栏中设置画笔"大小"为50像素的柔边圆画笔，"模式"为"正常"，"强度"为50%，在上一步绘制得到的白色

图像上向上方进行拖动，以制作凸起的图像效果，如图7.17所示。

图7.16 绘制矩形

图7.17 向上涂抹后的效果

13 继续使用"涂抹工具" ✐，以白色底线为基础向下拖动，以制作波浪线效果，效果如图7.18所示。继续使用"涂抹工具" ✐，向左右涂抹上方的凸起部分，得到的效果如图7.19所示。

图7.18 向下涂抹后的效果

14 按照步骤06的操作方法，应用"画笔工具" ✐，结合图层蒙版功能，为"图层 4"添加图层蒙版，以渐隐部分图像，得到的效果如图7.20所示。设置当前图层的"不透明度"为50%，得到的效果如图7.21所示。

图7.19 左右涂抹后的效果

图7.20 添加图层蒙版并进行涂抹后的效果

图7.21 设置图层属性后的效果

提 示

　　下面结合形状工具及文字工具，在画布中绘制形状及输入相关说明文字，以完成制作。

15 设置前景色的颜色值为003642，选择"钢笔工具" ，在工具选项栏中选择"形状"选项，在画布的左侧绘制如图7.22所示的形状，得到图层"形状 1"。按Ctrl+Alt+T组合键调出自由变换并复制控制框，在控制框内单击鼠标右键，在弹出的菜单中选择"水平翻转"命令，按Shift键水平向右移动形状的位置，按Enter键确认操作，得到的效果如图7.23所示。

16 设置不同的前景色，结合文字工具在上一步得到的形状内输入相关说明文字，得到的最终效果如图7.24所示此时的"图层"面板如图7.25所示。

图7.22 绘制形状

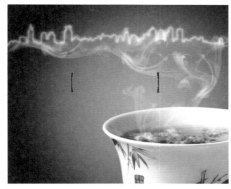

图7.23 调整形状后的效果

图7.24 最终效果

图7.25 "图层"面板

提 示

　　在本步骤操作过程中，没有给出文字的颜色值，读者可依自己的审美喜好进行颜色的搭配。

7.2 云龙在天特效图像表现

本例最为突出的特点是展现了云龙在天的磅礴气势，背景以多幅素材图像进行处理后融合在一起，突出了夕阳美景。通过处理云彩素材图像并将其赋予龙素材图像，制作云龙在天的效果，通过图层蒙版及混合选项等功能来处理云彩图像。

核心技能：

> 设置图层属性以混合图像。

> 利用混合颜色带融合图像。

> 利用图层蒙版功能隐藏不需要的图像。

> 应用"变形"功能调整图像的形态。

> 应用"曲线"调整图层调整图像的色彩。

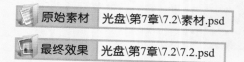

原始素材　光盘\第7章\7.2\素材.psd

最终效果　光盘\第7章\7.2\7.2.psd

---

01 打开随书所附光盘中的文件"第7章\7.2\素材.psd"，其中包括此例的所有素材，其"图层"面板如图7.26所示。隐藏除图层"背景"及图层"素材1"以外的所有图层，效果如图7.27所示，并将图层"素材1"重命名为"图层1"。

图7.27 素材图像显示效果

02 显示图层"素材2"，如图7.28所示，并将其重命名为"图层2"。显示图层"素材3"，如图7.29所示，并将其重命名为"图层3"。

03 执行"滤镜"|"模糊"|"高斯模糊"命令，在弹出的对话框中设置"半径"为18.6像素，单击"确定"按钮，得到如图7.30所示的效果。设置"图层3"的混合模式为"强光"，此时的"图层"面板如图7.31所示。

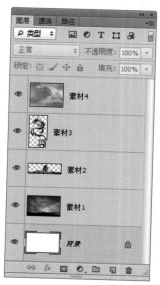

图7.26 "图层"面板

图7.28 素材图像

图7.29 素材图像

图7.30 应用"高斯模糊"命令后的效果

图7.31 "图层"面板

提 示

应用"高斯模糊"命令的目的是，为制作云龙在天的图像效果进行铺垫，以方便下面的操作。下面通过设置混合选项及添加图层蒙版，来处理云彩素材图像，以制作云龙在天的效果，首先制作龙头及龙尾。

04 显示图层"素材4"，按Ctrl+T组合键调出自由变换控制框，按住Shift键向变换控制框外部拖动控制手柄，以等比例缩放图像，按Enter键确认变换操作，使用"移动工具" ，将素材图像移动至如图7.32所示的。

图7.32 调整素材图像后的效果

05 将图层"素材4"重命名为"图层 4"。在"图层"面板底部单击"添加图层样式"按钮 fx.，在弹出的菜单中选择"混合选项"命令，在弹出的对话框中设置参数，如图7.33所示，得到如图7.34所示的效果。

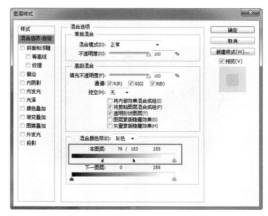

图7.33 "混合选项"参数设置

提 示

在"混合选项"参数设置中，按住Alt键向右侧拖动"混合颜色带"下方的"本图层"颜色带上的黑色滑块。

图7.34 应用"混合选项"命令后的效果

06 在"图层"面板底部单击"添加图层蒙版"按钮
▣，为"图层 4"添加图层蒙版。设置前景色为
黑色，选择"画笔工具" ✍，在工具选项栏中设
置适当的画笔大小及不透明度，在图层蒙版中进行
涂抹，将云彩以外的图像隐藏起来，直至得到如图
7.35所示的效果，图层蒙版中的状态如图7.36所示。

图7.35 添加图层蒙版并进行涂抹后的效果

图7.36 图层蒙版中的状态

07 按Ctrl+J组合键复制"图层 4"，得到"图层 4 副
本"。选择"移动工具" ⊕，将副本图像移至龙
尾位置，效果如图7.37所示。按Ctrl+T组合键调出

自由变换控制框，按住Shift键向变换控制框内部拖
动控制手柄，以等比例缩小"图层 4 副本"中的图
像，直至得到如图7.38所示的效果，按Enter键确认
变换操作。

图7.37 复制图像并移动位置后的效果

图7.38 调整图像后的效果

08 更改"图层 4 副本"的图层蒙版状态，得到如图7.39
所示的效果。按Ctrl+J组合键复制"图层 4 副本"，
得到"图层 4 副本 2"，选择"移动工具" ⊕，将
新的副本图像移至如图7.40所示的位置。

图7.39 编辑图层蒙版后的效果

图7.40 复制图像并移动位置后的效果

 提 示

　　在为"图层 4 副本"编辑图层蒙版时，要选中其图层蒙版缩览图，然后按住Ctrl键单击"图层 2"的图层缩览图以载入其选区，再在图层蒙版中进行涂抹，以将覆盖建筑图像的云彩隐藏起来。

09 按Ctrl+T组合键调出自由变换控制框，在控制框中单击鼠标右键，在弹出的菜单中选择"变形"命令，调整各个控制点，得到类似图7.41所示的状态，按Enter键确认变换操作。

图7.41 变形中的状态

 提 示

　　在处理"图层 4 副本 2"中的云彩图像时，除了应用"变形"命令外，还可以使用"涂抹工具" 及"扭曲"命令，将云彩图像进行变形，以得到需要的效果。

10 编辑"图层 4 副本 2"的图层蒙版状态，得到如图7.42所示的效果，此时的"图层"面板如图7.43所示。

图7.42 编辑图层蒙版后的效果

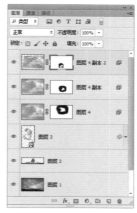

图7.43 "图层"面板

 提 示

　　在为"图层 4 副本 2"编辑图层蒙版时，只需将多余的云彩图像隐藏起来即可。下面制作龙身效果。

11 按Ctrl+J组合键复制"图层 4"，得到"图层 4 副本 3"，并将其移至"图层 4 副本 2"的上方，选择"移动工具" ，将新复制的图像移至龙身即建筑图像上方如图7.44所示的位置。

223

图7.44 复制并移动图像位置的效果

12 按Ctrl+T组合键调出自由变换控制框，在控制框中单击鼠标右键，在弹出的菜单中选择"水平翻转"命令，得到如图7.45所示的效果；在控制框中单击鼠标右键，在弹出的菜单中选择"垂直翻转"命令，得到如图7.46所示的效果，按Enter键确认变换操作。

图7.45 水平翻转后的效果

图7.46 垂直翻转后的效果

13 使用"移动工具" [移动工具图标]，将变换后的图像移至龙身上如图7.47所示的位置。编辑图层蒙版状态，将覆盖建筑图像的云彩隐藏，得到如图7.48所示的效果，此时的"图层"面板如图7.49所示整体效果如图7.50所示。

图7.47 移动到合适位置后的效果

提示

在编辑图层蒙版时，将覆盖建筑图像的云彩隐藏，即红色椭圆标示位置，使其具有前后层次感，形成围绕建筑的云龙效果。

图7.48 编辑图层蒙版后的效果

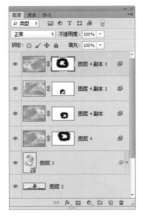

图7.49 "图层"面板

图7.50 整体效果

提示

编辑图层蒙版的方法与上面讲解的操作方法相同，读者也可以涂抹出更好的效果。下面调整云龙在天的细节效果。

14 选择"图层 4 副本 3",按住Shift键单击"图层 4"的图层名称以将二者之间的图层选中,按Ctrl+Alt+E组合键执行"盖印"操作,从而将选中图层中的图像合并至一个新图层中,并将其重命名为"图层 5"。隐藏选中的图层,此时的"图层"面板如图7.51所示。

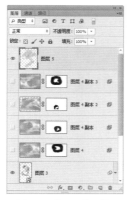

图7.51 "图层"面板

15 在"图层"面板底部单击"添加图层蒙版"按钮 □ ,为"图层 5"添加图层蒙版。设置前景色为黑色,选择"画笔工具" □ ,在工具选项栏中设置适当的画笔大小及不透明度,在图层蒙版中进行涂抹,以将龙形两侧过于累赘的云彩图像隐藏起来,直至得到如图7.52所示的效果,图层蒙版中的状态如图7.53所示。

图7.52 隐藏图像后的效果

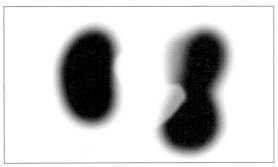

图7.53 图层蒙版中的状态

16 按Ctrl+J组合键复制"图层 5",得到"图层 5 副本",设置其"不透明度"为53%,得到如图7.54所示的效果。

图7.54 设置图层属性后的效果

 提 示

复制图层的目的,是为了使龙形效果更加明确,且过渡自然,能很好地与背景融合在一起。下面调整画面效果。

17 选择"图层 1"为当前工作层,新建图层得到"图层 6",设置前景色为黑色,选择"画笔工具" □ ,在工具选项栏中设置适当的画笔大小及不透明度,在当前画面四周进行涂抹以加深图像效果,直至得到如图7.55所示的效果。

图7.55 涂抹黑色后的效果

 提 示

使用"画笔工具" □ 涂抹的目的,是突显云龙在天的效果,而且整个画面缺少暗调,在画面四周涂抹可以解决此问题。

18 设置"图层 6"的混合模式为"柔光","不透

明度"为41%，得到如图7.56所示的效果，此时的
"图层"面板如图7.57所示。

作品，得到如图7.60所示的最终效果，此时的"图
层"面板如图7.61所示。

图7.56 设置图层属性后的效果

图7.59 应用调整图层后的效果

图7.57 "图层"面板

 提 示

在当前画布最上方文字左右两侧的形状，其绘制的
方法是，在中文输入模式下，按键盘上的"["键。另
外，个别文字图层设置了相应的图层属性及应用了图
层样式，其操作方法非常简单，在这里不再详细讲解
操作步骤，读者可以参考本例随书所附光盘最终效果
源文件。

提 示

下面通过创建调整图层，来调整画面的整体色调。

图7.60 最终效果

19 选择"图层 5 副本"为当前工作层，在"图层"
面板底部单击"创建新的填充或调整图层"按钮
，在弹出的菜单中选择"曲线"命令，得到图
层"曲线 1"，在"属性"面板中设置参数，如图
7.58所示，得到如图7.59所示的效果。

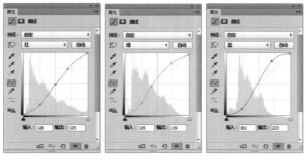

图7.58 "曲线"参数设置

20 使用"横排文字工具" 并结合形状工具，在当
前画布中输入相关性文字及绘制装饰形状以完成

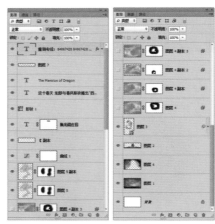

图7.61 "图层"面板

7.3 七彩迷雾显示器宣传壁纸设计

本例是以七彩迷雾显示器为主题的宣传壁纸设计作品。在制作过程中，主要以处理环绕显示器的彩带效果为核心内容，显示器后面彩色发光体也是本例要掌握的学习重点。另外，覆盖彩带的星光及炫光效果会使整个画面更显得光彩夺目。

核心技能：

> 应用"渐变"填充图层制作图像的渐变效果。

> 利用"再次变换并复制"操作制作规则的图像。

> 设置图层属性以混合图像。

> 利用图层蒙版功能隐藏不需要的图像。

> 应用"变形"功能使图像变形。

> 添加"颜色叠加"图层样式，更改图像的色彩。

> 结合"画笔工具"及特殊画笔素材绘制图像。

原始素材　光盘\第7章\7.3\素材1.psd~素材4.psd、素材5.abr

最终效果　光盘\第7章\7.3\7.3.psd

01 按Ctrl+N组合键新建一个文件，在弹出的对话框中设置参数，如图7.62所示，单击"确定"按钮退出对话框，创建一个新的空白文件。按Ctrl+I组合键执行"反相"操作，将背景色反相为黑色。

图7.62 "新建"对话框

02 在"图层"面板底部单击"创建新的填充或调整图层"按钮，在弹出的菜单中选择"渐变"命令，在弹出的对话框中设置参数，如图7.63所示，单击"确定"按钮，得到如图7.64所示的效果，同时得到图层"渐变填充 1"。

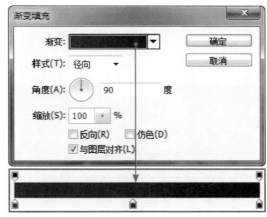

图7.63 "渐变填充"对话框

提 示

在"渐变填充"对话框中，设置渐变各色标的颜色值从左至右分别为1b2652、1b223f和090e21。如果对得到的渐变效果的位置不满意，可以在未退出"渐变填充"对话框前应用"移动工具"进行调整。下面制作右侧的彩圈效果。

227

图7.64 应用填充图层后的效果

03 再次单击"创建新的填充或调整图层"按钮 ，
在弹出的菜单中选择"渐变"命令，在弹出的对话
框中设置参数如图7.65所示，在画布中使用"移动
工具" 调整渐变效果的位置，单击"确定"按
钮退出对话框，得到如图7.66所示的效果，同时得
到图层"渐变填充 2"。

图7.65 "渐变填充"对话框

图7.66 应用填充图层后的效果

提 示

在"渐变填充"对话框中，设置渐变各色标的颜
色值从左至右分别为d598e2、fffc00、95fab5、74eef9、
c982f6和fbfbfb。

228

04 设置前景色为白色，选择"钢笔工具" ，在工
具选项栏中选择"形状"选项，在画布的右上方绘
制如图7.67所示的形状，得到图层"形状 1"。

图7.67 绘制形状

05 按Ctrl+Alt+T组合键调出自由变换并复制控制框，
将控制框内的变换中心点移至下方中间的控制手
柄上，在工具选项栏中设置旋转角度为15°。按
Enter键确认操作。按Alt+Ctrl+Shift+T组合键多次
执行"再次变换并复制"操作，得到如图7.68所示
的效果。

图7.68 再次变换并复制后的效果

06 设置图层"形状 1"的混合模式为"叠加"，
"不透明度"为30%，以混合图像，得到的效果
如图7.69所示。设置图层"渐变填充 2"的混合
模式为"强光"，以混合图像，得到的效果如图
7.70所示。

图7.69 设置图层属性后的效果

图7.70 设置图层混合模式后的效果

07 在"图层"面板底部单击"添加图层蒙版"按钮 ▢ ，为图层"形状 1"添加图层蒙版。设置前景色为黑色，选择"渐变工具" ▣ ，在工具选项栏中单击"径向渐变"按钮 ▣ ，并选中"反向"复选框，在画布中单击鼠标右键，在弹出的"渐变"拾色器中选择渐变为"前景色到透明渐变"，在图层蒙版中从渐变圈的中心至左侧边缘绘制渐变，得到的效果如图7.71所示。

图7.71 添加图层蒙版并绘制渐变后的效果

 提 示

下面结合"画笔工具" ✎ 及图层属性功能，制作渐变圈上的红光效果。

08 选择图层"渐变填充 1"，新建图层，得到"图层 1"，设置此图层的混合模式为"颜色减淡"。设置前景色的颜色值为ff0000，选择"画笔工具" ✎ ，在工具选项栏中设置适当的画笔大小及不透明度，在渐变圈上进行涂抹，直至得到如图7.72所示的效果，此时的"图层"面板如图7.73所示。

图7.72 涂抹后的效果

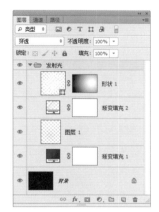

图7.73 "图层"面板

提 示

本步骤中为了方便图层的管理，在此将制作发射光的图层选中，按Ctrl+G组合键执行"图层编组"操作，得到"组 1"，并将其重命名为"发射光"。在下面的操作中，笔者也对各部分执行了"图层编组"操作，在步骤中不再叙述。下面添加显示器图像。

09 收拢图层组"发射光"，打开随书所附光盘中的文件"第7章\7.3\素材1.psd"，按Shift键使用"移动工具" ▶ 将其拖至制作文件中，得到的效果如图7.74所示，同时得到图层组"显示器"。

图7.74 拖入图像后的效果

提 示

　　本步骤中笔者是以图层组的形式给出的素材，由于其操作非常简单，在叙述上略显繁琐，读者可以参考本例随书所附光盘中的最终效果源文件进行参数设置，展开图层组即可观看到操作的过程。下面制作彩带。

10 打开随书所附光盘中的文件"第7章\7.3\素材2.psd"，使用"移动工具" 将其拖至制作文件中，得到"图层 2"。在此图层的图层名称上单击鼠标右键，在弹出的菜单中选择"转换为智能对象"命令，从而将其转换成为智能对象图层。

提 示

　　转换为智能对象图层的目的是，在后面将对"图层2"中的图像进行变形操作，而智能对象图层可以记录下所有的变形参数，以便于进行反复的调整。

11 按Ctrl+T组合键调出自由变换控制框，按Shift键向内拖动控制手柄以缩小"图层 2"中的图像，并将其置于显示器的下方，在控制框内单击鼠标右键，在弹出的菜单中选择"垂直翻转"命令，并顺时针旋转角度，然后在控制框内单击鼠标右键，在弹出的菜单中选择"变形"命令，在控制区域内进行拖动，使图像变形，如图7.75所示，按Enter键确认操作。

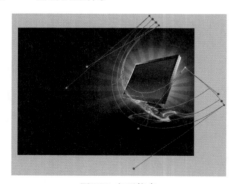

图7.75 变形状态

12 在"图层"面板底部单击"添加图层样式"按钮 ，在弹出的菜单中选择"颜色叠加"命令，在弹出的对话框中设置参数，如图7.76所示，单击"确定"按钮，得到的效果如图7.77所示。

提 示

　　在"颜色叠加"图层样式参数设置中，设置色块的颜色值为48ff00。

图7.76 "颜色叠加"图层样式参数设置

图7.77 应用图层样式后的效果

13 复制"图层 2"，得到"图层 2 副本"。按照步骤 **11** 的操作方法，应用自由变换控制框调整副本图像的大小、方向、位置以及外形，得到的效果如图7.78所示。

图7.78 复制及调整图像后的效果

提 示

要想查看变形的状态，可以按Ctrl+T组合键调出自由变换控制框，在控制框内单击鼠标右键，在弹出的菜单中选择"变形"命令。在下面的操作中，笔者也将变形图像的图层转换成了智能对象图层，在步骤中不再进行相关的提示。

14 在"图层"面板底部单击"添加图层蒙版"按钮 ｜◻｜，为"图层 2 副本"添加图层蒙版。设置前景色为黑色，选择"画笔工具" ✐，在工具选项栏中设置适当的画笔大小及不透明度，在图层蒙版中进行涂抹，以将左上方的图像隐藏起来，直至得到如图7.79所示的效果，此时的"图层"面板如图7.80所示。

图7.79 添加图层蒙版并进行涂抹后的效果

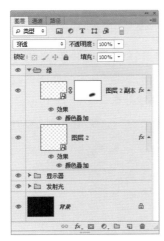

图7.80 "图层"面板

15 收拢图层组"绿"，按照上一步的操作方法，为当前的图层组添加图层蒙版。使用"画笔工具" ✐ 在图层蒙版中进行涂抹，以将边缘的图像隐藏起来，得到的效果如图7.81所示。

图7.81 添加图层蒙版并进行涂抹后的效果

16 选择图层组"显示器"，按照上面所讲解的操作方法，结合素材图像、变形、图层样式、图层蒙版及图层属性等功能，制作其他不同色彩的彩带效果，效果如图7.82所示此时的"图层"面板如图7.83所示。

图7.82 制作多条彩带效果

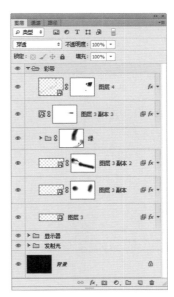

图7.83 "图层"面板

提示

本步骤中使用的素材为随书所附光盘中的文件"第7章\7.3\素材3.psd和素材4.psd";设置"图层3"及其副本图层的混合模式为"颜色减淡";关于"图层样式"对话框中的参数设置,请参考本例随书所附光盘中的最终效果源文件("图层3"及其副本图层在"混合选项"参数设置中还选中了"将内部效果混合成组"复选框)。

提示

在制作过程中,需要注意各图层间的顺序。下面制作彩光效果。

17 收拢图层组"彩带",选择图层组"显示器",按照步骤**08**的操作方法,结合"画笔工具"及图层属性功能,制作显示器及其左侧的红黄彩光效果,效果如图7.84所示,图7.85所示为单独显示本步骤制作的图像效果,得到"图层5"和"图层6"。

图7.84 调整后的效果

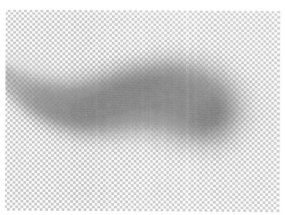

图7.85 单独显示的图像效果

提示

本步骤中设置"图层5"和"图层6"的混合模式为"柔光"。在本步骤操作过程中,笔者没有给出图像的颜色值,读者可依自己的审美喜好进行颜色的搭配。在下面的操作中,笔者不再进行颜色的提示。下面制作眩光效果。

18 选择图层组"彩带",新建"图层7",选择"吸管工具",在黄色彩带上单击以吸取颜色。打开随书所附光盘中的文件"第7章\7.3\素材5.abr",选择"画笔工具",在画布中单击鼠标右键在弹出的"画笔预设"选取器中选择刚刚打开的画笔,在黄色彩带上进行涂抹,得到的效果如图7.86所示。

图7.86 涂抹后的效果

19 按照上一步的操作方法,使用"吸管工具"在其他彩带上单击以吸取颜色,并在相应的彩带上进行涂抹,得到的效果如图7.87所示。图7.88所示为单独显示步骤**18**至本步骤制作效果及图层"背景"时的图像效果。

图7.87 涂抹其他彩带后的效果

图7.88 单独显示的图像效果

20 在"图层"面板底部单击"添加图层样式"按钮 |*fx.*|，在弹出的菜单中选择"外发光"命令，在弹出的对话框中设置参数如图7.89所示，单击"确定"按钮，得到的效果如图7.90所示。

图7.89 "外发光"图层样式参数设置

图7.90 应用图层样式后的效果

 提 示

　　至此，眩光效果已制作完成。下面制作文字效果，并对整体图像进行调整。

21 分别设置前景色的颜色值为dcc929和000000（黑色），选择"横排文字工具" |T|，在工具选项栏中设置适当的字体和字号，在黄色彩带的上方及画布的左上角输入文字，效果如图7.91所示，得到相应的文字图层"KS L2245w"和"KS 显示器"。

图7.91 输入文字

22 按Ctrl+Alt+Shift+E组合键执行"盖印"操作，从而将当前所有可见的图像合并至一个新图层中，得到"图层 8"。执行"滤镜"｜"模糊"｜"高斯模糊"命令，在弹出的对话框中设置"半径"为8像素，单击"确定"按钮，得到如图7.92所示的效果。

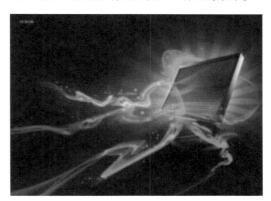

图7.92 应用"高斯模糊"命令后的效果

23 设置"图层 8"的混合模式为"滤色"，"不透明度"为40%，以混合图像，得到的效果如图7.93所示。复制"图层 8"，得到"图层 8 副本"，更改此图层的混合模式为"柔光"，得到的效果如图7.94所示。

图7.93 设置图层属性后的效果

233

图7.94 复制图层及更改图层属性后的效果

24 按Ctrl+Alt+Shift+E组合键执行"盖印"操作，得到"图层9"。执行"滤镜"|"锐化"|"USM锐化"命令，在弹出的对话框中设置参数，如图7.95所示，单击"确定"按钮，如图7.96所示为应用"USM锐化"命令前后的对比效果。

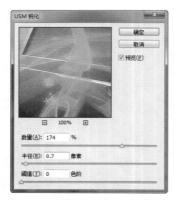

图7.95 "USM锐化"对话框

图7.96 应用"USM锐化"命令前后的对比效果（左图为应用前的效果，右图为应用后的效果）

25 至此，完成本例的操作，最终效果如图7.97所示，此时的"图层"面板如图7.98所示。

图7.97 最终效果

图7.98 "图层"面板

第8章

皮革布料质感

　　皮革、布料制品像工艺品一样，加工时精雕细刻，丝丝入扣。要模拟此类质感，通常是直接模拟整体的纹理状态。例如，要模拟皮革质感，可以以皮革实物为依据，然后利用Photoshop中强大的图像处理功能，模拟出类似的图像效果。

　　本章将通过3个案例来讲解一些常见且常用的皮革、布料材质质感的表现方法，如牛仔裤质感、呢制西裤质感等。

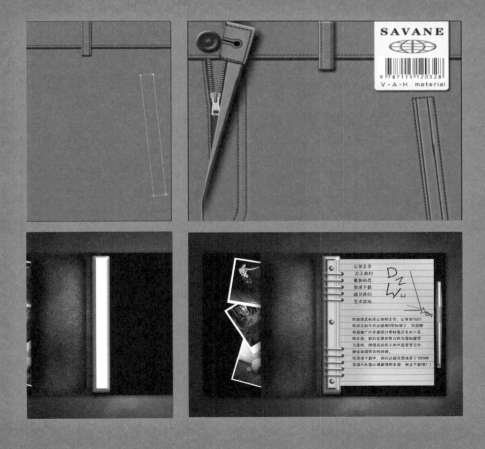

8.1 牛仔裤质感模拟

本例模拟的是仿旧牛仔裤质感。在制作过程中，除了要模拟牛仔裤本身的质感外，正需要拥有一定的美术基础，以求在制作过程中能够出色地表现出牛仔裤本身的立体感。

核心技能：

➤ 应用滤镜功能制作特殊的纹理效果。

➤ 使用形状工具绘制形状。

➤ 应用"定义图案"命令将图像定义为图案。

➤ 设置图层属性以混合图像。

➤ 结合"减淡工具"🔍及"加深工具"◎加强图像的立体感。

➤ 结合路径及"用画笔描边路径"功能，为所绘制的路径进行描边。

➤ 添加图层样式，制作图像的立体、投影等效果。

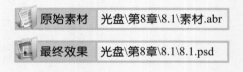

| 原始素材 | 光盘\第8章\8.1\素材.abr |
| 最终效果 | 光盘\第8章\8.1\8.1.psd |

第1部分 制作牛仔裤材料质感

01 按Ctrl+N组合键新建一个文件，在弹出的对话框中设置参数如图8.1所示，单击"确定"按钮创建一个新的空白文件。

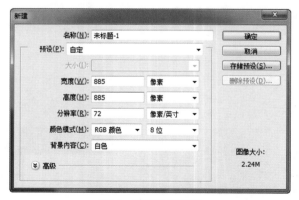

图8.1 "新建"对话框

提 示

下面利用滤镜命令及图像的混合来制作牛仔裤材料质感。

02 新建图层"图层 1"，设置前景色的颜色值为9bb5d0，按Alt+Delete组合键用前景色填充图层。执行"滤镜"|"滤镜库"命令，在弹出的对话框中选择"纹理"区域中的"纹理化"选项，设置对话框右侧的参数，如图8.2所示，单击"确定"按钮，得到如图8.3所示的效果。

图8.2 "纹理化"参数设置

03 按Ctrl+T组合键调出自由变换控制框，在控制框中单击鼠标右键，在弹出的菜单中选择"旋转90度（顺时针）"命令，按Enter键确认变换操作，得到如图8.4所示的效果。

图8.3 应用"纹理化"命令后的效果

图8.4 顺时针旋转后的效果

04 执行"滤镜"|"锐化"|"USM锐化"命令，在弹出的对话框中调协参数，如图8.5所示，单击"确定"按钮，得到如图8.6所示的效果。

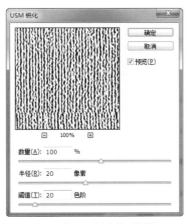

图8.5 "USM 锐化"对话框

提 示

下面定义一个图案，将定义的图案填充后，成为牛仔裤的纹理。

05 按Ctrl+N组合键新建一个文件，在弹出的对话框中调协参数，如图8.7所示，单击"确定"按钮退出对话框，创建一个新的空白文件。

图8.6 应用"USB 锐化"命令后的效果

图8.7 "新建"对话框

06 设置前景色为黑色，选择"直线工具"，在工具选项栏中选择"形状"选项，设置"粗细"为3像素，在画布中绘制如图8.8所示的斜线，得到图层"形状 1"。

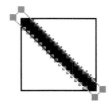

图8.8 绘制形状

07 执行"编辑"|"定义图案"命令，在弹出的对话框中直接单击"确定"按钮，将该图案定义为图案，关闭文件不必保存。

08 返回本例步骤01新建的文件中，新建图层，得到"图层 2"。执行"编辑"|"填充"命令，在弹出的对话框中使用"图案"填充，在"图案"拾色器中选择上一步定义的图案，单击"确定"按钮退出对话框，得到如图8.9所示的效果。

提 示

下面利用滤镜命令编辑纹理，从而纹理更加具有真实感。

图8.9 填充图案后的效果

09 执行"滤镜"|"滤镜库"命令，在弹出的对话框中选择"扭曲"区域中的"玻璃"选项，设置对话框右侧的参数，如图8.10所示，单击"确定"按钮，得到如图8.11所示的效果。

图8.10 "玻璃"参数设置

图8.11 应用"玻璃"命令后的效果

10 执行"滤镜"|"滤镜库"命令，在弹出的对话框中选择"艺术效果"区域中的"涂抹棒"选项，设置对话框右侧的参数，如图8.12所示，单击"确定"按钮，得到如图8.13所示的效果。

图8.12 "涂抹棒"参数设置

图8.13 应用"涂抹棒"命令后的效果

11 设置"图层 2"的混合模式为"正片叠底"，得到如图8.14所示的效果。

图8.14 设置图层混合模式后的效果

12 选择"图层 2"为当前工作层，按住Ctrl键单击"图层 1"的图层名称以将其选中，按Ctrl+Alt+E组合键执行"盖印"操作，得到"图层 3"，隐藏"图层 1"和"图层 2"。

第2部分 制作牛仔裤效果图

01 新建图层中，得到"图层 4"，使用"画笔工具" 简单地绘制出牛仔裤的线稿，效果如图8.15所示。结合"钢笔工具" 及图层蒙版功能，按照线稿的轮廓将牛仔裤分别裁开，操作完成后可以将线稿删除，大概可将其分为如图8.16所示的几个部分，此时的"图层"面板如图8.17所示。

图8.15 用"画笔工具"绘制线稿

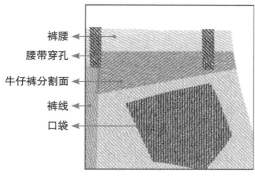

裤腰 ←
腰带穿孔 ←
牛仔裤分割面 ←
裤线 ←
口袋 ←

图8.16 牛仔裤裁分图

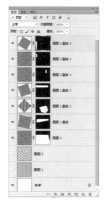

图8.17 "图层"面板

提 示

　　为了方便读者观看，笔者特意将各图层的"不透明度"进行了调整，在实际操作中其实是不需要的。下面利用"画笔工具" ✐ 为牛仔裤添加明暗效果以增强质感，首先在牛仔裤口袋的上方进行涂抹。

02 新建图层，得到"图层 4"，将其拖至"图层 3 副本 2"的上方，按Ctrl+Alt+G组合键执行"创建剪贴蒙版"操作。设置前景色的颜色值为00121a，选择"画笔工具" ✐ ，在工具选项栏中设置画笔的"硬度"为0%，"不透明度"为10%，按照图8.18所示的效果进行涂抹。

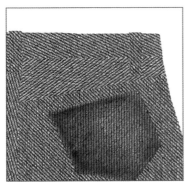

图8.18 用"画笔工具"涂抹拍的效果

03 新建图层，得到"图层 5"，将其拖至"图层 3 副本 2"的下方，重复上一步的操作方法，用"画笔工具" ✐ 进行涂抹，直至得到如图8.19所示的效果。

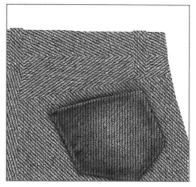

图8.19 用"画笔工具"涂抹后的效果

04 重复本部分步骤**01**~**03**的操作方法，按照图8.20所示的流程图对牛仔裤进行涂抹，此时的"图层"面板如图8.21所示。

图8.20 绘制牛仔裤质感的流程图

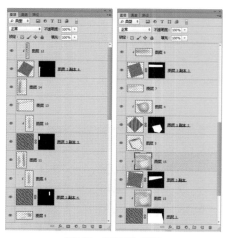

图8.21 "图层"面板

图8.23 使用"加深工具"调整后的效果

> **提 示**
>
> 下面将绘制牛仔裤的所有图层进行合并，利用"加深工具"和"减淡工具"进行涂抹，从而使牛仔裤的质感更加真实。

> **提 示**
>
> 下面利用"用画笔描边路径"功能及图层样式功能来制作牛仔裤裤线的效果。

05 选择"图层 12"为当前工作层，按住Shift键单击"图层 3"的图层名称，将二者之间的所有图层选中，按Ctrl+G组合键将选中的图层编组，得到"组 1"。

06 选择"组 1"为当前操作对象，按Ctrl+Alt+E组合键执行"盖印"操作，将得到的图层重命名为"图层 17"，隐藏"组 1"。

07 选择"减淡工具"，在工具选项栏中设置"曝光度"为10%，按照图8.22所示的效果对牛仔裤磨损比较严重的边缘位置进行涂抹，以更增强其质感。

图8.22 使用"减淡工具"调整后的效果

08 选择"加深工具"，在工具选项栏中设置"曝光度"为10%，按照图8.23所示的效果，在牛仔裤对比不是很强烈的位置进行涂抹。

09 选择"钢笔工具"，在工具选项栏中选择"路径"选项，在裤腰的位置绘制如图8.24所示的路径。选择"画笔工具"，打开随书所附光盘中的文件"第8章\8.1\素材.abr"，在画布中单击鼠标右键，在弹出的"画笔预设"选取器中选择刚刚打开的画笔。

图8.24 绘制路径

10 新建图层，得到"图层 18"，设置前景色的颜色值为a88f6f。切换至"路径"面板，选择上一步绘制的路径，在"路径"面板底部单击"用画笔描边路径"按钮，隐藏路径后，得到如图8.25所示的效果。

11 在"图层"面板底部单击"添加图层样式"按钮，在弹出的菜单中选择"斜面和浮雕"命令，在弹出的对话框如图8.26所示；在对话框中选择"投影"选项，设置其参数如图8.27所示，单击"确定"按钮，得到如图8.28所示的效果。

图8.25 描边路径后的效果

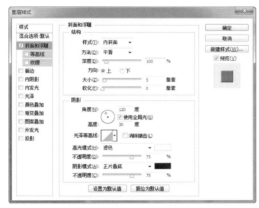

图8.26 "斜面和浮雕"图层样式参数设置

图8.27 "投影"图层样式参数设置

图8.28 应用图层样式后的效果

12 在"图层"面板底部单击"添加图层蒙版"按钮 ▣ ，为"图层 18"添加图层蒙版。设置前景色为黑色，选择"画笔工具" ☑ ，在工具选项栏中设置适当的画笔大小及不透明度，在图层蒙版中进行涂抹，将遮挡住腰带穿孔位置的图像隐藏起来，直至得到如图8.29所示的效果，图层蒙版中的状态如图8.30所示。

图8.29 添加图层蒙版并进行涂抹后的效果

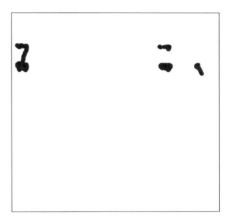

图8.30 图层蒙版中的状态

提示

下面绘制角度比较倾斜的路径。需要先在"画笔"面板中调整画笔的角度，然后再绘制。

13 重复本部分步骤09的操作方法，使用"钢笔工具" ☑ 在牛仔裤口袋的位置绘制如图8.31所示的路径。选择"画笔工具" ☑ ，按F5键调出"画笔"面板，保持步骤09中选择的素材画笔不变，将角度调整至与路径相同的水平位置，如图8.32所示。

14 新建图层，得到"图层 19"，重复本部分步骤10的操作方法，执行"用画笔描边路径"，得到如图8.33所示的效果。

图8.31 绘制路径

图8.32 调整素材画笔的角度

图8.33 执行描边路径后的效果

15 在"图层 18"的图层名称上单击鼠标右键，在弹出的菜单中选择"拷贝图层样式"命令，在"图层19"的图层名称上单击鼠标右键，在弹出的菜单中选择"粘贴图层样式"命令，得到如图8.34所示的效果。

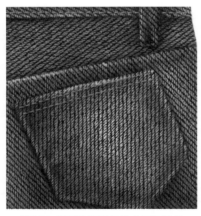

图8.34 复制粘贴图层样式后的效果

16 重复步骤09~15的操作方法，利用"钢笔工具"、画笔工具以及图层样式功能制作裤线，得到如图8.35所示的效果，同时得到"图层20"~"图层28"。

图8.35 为牛仔裤绘制裤线

> **提示**
>
> 下面将绘制裤线的所有图层进行合并，然后再用"画笔工具"绘制一些明暗效果，从而添加真实感。

17 选择"图层 28"为当前工作图层，按住Shift键单击"图层 18"的图层名称，将二者之间的所有图层选中，按Ctrl+E组合键执行"合并图层"操作，将合并后的图层重命名为"图层 18"。

18 新建图层，得到"图层 19"，按Ctrl+Alt+G组合键执行"创建剪贴蒙版"操作，设置前景色为黑色，选择"画笔工具"，在画布中单击鼠标右键，在弹出的"画笔预设"选取器中选择一个常规的画笔，并在工具选项栏中设置适当的画笔大小及不透明度，按照图8.36所示的效果，进行一些阴影的处理以增强真实感。

图8.36 用"画笔工具"涂抹后的效果

> **提示**
>
> 下面通过设置"画笔工具"并进行涂抹，为牛仔裤磨损的位置制作断掉的线，进一步增强真实感。

⑲ 新建图层，得到"图层 20"，设置前景色为白色，按F5键调出"画笔"面板，设置参数如图8.37所示。按照图8.38所示的效果，在牛仔裤磨损比较严重的位置绘制断掉的线，局部效果如图8.39所示。

图8.37 "画笔"面板

图8.38 使用"画笔工具"涂抹后的效果

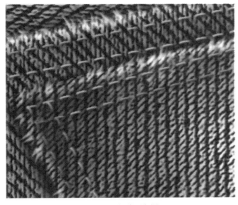

图8.39 局部效果

提 示

> 下面利用"钢笔工具" ✐ 、"画笔工具" ✐ 及"横排文字工具" T，制作牛仔裤后面的品牌标签。

⑳ 设置前景色的颜色值为856439，选择"钢笔工具" ✐ ，在工具选项栏中选择"形状"选项，在

裤腰的上面绘制如图8.40所示的形状，得到图层"形状 1"。

图8.40 绘制形状

㉑ 新建图层，得到"图层 21"，按Ctrl+Alt+G组合键执行"创建剪贴蒙版"操作，设置前景色为黑色，选择"画笔工具" ✐ ，在工具选项栏中设置适当的画笔大小及不透明度，按照图8.41所示的效果，对形状进行涂抹以表现褶皱效果。

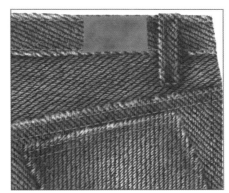

图8.41 用"画笔工具"涂抹后的效果

㉒ 设置前景色为黑色，选择"横排文字工具" T ，在工具选项栏中设置适当的字体与字号，在标签的上面输入如图8.42所示的文字，并得到相应的文字图层。

图8.42 输入文字后的效果

23 新建图层，得到"图层 22"，将其拖至图层"形状 1"的下方。设置前景色为黑色，选择"画笔工具" ，在工具选项栏中设置适当的画笔大小与不透明度，按照图8.43所示的效果进行涂抹以表现投影效果，此时的"图层"面板如图8.44所示。

图8.43 绘制阴影效果

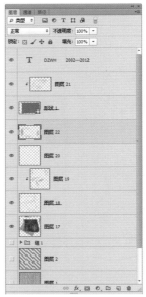

图8.44 "图层"面板

8.2 呢制西裤质感模拟

本例主要是运用Photoshop来模拟呢制西裤的质感，其中压线的效果颇有意思，可以细细体会。

核心技能：

> 添加图层样式，制作图像的发光、投影等效果。

> 使用形状工具绘制形状。

> 应用路径工具绘制路径。

> 结合路径及"用画笔描边路径"功能，为所绘制的路径进行描边。

> 应用调整图层功能，调整图像的亮度、色彩等属性。

> 利用图层蒙版功能隐藏不需要的图像。

> 利用剪贴蒙版限制图像的显示范围。

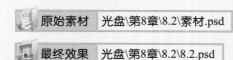

原始素材　光盘\第8章\8.2\素材.psd

最终效果　光盘\第8章\8.2\8.2.psd

01 打开随书所附光盘中的文件"第8章\8.2\素材.psd"
文件，其中包括此例的所有素材图像，"图层"面
板如图8.45所示。隐藏除图层"背景"外的所有图
层，在"图层"面板底部单击"创建新图层"按钮
│ ▢ │，得到"图层1"。

图8.45 "图层"面板

下面通过绘制一条直线并进行编辑，来制作两裤腰
部的接缝。同时对于本例来说，也是将画面进行分割。

02 将前景色的颜色值设置为191712，选择"矩形工
具"▢，在工具选项栏中选择"像素"选项，在画
布中间偏上的位置绘制如图8.46所示的矩形，执行
"滤镜"|"模糊"|"方框模糊"命令，在弹出的对
话框中设置"半径"为3像素单击"确定"按钮。

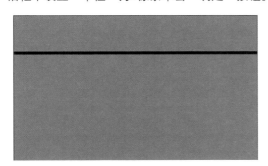

图8.46 绘制矩形

03 在"图层"面板底部单击"添加图层样式"按钮
│ fx. │，在弹出的菜单中选择"外发光"命令，在弹
出的对话框中设置参数如图8.47所示，单击"确
定"按钮，得到如图8.48所示的效果。

在"外发光"图层样式参数设置中，设置色块的颜
色值为887a55。下面通过绘制扣子的形状及添加图层样
式，制作扣子的立体效果，使其更加逼真。

图8.47 "外发光"图层样式参数设置

图8.48 应用图层样式后的效果

04 将前景色的颜色值设置为3b2608，选择"椭圆工
具"◯，在工具选项栏中选择"形状"选项，按
Shift键在横线左上方绘制一个正圆形状，效果如图
8.49所示，同时得到图层"椭圆1"。

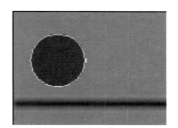

图8.49 绘制形状

05 在"图层"面板底部单击"添加图层样式"按钮
│ fx. │，在弹出的菜单中选择"投影"命令，在弹出
的对话框中设置参数，如图8.50所示；再选择"斜
面和浮雕"选项，设置其参数如图8.51所示，单击
"确定"按钮，得到如图8.52所示的效果。

图8.50 "投影"图层样式参数设置

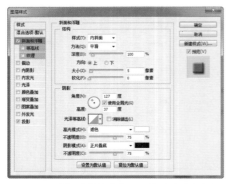

图8.51 "斜面和浮雕"图层样式参和设置

图8.52 应用图层样式后的效果

06 将"椭圆 1"图层拖到"图层"面板底部的"创建新图层"按钮 ▣ 上,得到图层"椭圆 1 副本",按Ctrl+T组合键调出自由变换框,按Shift+Alt组合键将形状缩小到如图8.53所示的状态,按Enter键确认变换操作。双击图层"椭圆 1 副本"的图层效果名称,在弹出的对话框中设置参数,如图8.54所示,单击"确定"按钮,得到如图8.55所示的效果。

图8.53 调整形状的状态

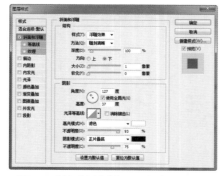

图8.54 "斜面和浮雕"图层样式参数设置

图8.55 应用图层样式后的效果

07 扣子内部较暗、无立体感,需要在内部添加一个亮点,以增强内部的空间感。新建图层,得到"图层2",设置前景色的颜色值为716252,选择"画笔工具" ✒,在其工具选项栏中设置较小的画笔,在扣子中间偏左上的位置单击多次,得到如图8.56所示的效果。

图8.56 绘制扣子中心的效果

08 将图层"背景"拖到"图层"面板底部的"创建新图层"按钮 ▣ 上,复制图层,得到图层"背景 副本"。选择"圆角矩形工具" ▢,在工具选项栏中选择"路径"选项,设置"半径"为5像素,在画面中绘制如图8.57所示的路径,执行"图层"|"矢量蒙版"|"当前路径"命令。

图8.57 绘制路径后的效果

09 将图层"背景 副本"调整到"图层 2"的上面,并添加图层样式得到如图8.58所示的效果,图8.59所示为"图层样式"对话框的参数设置。

图8.58 应用图层样式后的效果

图8.59 "图层样式"对话框

提 示

从视觉上看衣服的缝线由线的走向与线脚两部分组成。下面先制作线的走向,再进一步制作线的针脚。

10 新建图层,得到"图层 3",使用"钢笔工具" ✐ 和"路径选择工具" ▶ 在画布的上方绘制如图8.60所示的路径。在"路径"面板中双击当前的工作路径,在弹出的对话框中单击"确定"按钮,将其重命名为"路径 1"。

图8.60 绘制路径

提 示

绘制路径的方法是,先使用"钢笔工具" ✐ 绘制一条路径,然后选择"路径选择工具" ▶ 单击画布的空白处取消路径的选择,再选择"钢笔工具" ✐ 绘制另一条路径。

11 选择"画笔工具" ✐,在工具选项栏中设置画笔"大小"为4像素,将前景色的颜色值设置为3e290b,按Alt栏中键在"路径"面板底部单击"用画笔描边路径"按钮 ○,在弹出的对话框中设置参数,如图8.61所示,单击"确定"按

钮。在"图层"面板底部单击"添加图层样式"按钮 fx.,在弹出的菜单中选择"投影"命令,在弹出的对话框中设置参数,如图8.62所示,单击"确定"按钮。将该图层的"填充"设置为40%,得到的效果如图8.63所示。

图8.61 "描边路径"对话框

图8.62 "投影"图层样式参数设置

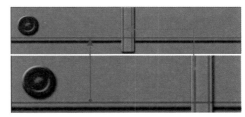

图8.63 应用图层样式并设置图层属性后的效果

提 示

绘制腰带孔形状时,要考虑到腰带孔与腰部接缝的关系。下面制作针脚。

12 新建图层,得到"图层 4",选择"画笔工具" ✐,按F5键调出"画笔"面板,设置参数如图8.64所示,单击"路径"面板中的"路径 1",按Alt键单击"路径"面板底部的"用画笔描边路径"按钮 ○,在弹出的对话框中设置参数,如图8.65所示,单击"确定"按钮,隐藏路径后,得到如图8.66所示的效果。

13 分别选择"图层 3"及"图层 4",为其添加图层蒙版。然后使用"矩形选框工具" ▢ 在压线相交的地方绘制矩形选区,在选项中填充黑色将其隐藏,得到如图8.67所示的效果。

图8.64 "画笔"面板设置

图8.65 "描边路径"对话框

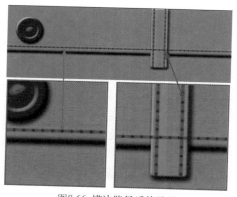

图8.66 描边路径后的效果

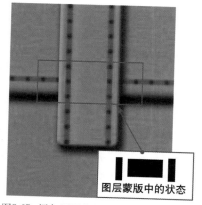

图层蒙版中的状态

图8.67 添加图层蒙版并填充黑色后的效果

14 选择"钢笔工具" ，在工具选项栏中选择"路径"选项，在画布中绘制如图8.68所示的路径。使用步骤10~13步的操作方法及设置，绘制出如图8.69所示的衣兜效果，得到"图层5"和"图层6"。

图8.68 绘制路径

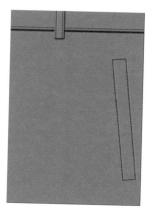

图8.69 绘制衣兜效果

> **提示**
>
> 　　将"图层5"的"填充"修改为60%；在原来没有"间隔"设置的描边路径操作中，将"画笔"面板的"间隔"设置为0。

15 使用"钢笔工具" 配合"路径选择工具" 按照步骤14的操作方法绘制两条路径，效果如图8.70所示。设置前景色的颜色值为3e290b，设置"画笔工具"的画笔"大小"为4像素，无间隔，执行"用画笔描边路径"操作，所添加的图层样式参数设置如图8.71和图8.72所示，得到如图8.73所示的压线效果，同时得到"图层7"。

图8.70 绘制路径

图8.71 "投影"图层样式参数设置

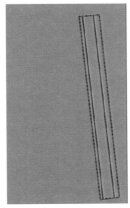

图8.72 "外发光"图层样式参数设置

图8.73 制作压线的效果

提示

下面将素材拉链合成在裤子上，并制作出其压线的效果，使其自然、逼真。

16 显示图层"素材 1"，将其图层名称修改为"图层 8"，配合自由变换框，将其中的图像调整至如图8.74所示的效果。使用"多边形套索工具" ，在拉链上绘制如图8.75所示的选区，在"图层"面板底部单击"添加图层蒙版"按钮 ，得到的效果

如图8.76所示。使用"钢笔工具" 在拉链的左侧绘制如图8.77所示的路径，利用步骤 10~13 的操作方法及设置，绘制出如图8.78所示的压线效果，得到"图层 9"和"图层 10"。

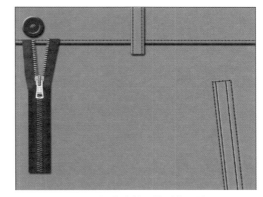

图8.74 调整素材图像后的效果

图8.75 绘制选区   图8.76 添加图层蒙版后的效果

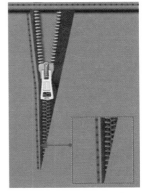

图8.77 绘制路径   图8.78 制作压线效果

17 复制图层"背景"，得到图层"背景 副本 2"。使用"钢笔工具" ，在工具选项栏中选择"路径"选项，在画布中绘制如图8.79所示的路径。执行"图层"|"矢量蒙版"|"当前路径"命令，将图层"背景 副本2"调整到"图层 10"的上方，并添加图层样式，参数设置如图8.80所示，得到如图8.81所示的效果。

249

图8.79 绘制路径

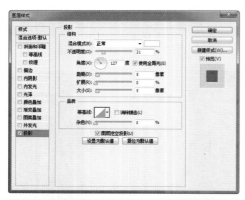

图8.80 "图层样式"对话框

图8.81 应用图层样式后的效果

提 示

在绘制折角时，注意折角与裤子的关系。看上去要有一个角折回的感觉，不要绘制出过大或过小的折角。

18 在"图层"面板底部单击"创建新的填充或调整图层"按钮，在弹出的菜单中选择"亮度/对比度"命令，得到图层"亮度/对比度 1"，按Ctrl+Alt+G组合键执行"创建剪贴蒙版"操作，在"属性"面板中设置参数如图8.82所示，得到如图8.83所示的效果。

图8.82 "亮度/对比度"　　图8.83 应用调整
参数设置　　　　　图层后的效果

提 示

下面制作折角顶部，绘制时注意与折角整体的关系。

19 复制图层"背景"，得到图层"背景 副本 3"。使用"钢笔工具"，在工具选项栏中选择"路径"选项，在画布中绘制如图8.84所示的路径。执行"图层"|"矢量蒙版"|"当前路径"命令，将图层"背景 副本 3"调整到图层"亮度/对比度 1"的上方，并添加图层样式，得到如图8.85所示的效果。

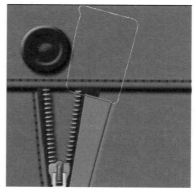

图8.84 绘制路径

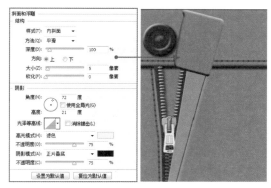

图8.85 "图层样式"对话框参数设置及应用后的效果

提 示

在"斜面和浮雕"图层样式参数设置中,设置"高光模式"右侧色块的颜色值为f7ebc8。

20 在"图层"面板底部单击"创建新的填充或调整图层"按钮 ⚫,在弹出的菜单中选择"渐变"命令,在弹出的对话框中设置参数如图8.86所示,单击"确定"按钮。按Ctrl+Alt+G组合键执行"创建剪贴蒙版"操作,并将图层混合模式设置为"柔光",得到如图8.87所示的效果。

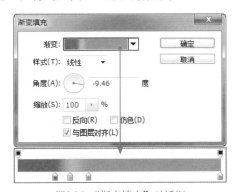

图8.86 "渐变填充"对话框

图8.87 应用填充图层并设置图层混合模式后的效果

提 示

在"渐变填充"对话框中调出"渐变编辑器"对话框,设置渐变各色标的颜色值从左至右分别为6c5c43、bfaa7e、9a8961和998968。

21 再次单击"创建新的填充或调整图层"按钮 ⚫,在弹出的菜单中选择"色相/饱和度"命令,得到图层"色相/饱和度 1",按Ctrl+Alt+G组合键执行"创建剪贴蒙版"操作,在"属性"面板中设置参数如图8.88和图8.89所示,得到如图8.90所示的效果。

图8.88 "红色"选项　　图8.89 "黄色"选项

图8.90 应用调整图层后的效果

提 示

下面制作折角的阴影和压线效果。

22 选择"图层 10",新建图层,得到"图层 11"。将前景色设置为黑色,使用"画笔工具" ✏,在裤子折角的地方进行涂抹,绘制拆角的阴影效果,如图8.91所示。在"图层"面板底部单击"添加图层蒙版"按钮 ▣,绘制如图8.92所示的选区,在图层蒙版中填充黑色以隐藏多余的阴影效果,取消选区后的效果如图8.93所示。

图8.91 绘制阴影　　图8.92 绘制选区

图8.93 添加图层蒙版并填充黑色后的效果

23 选择图层"色相/饱和度 1"，选择"钢笔工具" ，在工具选项栏中选择"路径"选项，绘制如图8.94所示的路径，利用步骤 10~13 的操作方法及设置，绘制出如图8.95所示的压线效果，同时得到"图层 12"和"图层 13"。

图8.94 绘制路径

图8.95 描边路径后的效果

提示

下面制作扣子孔。首先绘制扣子孔的形状，然后设置图层样式来表现扣子孔的纵深感。

24 设置前景色为黑色，使用"钢笔工具" 绘制如图8.96所示的形状。在"图层"面板底部单击"添加图层样式"按钮 ，在弹出的菜单中选择"投影"命令，在弹出的对话框设置参数如图8.97所示，单击"确定"按钮，得到如图8.98所示的效果。

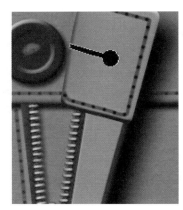

图8.96 绘制形状

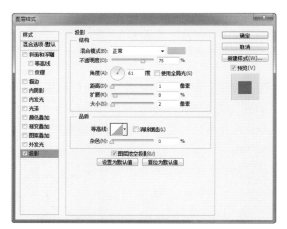

图8.97 "图层样式"对话框

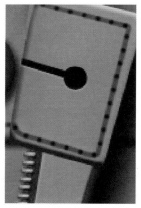

图8.98 应用图层样式后的效果

提示

在绘制路径时，可以先绘制一个正圆路径，然后在路径上添加节点再调整节点的状态。在"投影"图层样式参数设置中，设置色块的颜色值为b6b6b6。

25 新建图层，得到"图层 14"，绘制路径效果如图8.99所示。选择"画笔工具" ，在工具选项栏中设置画笔"大小"为4像素，将前景色的颜色值设置为3e290b，按Alt键在"路径"面板底部单击

"用画笔描边路径"按钮 ○ ，在弹出的对话框中设置参数如图8.100所示，单击"确定"按钮，将"图层14"的"填充"设置为80%，得到的效果如图8.101所示。

图8.99 绘制路径

图8.100 "描边路径"对话框

图8.101 描边路径并设置图层属性后的效果

提 示

在上面的操作中，需要将"画笔"面板"画笔笔尖形状"选项中的"间距"参数设置为0，以求在描边路径时得到无间隔的描边线。

26 将前景色的颜色值设置为a69573，选择"矩形工具" ▭ ，在工具选项栏中选择"形状"选项，在画布中绘制如图8.102所示的直线形状，得到图层"矩形 1"。在"图层"面板底部单击"添加图层蒙版"按钮 ▣ ，为图层"矩形 1"添加图层蒙版，选择"画笔工具" ✎ ，将前景色设置为黑色，在直线与折角相交以上的位置进行涂抹，得到如图8.103所示的阴影效果。

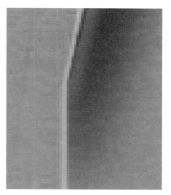

图8.102 绘制直线形状　　图8.103 添加阴影效果

提 示

此处用"画笔工具" ✎ 进行涂抹时，要使用柔边圆的画笔，这样可以使连接处更加自然。下面修整折角与裤面的关系及压线效果。

27 利用上面的操作方法，新建图层，使用"钢笔工具" ✐ 绘制路径，效果如图8.104所示，再执行"用画笔描边路径"操作，得到如图8.105所示的压线效果，然后添加图层蒙版，将多余的部分隐藏起来，得到的效果如图8.106所示，得到"图层15"和"图层16"。

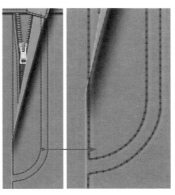

图8.104 绘制路径　　图8.105 制作压线的效果

图8.106 添加图层蒙版并进行涂抹后的效果及图层蒙版中的状态

下面使用素材图像和文字，制作裤子的标签，进一步加强效果的新颖感、形象感。

28 将前景色的颜色值设置为f7f0d3，选择"圆角矩形工具" ▣，在工具选项栏中选择"形状"选项，设置"半径"为10像素，在裤兜的上方绘制一个圆角矩形，效果如图8.107所示，添加图层样式，其参数设置如图8.108所示，得到如图8.109所示的效果。

图8.107 绘制圆角矩形

图8.108 "投影"图层样式参数设置

29 显示图层"素材 2"及图层"素材 3"，修改图层名称为"图层 17"和"图层 18"，配合自由变换控制框，将素材图像调整至如图8.110所示的状态。选择"横排文字工具" Ｔ，在工具选项中设置适当的字体字号及颜色，输入文字完成本例的制作，最终效果如图8.111所示，此时的"图层"面板如图8.112所示。

图8.109 应用图层样式后的效果

图8.110 调整素材图像的状态

图8.111 最终效果

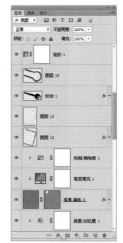

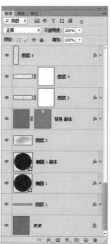

图8.112 "图层"面板

8.3 皮革质感笔记本效果网站页面设计

　　本例是一个综合性的实例。笔记本的外封皮采用了皮革的基本纹理，而内部由于结构的特殊性而制作为金属质感。在此制作相关质感的方法与前面案例讲解的操作方法并不完全相同，读者可以在制作过程中慢慢体会这一点。

核心技能：

> 使用形状工具绘制形状。

> 添加图层样式，制作图像的投影、发光等效果。

> 结合"通道"面板及滤镜功能，制作画面的光感。

> 结合路径及"用画笔描边路径"功能，为所绘制的路径进行描边。

> 应用调整图层功能，调整图像的亮度、色彩等属性。

> 设置图层属性以混合图像。

> 利用图层蒙版功能隐藏不需要的图像。

> 利用剪贴蒙版限制图像的显示范围。

> 应用"染色玻璃"滤镜命令制作纹理图像。

原始素材 　光盘\第8章\8.3\素材1.psd、素材2.tif~素材4.tif

最终效果 　光盘\第8章\8.3\8.3.psd

第1部分 制作笔记本基本外皮

 打开随书所附光盘中的文件"第8章\8.3\素材1.psd"，作为本例的背景图像，如图8.113所示。

图8.113 素材图像

 设置前景色为黑色，选择"矩形工具" ，在工具选项栏中选择"形状"选项，在画布中绘制一个黑色的矩形形状，效果如图8.114所示，同时得到图层"矩形1"。

图8.114 绘制矩形形状

 确定当前选择的是图层"矩形 1"，仍然选择"矩形工具" ，在工具选项栏中选择"减去顶层形状"选项，在上一步绘制的黑色矩形形状中心绘制一个垂直的矩形形状，得到左、右两个黑色矩形形状的效果，效果如图8.115所示。

图8.115 减去矩形后的效果

04 在"图层"面板底部单击"添加图层样式"按钮 |*fx.*|，在弹出的菜单中选择"投影"命令，在弹出的对话框中设置参数如图8.116所示，得到如图8.117所示的效果。

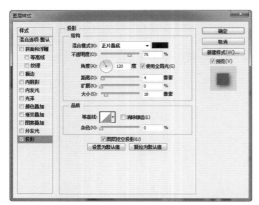

图8.116 "投影"图层样式参数设置

图8.117 应用图层样式后的效果

 提 示

下面开始制作笔记本中皮革部分的效果。

05 新建图层，得到"图层 1"，设置前景色的颜色值为7b7373，背景色的颜色值为5e5555。执行"滤镜"|"渲染"|"云彩"命令，得到类似如图8.118所示的效果。

图8.118 应用"云彩"命令后的效果

06 执行"滤镜"|"渲染"|"分层云彩"命令，然后再按Ctrl+F组合键重复此命令3次，直至得到类似图8.119所示的效果。

图8.119 应用"分层云彩"命令后的效果

07 下面确定要处理的图像范围。隐藏"图层 1"，使用"矩形选框工具" |▣| 在背景中的黑色矩形左半部分绘制如图8.120所示的选区。重新显示"图层 1"，在"图层"面板底部单击"添加图层蒙版"按钮 |▣|，为其添加图层蒙版，得到如图8.121所示的效果。

08 新建图层，得到"图层 2"，设置前景色的颜色值为3e3e3e，按Alt+Delete组合键填充该图层，然后切换至"通道"面板中，新建通道，得到"Alpha 1"。

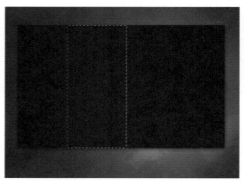

图8.120 绘制选区

图8.121 添加图层蒙版后的效果

09 下面在通道中制作基本的光照纹理，以便于在后面
对图像进行光照处理。在通道"Alpha 1"中，执
行"滤镜"|"杂色"|"添加杂色"命令，在弹出
的对话框中设置参数，如图8.122所示，单击"确
定"按钮退出对话框。

图8.122 "添加杂色"对话框

10 返回"图层"面板，选择"图层 2"。执行"滤
镜"|"渲染"|"光照效果"命令，在"属性"面
板中设置参数，如图8.123所示（为便于观看，在
此只显示了当前图层和背景），得到如图8.124所
示的效果。按Ctrl+Alt+G组合键执行"创建剪贴
蒙版"操作，设置"图层 2"的"不透明度"为
40%，得到如图8.125所示的效果。

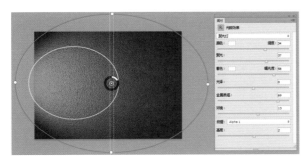

图8.123 "光照效果"参数设置

图8.124 应用"光照效果"命令后的效果

图8.125 设置图层属性后的效果

11 在"图层"面板底部单击"创建新的填充或调
整图层"按钮，在弹出的菜单中选择"通道
混和器"命令，得到图层"通道混和器 1"，按
Ctrl+Alt+G组合键执行"创建剪贴蒙版"操作，在
"属性"面板中设置参数；如图8.126所示，得到
如图8.127所示的效果。

图8.126 "通道混和器"参数设置

提 示

下面继续在当前图像的基础上添加小块的皮革效果。

12 按住Alt键拖动"图层 2"至图层"通道混和器 1"
的上方，得到"图层 2 副本"，并按Ctrl+Alt+G
组合键执行"创建剪贴蒙版"操作。执行"滤

257

镜"|"滤镜库"命令，在弹出的对话框中选择"纹理"区域中的"染色玻璃"选项，设置对话框右侧的参数，如图8.128所示，单击"确定"按钮退出对话框。

图8.127 应用调整图层后的效果

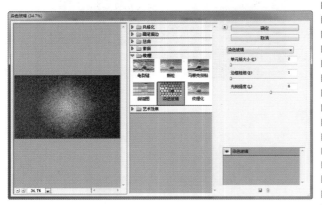

图8.128 "染色玻璃"对话框

13 设置"图层 2 副本"的混合模式为"正片叠底"，"不透明度"为56%，得到如图8.129所示的效果。

14 按Ctrl+T组合键调出自由变换控制框，按住Shift键缩小"图层 2 副本"中的图像，并将其置于如图8.130所示的位置，按Enter键确认变换操作。

图8.129 设置图层属性后的效果

图8.130 变换图像后的效果

15 复制"图层 2 副本"，得到"图层 2 副本 2"。按照上一步的方法，对"图层 2 副本 2"中的图像进行适当的缩放调整，然后置于皮革下方较亮的位置，得到如图8.131所示的效果。

图8.131 变换图像后的效果

16 在"图层"面板底部单击"创建新的填充或调整图层"按钮，在弹出的菜单中选择"亮度/对比度"命令，得到图层"亮度/对比度 1"，按Ctrl+Alt+G组合键执行"创建剪贴蒙版"操作，在"属性"面板中设置参数，如图8.132所示，得到如图8.133所示的效果。

图8.132 "亮度/对比度"参数设置

图8.133 应用调整图层后的效果

提 示

下面为笔记本上的皮革效果增加一些表面的阴影，使其看起来更逼真。

17 在图层"亮度/对比度 1"的上方新建"图层 3"，按Ctrl+Alt+G组合键执行"创建剪贴蒙版"操作。选择"画笔工具" ✐，在工具选项栏中设置适当的画笔大小及不透明度，在皮革效果的上方进行涂抹，直至得到类似效果图8.134所示的效果。

图8.134 涂抹后的效果

提 示

下面在皮革上制作带有层次感的图像效果。

18 选择"圆角矩形工具" ▣，在工具选项栏中选择"路径"选项，设置"半径"为35像素，在皮革的左侧位置绘制圆角矩形路径，效果如图8.135所示。

19 按Ctrl+Enter组合键将路径转换成为选区，然后继续使用步骤17设置的画笔在选区内部进行涂抹，直至得到类似图8.136所示带有层次感的效果，按Ctrl+D组合键取消选区。

图8.135 绘制圆角矩形路径

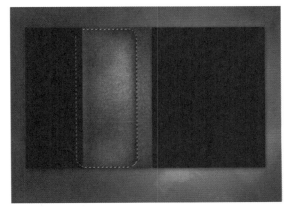

图8.136 涂抹出层次感

提 示

下面在皮夹内添加照片图像。

20 设置前景色为白色，选择"钢笔工具" ✐，在工具选项栏中选择"形状"选项，绘制倾斜的矩形形状，效果如图8.137所示，同时得到图层"形状 1"。

图8.137 绘制形状

21 打开随书所附光盘中的文件"第8章\8.3\素材2.tif"，如图8.138所示。使用"移动工具" ⊕ 将

其拖至本例第1部分步骤 01 打开的素材文件中，得
到"图层 4"，结合自由变换控制框，缩放并旋转
素材图像至白色矩形形状上，得到如图8.139所示
的效果。

图8.138 素材图像

图8.139 变换并摆放素材图像的位置

22 分别打开随书所附光盘中的文件"第8章\8.3\素材
3.tif和素材4.tif"文件，如图8.140所示，按照上
面讲解的操作方法，制作得到如图8.141所示的效
果，同时得到"图层 5"、"图层 6"、图层"形
状 2"及图层"形状 3"。

图8.140 素材图像

图8.141 制作其他照片效果

23 将上面用于制作照片效果的3个形状图层和3个普
通图层选中，然后按Ctrl+G组合键将选中的图层编
组，得到"组1"，将其重命名为"照片"，然后
将其拖到"图层 1"的下方，得到如图8.142所示的
效果，此时的"图层"面板如图8.143所示。

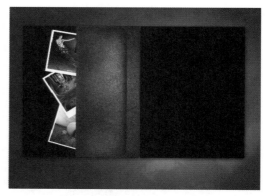

图8.142 调整图层位置后的效果

图8.143 "图层"面板

24 在所有图层的上方新建图层，得到"图层 7"。设
置前景色为黑色，选择"画笔工具" ，在工具

选项栏中设置适当大小的柔边圆画笔，在照片与皮夹之间进行涂抹，使其看起来能自然地融合在一起，效果如图8.144所示。

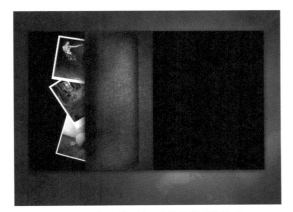

图8.144　使用"画笔工具"涂抹后的效果

第2部分　制作金属夹及内页

01　设置前景色为黑色，选择"圆角矩形工具" ，在工具选项栏中设置"半径"为4像素，并选择"形状"选项，然后在笔记本的中间位置绘制圆角矩形形状，效果如图8.145所示（为便于观看，笔者暂时将圆角矩形设置成为白色），同时得到图层"圆角矩形 1"。

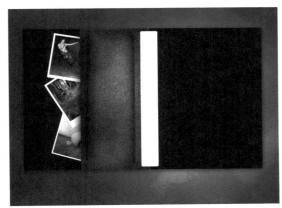

图8.145　绘制圆角矩形形状

02　在"图层"面板底部单击"添加图层样式"按钮 |*fx*|，在弹出的菜单中选择"斜面和浮雕"命令，在弹出的对话框中设置参数，如图8.146所示；然后再选择"等高线"、"投影"和"光泽"选项，分别设置其参数，如图8.147~图8.149所示，单击"确定"按钮，得到如图8.150所示的效果。

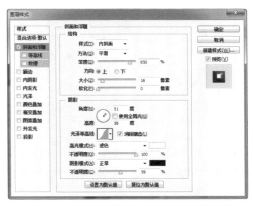

图8.146　"斜面和浮雕"图层样式参数设置

图8.147　"等高线"图层样式参数设置

图8.148　"投影"图层样式参数设置

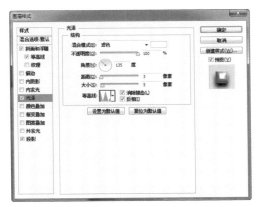

图8.149　"光泽"图层样式参数设置

图8.150 应用图层样式后的效果

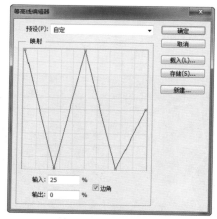

图8.153 "光泽"图层样式中"等高线"的编辑状态

提 示

在"斜面和浮雕"图层样式参数设置中，其"光泽等高线"在"等高线编辑器"对话框中的编辑状态如图8.151所示；在"等高线"图层样式参数设置中，其"等高线"在"等高线编辑器"对话框中的编辑状态如图8.152所示；在"光泽"图层样式参数设置中，其"等高线"在"等高线编辑器"对话框中的编辑状态如图8.153所示。

03 按照本部分第1步的方法再绘制一个略小一些的圆角矩形，如图8.154所示，得到"圆角矩形 2"。然后为其添加"斜面和浮雕"、"等高线"及"光泽"图层样式，分别设置其对话框如图8.155、图8.156和图8.157所示，得到如图8.158所示的效果。

图8.154 绘制矩形

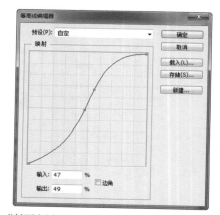

图8.151 "斜面和浮雕"图层样式中"光泽等高线"的编辑状态

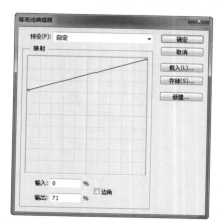

图8.152 "等高线"图层样式中"等高线"的编辑状态

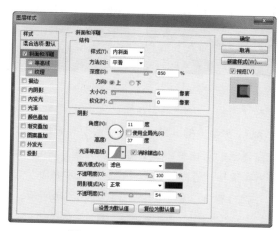

图8.155 "斜面和浮雕"对话框

图8.156 "等高线"图层样式参数设置

图8.157 "光泽"图层样式参数设置

图8.159 摆放黑色正圆形状的位置

05 在图层"圆角矩形 1"的图层名称上单击鼠标右键，在弹出的菜单中选择"拷贝图层样式"命令，在图层"椭圆 1"的图层名称上单击鼠标右键，在弹出的菜单中选择"粘贴图层样式"命令，使两个图层具有相同的图层样式，效果如图8.160所示。

图8.160 复制粘贴图层样式后的效果

图8.158 应用图层样式后的效果

 提示

在本步骤所添加的3个图层样式中，其等高线状态与本部分步骤**02**添加的各图层样式的等高线状态完全相同。实际上，读者也可以将本部分步骤**02**中添加的图层样式复制到图层"圆角矩形 2"中，然后再对部分参数进行修改。下面添加金属夹上的金属铆钉。

04 选择"椭圆工具"，在工具选项栏中选择"形状"选项，设置前景色为黑色，在金属夹上绘制小的黑色正圆形状，得到图层"椭圆 1"。使用"路径选择工具"按住Alt+Shift组合键向下拖动两次，得到两个黑色正圆形状的副本形状，并将其按照图8.159所示的位置进行摆放。

06 选择图层"椭圆 1"，在"图层"面板底部单击"添加图层样式"按钮 fx.，在弹出的菜单中选择"投影"命令，在弹出的对话框中设置参数，如图8.161示，单击"确定"按钮得到如图8.162所示的效果。

图8.161 "投影"图层样式参数设置

图8.162 应用图层样式后的效果

下面绘制笔记本内页的图像效果。

[07] 设置前景色的颜色值为d8d8d8，选择"矩形工具" ，在工具选项栏中选择"形状"选项，在笔记本的右侧绘制灰色的矩形形状，效果如图8.163所示，得到图层"矩形 2"。

图8.163 绘制矩形

[08] 设置前景色的颜色值为679aa7，选择"直线工具" ，在工具选项栏中选择"形状"选项，并设置"粗细"为2像素，在灰色矩形的顶部绘制一条直线，得到图层"形状 4"，并按Ctrl+Alt+G组合键执行"创建剪贴蒙版"操作，效果如图8.164所示。

[09] 使用"路径选择工具" 选中上一步绘制得到的直线形状，然后按Ctrl+Alt+T组合键调出自由变换并复制控制框，按住Shift键向下拖动一定的距离，按Enter键确认变换操作，再连续按Ctrl+Alt+Shift+T组合键执行变换并复制操作多次，直至得到如图8.165所示的效果。

图8.164 绘制直线并创建剪贴蒙版的效果

图8.165 变换并复制得到多条直线

[10] 按照本部分步骤[04]的操作方法，在金属夹内页纸的左侧绘制得到类似图8.166所示的圆点形状，得到图层"椭圆 2"。

图8.166 绘制圆点形状

[11] 复制图层"椭圆 2"，得到图层"椭圆 2 副本"，使用"移动工具" 按住Shift键向左侧移动图层"椭圆 2 副本"中的形状至金属夹的另外一侧，效果如图8.167所示。

图8.167 复制圆点

12 在"图层"面板底部单击"添加图层样式"按钮 |*fx.*|, 在弹出的菜单中选择"内发光"命令, 在弹出的对话框中设置参数, 如图8.168所示; 在对话框中选择"斜面和浮雕"选项, 设置其参数如图8.169所示, 单击"确定"按钮得到如图8.170所示的效果。

图8.168 "内发光"图层样式参数设置

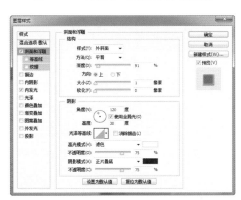

图8.169 "斜面和浮雕"图层样式参数设置

提 示

在"内发光"图层样式参数设置中, 设置色块的颜色值为b7b3b3。下面开始制作连续金属夹及内页纸的金属连线。

图8.170 应用图层样式后的效果

13 按照本部分步骤**04**绘制正圆形状的操作方法, 在金属夹的上方绘制如图8.171所示的圆角矩形形状, 同时得到图层"圆角矩形 3"。

图8.171 绘制圆角矩形形状

14 在图层"圆角矩形 1"的图层名称上单击鼠标右键, 在弹出的菜单中选择"拷贝图层样式"命令, 在图层"圆角矩形 3"的图层名称上单击鼠标右键, 在弹出的菜单中选择"粘贴图层样式"命令, 使两个图层具有相同的图层样式, 得到如图8.172所示的效果。

图8.172 复制粘贴图层样式后的效果

15 双击图层"圆角矩形 3"中的"投影"图层效果名称，在弹出的对话框中设置参数，如图8.173所示，使产生的阴影效果更加逼真，单击"确定"按钮，效果如图8.174所示。

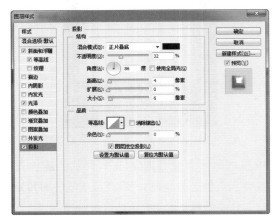

图8.173 "投影"图层样式参数设置

16 按照上面所讲解的操作方法，在笔记本的右侧制作笔形状，效果如图8.175所示。由于其操作方法仍然是绘制形状及添加图层样式，故不再详细讲解，读者可以打开本例随书所附光盘中的最终效果源文件，查看其具体的参数设置，此时的"图层"面板如图8.176所示。

图8.174 修改图层样式设置后　　图8.175 制作笔形状
　　　　的效果

提 示

本步骤在为图层"矩形 3"添加图层样式的过程中，还选中3"混合选项"区域中的"图层蒙版隐藏效果"复选框。为了使整体效果更加逼真，下面在内页纸上涂抹一些表面的阴影效果。

17 在图层"形状 4"的上方新建图层，得到"图层8"，按Ctrl+Alt+G组合键执行"创建剪贴蒙版"操作，使下面涂抹得到的图像效果被限制在内页纸的范围内。

18 设置前景色为黑色，选择"画笔工具" ，在工具选项栏中设置适当的画笔大小及不透明度，在内页纸上进行涂抹，直至得到类似图8.177所示的效果。

图8.176 "图层"面板　　图8.177 使用"画笔
　　　　　　　　　　　　　　工具"涂抹后的效果

提 示

至此，笔记本图像已经基本制作完毕，下面为笔记本添加周围的缝线图像效果。缝线本身应该是较深的褐色，但在制作过程中为了便于观看，将暂时使用白色。

19 结合"钢笔工具" 和"圆角矩形工具" ■ 在笔记本上绘制路径，效果如图8.178所示。

图8.178 绘制路径

20 在所有图层的上方新建图层，得到"图层 9"，设置前景色为白色，选择"画笔工具" ✐ 在工具选项栏中设置画笔"大小"为2像素，"硬度"为100%。切换至"路径"面板，单击"用画笔描边路径"按钮 ○ ，隐藏路径后得到如图8.179所示的效果。

21 选择"橡皮擦工具" ✐ ，按F5键显示"画笔"面板，按照图8.180所示进行参数设置，选择本部分步骤 19 绘制的路径，然后在"路径"面板底部单击"用画笔描边路径"按钮 ○ ，隐藏路径后得到如图8.181所示的效果。

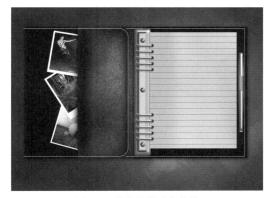

图8.179 描边路径后的效果

图8.180 "画笔"面板

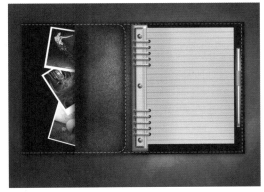

图8.181 描色路径后得到的虚线效果

22 选择"图层 9",单击"图层"面板顶部的"锁定透明像素"按钮▣,设置前景色的颜色值为4c3418,按Alt+Delete组合键进行填充,得到如图8.182所示的效果,图8.183所示是填充颜色后的局部效果。

23 结合"直线工具"/及"横排文字工具"T,在笔记本的内页上输入文字并绘制一些简单的图形,直至得到如图8.184所示的最终效果,此时的"图层"面板如图8.185所示。

图8.182 填充颜色后的效果

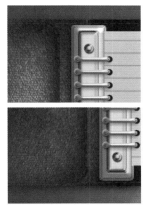

图8.183 填充颜色后的局部效果

图8.184 最终效果

图8.185 "图层"面板

第9章

肌肤质感

在前面的章节中，已经讲解了很多种模拟各类质感的操作方法。本章将学习常见质感中的肌肤质感，其中包括了3种不同风格的肌肤质感的制作方法。希望读者在学习过程中认真阅读操作步骤，以便制作出相同的效果。

9.1 双面金属人特效表现

本例是以人头图像为基础，然后在保留左半侧面部为真实皮肤的基础上，将右半侧面部皮肤处理成为带有电路纹理的金属图像效果，以此来实现左右两侧的强烈对比。

核心技能：

> 应用"钢笔工具" 绘制路径。

> 利用图层蒙版功能隐藏不需要的图像。

> 应用"液化"滤镜命令调整图像的形态。

> 设置图层属性以混合图像。

> 添加图层样式，制作图像的立体、投影等效果。

> 应用调整图层功能，调整图像的亮度、色彩等属性。

> 利用剪贴蒙版限制图像的显示范围。

原始素材	光盘\第9章\9.1\素材1.tif、素材2.psd、素材3.psd、素材4.tif~素材6.tif
最终效果	光盘\第9章\9.1\9.1.psd

第1部分　制作主题元素

01 打开随书所附光盘中的文件"第9章\9.1\素材1.tif"，如图9.1所示，将其作为背景文件。再打开随书所附光盘中的文件"第9章\9.1\素材2.psd"，如图9.2所示。使用"移动工具" 按住Shift键将其拖至背景文件中，得到"图层1"。

图9.1 素材图像

02 切换至"路径"面板，新建路径，得到"路径1"，"选择钢笔"工具 在工具选项栏中选择

"路径"选项，在人物的头顶绘制如图9.3所示的路径。按Ctrl+Enter组合键将当前路径转换为选区，切换至"图层"面板，按住Alt键单击"添加图层蒙版"按钮 为"图层 1"添加图层蒙版，得到如图9.4所示的效果。

图9.2 素材图像

03 打开随书所附光盘中的文件"第9章\9.1\素材3.psd"，如图9.5所示。使用"移动工具" 将其拖至背景文件中，得到"图层 2"。按Ctrl+T组合键调出自由变换控制框，按住Shift键缩小图像，并

将其置于如图9.6所示的位置，按Enter键确认变换操作。

图9.3 绘制路径

图9.4 添加图层蒙版后的效果　　　图9.5 素材图像

图9.6 自由变换控制状态

04 执行"滤镜"|"液化"命令，在弹出的对话框中选择"顺时针旋转扭曲工具" 并设置适当的"画笔大小"数值，在拉链上进行涂抹，使其具有沿人物面部起伏而变得扭曲的效果（操作时可以反复选中或取消对话框右下方的"显示背景"复选框以观察背景图像），如图9.7所示。单击"确定"按钮退出对话框，得到如图9.8所示的效果。

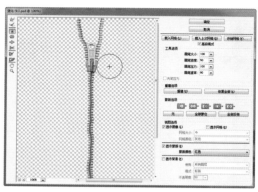

图9.7 "液化"对话框

图9.8 应用"液化"命令后的效果

提 示

　下面制作人物额头上的半圆效果并叠加粗糙纹理。

05 切换至"路径"面板，新建路径，得到"路径2"，使用"钢笔工具" 沿拉链的扭曲方向绘制路径，效果如图9.9所示。按Ctrl+Enter组合键将当前路径转换为选区，按Ctrl+Alt+Shift组合键单击"图层 1"图层蒙版的缩览图，得到两者相交后的选区。选择"图层 1"并按Ctrl+J组合键执行"通过拷贝的图层"操作，得到"图层 3"。

图9.9 绘制路径

06 新建图层，得到"图层 4"，设置前景色的颜色值为dee5f5，选择"椭圆工具" ⬭，在工具选项栏中选择"像素"选项，按住Shift键在图像中绘制如图9.10所示的正圆图形。按Ctrl+Alt+G组合键执行"创建剪贴蒙版"操作，设置"图层 4"的混合模式为"正片叠底"。

图9.10 绘制正圆图形

07 在"图层"面板底部单击"添加图层样式"按钮 fx.，在弹出的菜单中选择"斜面和浮雕"命令，在弹出的对话框中设置参数，如图9.11所示，单击"确定"按钮，得到如图9.12所示的效果。

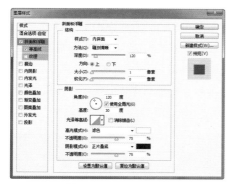

图9.11 "斜面和浮雕"图层样式参数设置

图9.12 应用图层样式后的效果

提 示

对于"图层样式"对话框的"等高线"选项，只需要将其选中即可，在此不需要设置任何的参数。

08 打开随书所附光盘中的文件"第9章\9.1\素材4.tif"，如图9.13所示。按Ctrl+A组合键执行"全选"操作，按Ctrl+C组合键执行"拷贝"操作，关闭该素材图像。

图9.13 素材图像

09 返回本部分步骤打开的背景文件中，按Ctrl键单击"图层 4"的图层缩览图以载入其选区，按Alt+Ctrl+Shift+V组合键执行"贴入"操作，得到"图层 5"，按Ctrl+Alt+G组合键执行"创建剪贴蒙版"操作，设置该图层的混合模式为"变暗"，"不透明度"为78%，得到如图9.14所示的效果。

图9.14 设置图层属性后的效果

提 示

下面在人物额头及脸颊上加入金属元素效果。

10 使用"椭圆选框工具" ⬭ 按，住Shift键绘制正圆选区，将背景中凸起的圆头铆钉选中，选择图层"背景"，按Ctrl+J组合键执行"通过拷贝的图层"操作，得到"图层 6"并将其拖至所有图层的上方。

11 按Ctrl+T组合键调出自由变换控制框，按住Shift键缩小"图层 6"图像，并将其置于人物额头上的半圆片上，按Enter键确认变换操作，得到如图9.15所示的效果，按Ctrl+Alt+G组合键执行"创建剪贴蒙版"操作。

图9.15 调整图像后的效果

12 按Ctrl键单击"图层 6"的图层缩览图以载入其选区，使用"移动工具" ▶ 按住Alt键拖动3次，得到其副本图像，并分别置于半圆片的其他位置。按照同样的操作方法，将圆头铆钉复制到人物右侧的手上，得到如图9.16所示的效果（右侧图为局部放大效果）。

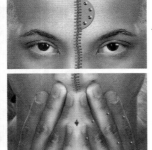

图9.16 复制图像并调整图像的位置

13 在"图层"面板底部单击"添加图层样式"按钮 | fx. |，在弹出的菜单中选择"投影"命令，在弹出的对话框中设置参数，如图9.17所示，单击"确定"按钮，得到如图9.18所示的效果，图9.19所示为仅显示额头上的小铆钉时的效果。

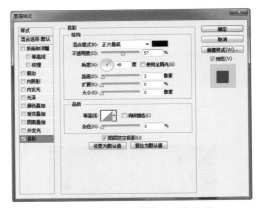

图9.17 "投影"图层样式参数设置

图9.18 应用图层样式后的效果

14 在"图层 6"的上方新建图层，得到"图层 7"，按Ctrl+Alt+G组合键执行"创建剪贴蒙版"操作。设置前景色为黑色，选择"椭圆工具" ◉ ，在工具选项栏中选择"像素"选项，在人物的右半侧脸上绘制如图9.20所示的4个椭圆图形。

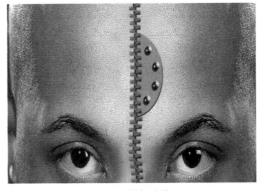

图9.19 局部效果

图9.20 绘制椭圆图形

15 在"图层"面板中设置"图层7"的"填充"数值为72%。在"图层"面板底部单击"添加图层样式"按钮 *fx.*，在弹出的菜单中选择"斜面和浮雕"命令，在弹出的对话框中设置参数，如图9.21所示；在该对话框中选择"外发光"选项，设置其参数如图9.22所示，单击"确定"按钮，得到如图9.23所示的效果。

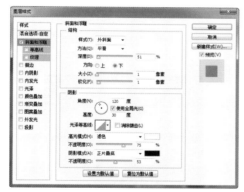

图9.21 "斜面和浮雕"图层样式参数设置

图9.22 "外发光"图层样式参数设置

提示

在"外发光"图层样式参数设置中，设置色块的颜色值为68a3f2。

图9.23 应用图层样式后的效果

16 选择"图层6"，使用"椭圆选框工具" ⬭ 绘制选区，将人物右侧手上的小铆钉选中，按Ctrl+C组合键执行"拷贝"操作，按Ctrl+V组合键执行"粘贴"操作，得到"图层8"。

17 使用"移动工具" ➤ 将"图层8"中的图像拖至人物右侧顶部的椭圆洞周围。按Ctrl键单击"图层8"的图层缩览图以载入其选区，按住Alt键通过移动操作复制选区中的小铆钉，直至得到如图9.24所示的效果。

图9.24 复制图像并调整图像的位置

18 按Ctrl+T组合键调出自由变换控制框，将6个小铆钉的宽度缩小为原来的70%左右，再执行"编辑"|"变换"|"变形"命令，向右侧拖动变形控制框右侧的控制点，使小铆钉整体具有透视感，得到如图9.25所示的效果，按Enter键确认变换操作，此时图像的整体效果如图9.26所示。

19 按Ctrl键单击"图层8"的图层缩览图以载入其选区，使用"移动工具" ➤ 按住Alt键移动选中的图像，复制小铆钉至其他3个椭圆洞周围，并进行适当的缩放和旋转，得到如图9.27所示的效果。

273

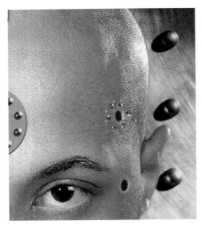

图9.25 应用"变形"命令后的效果

图9.26 整体效果

20　在"图层 6"的图层名称上单击鼠标右键，在弹出的菜单中选择"拷贝图层样式"命令，在"图层8"的图层名称上单击鼠标右键，在弹出的菜单中选择"粘贴图层样式"命令，为小铆钉添加投影效果，得到如图9.28所示的效果，此时的"图层"面板如图9.29所示。

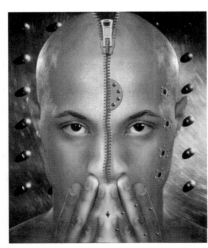

图9.27 复制图像并调整图像位置后的效果

 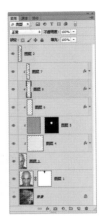

图9.28 复制粘贴图层样式后的效果　　图9.29 "图层"面板

> **提 示**
>
> 下面利用调整图层功能，调整人物右半侧的色调。

21　选择"图层 7"，在"图层"面板底部单击创建新的填充或调整图层按钮 ，在弹出的菜单中选择"色相/饱和度"命令，得到图层"色相/饱和度1"，按Ctrl+Alt+G组合键执行"创建剪贴蒙版"操作，然后在"属性"面板中将"饱和度"数值设置为-100，得到如图9.30所示的效果。

图9.30 应用调整图层后的效果

22　再次单击"创建新的填充或调整图层"按钮 ，在弹出的菜单中选择"渐变映射"命令，得到图层"渐变映射 1"，按Ctrl+Alt+G组合键执行"创建剪贴蒙版"操作，在"属性"面板中设置参数，如图9.31所示，得到如图9.32所示的效果，这一操作使右侧脸部呈现出一定的金属颜色。

> **提 示**
>
> 在"渐变映射"参数设置中，设置渐变各色标的颜色值为384149、e1f4ff。

图9.31 "渐变映射"参数设置

图9.32 应用调整图层后的效果

23 再次单击"创建新的填充或调整图层"按钮 ，在弹出的菜单中选择"曲线"命令，得到图层"曲线 1"，按Ctrl+Alt+G组合键执行"创建剪贴蒙版"在"属性"面板中操作，设置参数，如图9.33所示，得到如图9.34所示的效果。

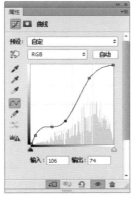

图9.33 "曲线"参数设置

24 在"图层"面板底部单击"添加图层样式"按钮 ，在弹出的菜单中选择"混合选项"命令，在弹出的对话框中设置参数，如图9.35所示，单击"确定"按钮，得到如图9.36所示的效果。

图9.34 应用调整图层后的效果

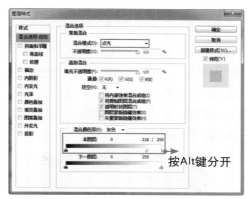

图9.35 "混合选项"参数设置

图9.36 应用"混合选项"命令后的效果

 提 示

下面还原人物右侧眼睛及制作拉链立体效果。

25 使用"套索工具" 将人物右侧的眼睛选中，如图9.37所示。选择"图层 3"并按Ctrl+C组合键执行"拷贝"操作。

26 选择图层"曲线 1"，按Ctrl+V组合键执行"粘贴"操作，得到"图层 9"，按Ctrl+Alt+G组合键执行"创建剪贴蒙版"操作，得到如图9.38所示的效果。

275

图9.37 选中人物右侧的眼睛

图9.40 图层蒙版中的状态

27 按住Alt键在"图层"面板底部单击"添加图层蒙版"按钮，为"图层 9"添加图层蒙版。设置前景色为白色，选择"画笔工具"，在工具选项栏中设置适当的画笔大小，在人物右眼处涂抹，以将其显示出来，并设置该图层的"不透明度"为70%，得到如图9.39所示的效果，此时图层蒙版中的状态如图9.40所示。

29 设置"图层 10"的"不透明度"为60%。在"图层"面板底部单击"添加图层样式"按钮，在弹出的菜单中选择"斜面和浮雕"命令，在弹出的对话框中设置参数，如图9.42所示，单击"确定"按钮，得到如图9.43所示的效果，图9.44所示为应用图层样式前后的局部效果对比，可以看出操作后拉链具有了一定的立体效果。

图9.38 复制粘贴图像并创建剪贴蒙版后的效果

图9.41 绘制选区

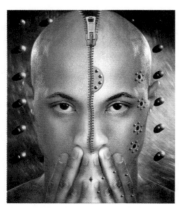

图9.39 调整图像并设置图层属性度后的效果

28 使用"矩形选框工具"绘制如图9.41所示的选区，选择"图层 2"并按Ctrl+J组合键执行"通过拷贝的图层"操作，得到"图层 10"。

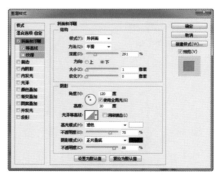

图9.42 "斜面和浮雕"图层样式参数设置

提 示

对于"图层样式"对话框中的"等高线"选项，只需要将其选中即可，在此不需要设置任何的参数。

图9.43 应用图层样式后的效果

图9.46 调整图像后的效果

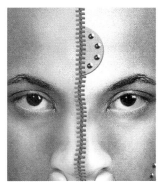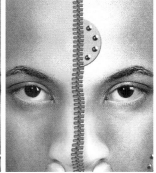

图9.44 应用图层样式前后的局部效果对比（左图为应用前的效果，右图为应用后的效果）

第2部分 添加其他元素

01 打开随书所附光盘中的文件"第9章\9.1\素材5.tif"，如图9.45所示。使用"移动工具" ⊦＋ 将其拖至背景文件中，得到"图层 11"。按Ctrl+T组合键调出自由变换控制框，按住Shift键将图层11中的图像缩小为原来的35%，按Enter键确认变换操作，将图像置于人物头部的右上角，效果如图9.46所示。

图9.45 素材图像

02 执行"编辑"|"变换"|"变形"命令，分别拖动变形控制框的各个控制手柄，直至得到如图9.47所示的状态，以模拟标签贴在人物头部上的效果，按Enter键确认变换操作，此时的图像效果如图9.48所示。

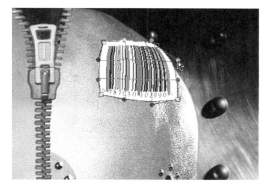

图9.47 变形时的状态

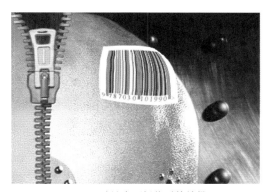

图9.48 确认变形操作后的效果

03 设置"图层 11"的混合模式为"正片叠底"，得到如图9.49所示的效果，图9.50所示为图像的整体效果，此时的"图层"面板如图9.51所示。

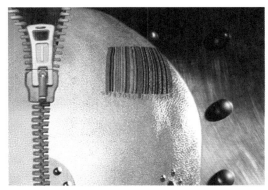

图9.49 设置图层混合模式后的效果

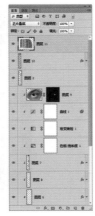

图9.50 整体效果　　　　图9.51 "图层"面板

04 在"图层"面板中选择"图层9"，打开随书所附光盘中的文件"第9章\9.1\素材6.tif"，如图9.52所示。使用"移动工具" ⊞ 将其拖至本例的背景文件中，得到"图层12"。

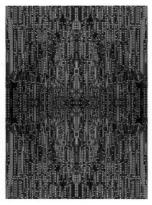

图9.52 素材图像

05 按Ctrl+T组合键调出自由变换控制框，按住Shift键缩小"图层12"中的图像，然后逆时针旋转一定角度，将其置于如图9.53所示的位置。值得一提的是，此处只需要对右半侧的人物头部增加电路板纹理，所以只要电路板能覆盖右侧的半个即可。

图9.53 置于位置

06 按Ctrl+Shift+U组合键执行"去色"操作，以去除图像的色彩，然后设置"图层12"的混合模式为"柔光"，得到如图9.54所示的效果。

图9.54 去色并设置图层混合模式后的效果

提示

　　在此处所叠加的电路板纹理，本身是标准的直线型排列，在融合到右侧的人物头部后，看起来不能依据面的突起和凹陷而发生扭曲变化，从而导致整体效果失真。下面利用滤镜来解决这个问题。

07 隐藏"图层12"，按Ctrl+A组合键执行"全选"操作，选择任意一个可见图层，按Ctrl+Shift+C组合键执行"合并拷贝"操作，以复制选区中的图像。

08 按Ctrl+N组合键新建一个文件，在弹出的对话框中直接单击"确定"按钮退出对话框，然后按Ctrl+V组合键粘贴图像。执行"滤镜"|"模糊"|"高斯模糊"命令，在弹出的对话框中设置"半径"为8像素，单击"确定"按钮，得到如图9.55所示的效果。关闭并以PSD格式保存当前图像。

图9.55 应用"高斯模糊"命令后效果

09 显示并选择"图层 12",执行择"滤镜"|"扭曲"|"置换"命令,在弹出的对话框中设置参数,如图9.56所示,单击"确定"按钮。在接下来弹出的对话框中选择上面步骤保存的PSD格式文件,单击"打开"按钮后得到如图9.57所示的效果。

图9.56 "置换"对话框

图9.57 置换图像后的效果

10 在"图层"面板底部单击"添加图层蒙版"按钮|◻|,为"图层 12"添加图层蒙版,选择"图层 1"并按Ctrl键单击其图层缩览图以载入选区,按Ctrl+C组合键执行"拷贝"操作。

11 返回"图层 12"并选择其图层蒙版,按住Alt键单击图层蒙版缩览图以进入其编辑状态,按Ctrl+V组合键粘贴图像,按Ctrl+D组合键取消选区,此时图层蒙版的编辑状态如图9.58所示,再次按Alt键单击图层蒙版缩览图以退出图层蒙版编辑状态,得到如图9.59所示的效果。

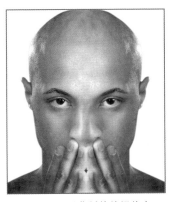

图9.58 图层蒙版的编辑状态

图9.59 应用图层蒙版后的效果

12 继续选择"图层 12"的图层蒙版,按Ctrl+L组合键应用"色阶"命令,在弹出的对话框中设置参数,如图9.60所示,单击"确定"按钮退出对话框,得到如图9.61所示的效果。

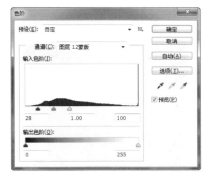

图9.60 "色阶"对话框

图9.61 应用"色阶"命令的效果

> **提 示**
>
> 　虽然在上面的步骤中曾使用"置换"命令对纹理进行了扭曲处理,但实际效果并不完全令人满意下面再利用"液化"命令,对纹理进行深入的扭曲处理。

13 选择"图层 12"的图层缩览图，执行"滤镜"|"液化"命令，在弹出的对话框中选择"膨胀工具" ⊕，沿面部凸起与凹陷的部分进行扭曲处理，直至感觉满意为止，图9.62所示是笔者涂抹后的状态，单击"确定"按钮退出对话框，得到如图9.63所示的效果。

图9.62 "液化"对话框

图9.63 应用"液化"命令后的效果

> **提 示**
>
> 在使用"膨胀工具" ⊕ 扭曲图像时，如果直接进行涂抹，则表示对图像进行膨胀处理；如果在涂抹时按住Alt键，则对图像进行挤压处理。另外，笔者在处理时显示了"图层 1"中的图像，以便于根据该图像进行扭曲处理。

> **提 示**
>
> 至此，纹理的扭曲操作已经基本完成。需要注意的是，在对人物面部及手部叠加纹理时，使用的是同一纹理图像，那么就不可避免地会令观者看出一定的规律，这样效果就很难再逼真了，所以此处需要分别为人物面部及手部图像赋予不同角度的电路板纹理。

14 选择"图层 12"的图层蒙版，设置前景色为黑色，选择"画笔工具" ✐，在工具选项栏中设置适当的画笔大小及不透明度，在图层蒙版中进行涂抹，以将人物手部的电路板纹理隐藏起来，直至得到如图9.64所示的效果，此时图层蒙版中的状态如图9.65所示。

图9.64 涂抹后的效果

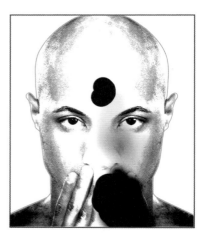

图9.65 图层蒙版中的状态

> **提 示**
>
> 为人物的面部叠加了纹理后，下面将继续为人物的手部叠加纹理，其操作方法与为面部增加纹理是基本相同的，故不再予以详细讲解，读者可以自行尝试操作。

15 图9.66所示是笔者为人物手部叠加纹理后的最终效果，同时得到"图层13""图层"，面板如图9.67所示，图9.68所示是笔者放弃在人物头部右侧添加电路板纹理，而改在人物头部左侧添加纹理并调色后的效果。读者可以根据上面讲解的制作人物面部右侧效果的方法，尝试制作出人物面部左侧的效果。

图9.66 为人物手部叠加纹理后的最终效果

图9.68 尝试效果

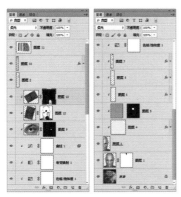

图9.67 "图层"面板

提 示

在选择人物手部图像时，可以使用"磁性套索工具" 进行操作。

9.2 恬静的恐惧——蛇皮肌肤质感模拟

本例所选择的初始人物造型能够给观者以一种恬静的感受，而经过后期处理后，即为其叠加逼真的纹理效果后，则能够给观者以一种强烈的恐惧感。

核心技能：

> 设置图层属性以混合图像。

> 利用图层蒙版功能隐藏不需要的图像。

> 应用调整图层功能，调整图像的色彩、亮度等属性。

> 应用"画笔工具" 修饰图像。

> 应用"钢笔工具" 绘制路径。

> 利用剪贴蒙版限制图像的显示范围。

> 应用"羽化"命令创建具有柔和边缘的图像效果。

原始素材 光盘\第9章\9.2\素材1.psd、素材2.psd、素材3.tif~素材6.tif、素材7.psd

最终效果 光盘\第9章\9.2\9.2.psd

第1部分 调整人物图像

01 打开随书所附光盘中的文件"第9章\9.2\素材 1.psd",如图9.69所示。

图9.69 素材图像

 提 示

首先利用图层混合模式,对人物图像的对比度进行处理。

02 复制图层"背景",得到图层"背景 副本",执行"滤镜"|"模糊"|"高斯模糊"命令,在弹出的对话框中设置"半径"为5像素,单击"确定"按钮退出对话框,得到如图9.70所示的效果。

图9.70 应用"高斯模糊"命令后的效果

03 设置图层"背景 副本"的混合模式为"叠加","不透明度"为45%,得到如图9.71所示的效果。复制图层"背景 副本",得到图层"背景 副本 2",设置其混合模式为"正常",得到如图9.72所示的效果。

图9.71 设置图层属性后的效果

图9.72 设置图层属性后的效果

04 复制图层"背景 副本 2",得到图层"背景 副本 3",在"图层"面板底部单击"添加图层蒙版"按钮 ,为图层"背景 副本 3"添加图层蒙版。设置前景色为黑色,选择"画笔工具" ,在工具选项栏中设置适当的画笔大小,对眼睛、嘴部、鼻子等重要部位进行涂抹,得到如图9.73所示的效果,图层蒙版中的状态如图9.74所示。

图9.73 添加图层蒙版并进行涂抹后的效果

05 在"图层"面板底部单击"创建新的填充或调整图层"按钮 ,在弹出的菜单中选择"色相/饱和度"命令,得到图层"色相/饱和度 1",在"属性"面板中将"饱和度"设置为-100,得到如图9.75所示的效果。

图9.74 图层蒙版的状态

图9.75 去除颜色后的效果

提 示

下面先来调整一下人物嘴唇的颜色。

06 选择钢笔工具 ✎，并在其工具选项条中选择"路径"选项，沿着人物的嘴唇绘制一条如图9.76所示的路径，按Ctrl+Enter键将路径转换为选区，按Shift+F6键应用"羽化"命令，在弹出的对话框中设置"羽化半径"为 4，单击"确定"按钮退出对话框。

图9.76 用钢笔工具勾选

07 单击创建新的填充或调整图层按钮 ◔.，在弹出菜单中选择"通道混和器"命令，得到调整图层"通道混和器 1"，设置弹出的面板如图9.77、图9.78和图9.79所示，得到如图9.80所示的效果。

图9.77 "红"选项 　　　图9.78 "绿"选项

图9.79 "蓝"选项 　　图9.80 应用调整图层后的效果

08 继续单击"创建新的填充或调整图层"按钮 ◔.，在弹出的菜单中选择"色相/饱和度"命令，得到图层"色相/饱和度 2"，按Ctrl+Alt+G组合键执行"创建剪贴蒙版"操作，在"属性"面板中设置参数如图9.81所示，得到如图9.82所示的效果，此时的"图层"面板如图9.83所示。

图9.81 "色相/饱和度"参数设置

283

图9.82 应用调到图层后的效果

图9.83 "图层"面板

提 示

下面结合素材图像，对人物的眼睛进行修饰和处理。

09 打开随书所附光盘中的文件"第9章\9.2\素材2.psd"，如图9.84所示。使用"移动工具" ⊕ 将其移至步骤**01** 打开的文件中，得到"图层 1"，按Ctrl+T组合键调出自由变换控制框，按住Shift"图层 1"中的键缩小图像并将其移至人物眼睛的位置，如图9.85所示，按Enter键确认变换操作。

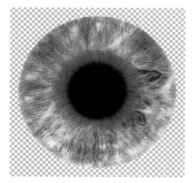

图9.84 素材图像

图9.85 变换图像后的效果

10 设置"图层 1"的混合模式为"强光"，得到如图9.86所示的效果。在"图层"面板底部单击"添加图层蒙版"按钮 ▣ 为"图层 1"添加图层蒙版，设置前景色为黑色，选择"画笔工具" ✎ ，在工具选项栏中设置适当的画笔大小，对眼睛的边缘进行涂抹以将其虚化，得到如图9.87所示的效果。

图9.86 设置图层混合模式后的效果

图9.87 添加图层蒙版并进行涂抹后的效果

11 在"图层"面板底部单击"创建新的填充或调整图层"按钮 ◐ ，在弹出的菜单中选择"通道混和器"命令，得到图层"通道混和器 2"，按Ctrl+Alt+G组合键执行"创建剪贴蒙版"操作，在"属性"面板中设置参数，如图9.88和图9.89所示，得到如图9.90所示的效果。

图9.88 "红"选项　　　　图9.89 "绿"选项

提　示

　　观察图像效果可以看出，下半部分的眼睛及面部图像看起来较暗。下面将利用图像调整图层，将此部分图像的细节显示出来。

12　选择"钢笔工具" ，在工具选项栏中选择"路径"选项，沿着人物面部下方眼睛和眼眶的位置绘制路径，效果如图9.91所示，按Ctrl+Enter组合键将路径转换为选区，按Shift+F6组合键应用"羽化"命令，在弹出的对话框中设置"羽化半径"为 10 像素，单击"确定"按钮退出对话框。

图9.90 应用调整图层后的效果

图9.91 绘制路径

13　保持选区，再次单击"创建新的填充或调整图层"按钮 ，在弹出的菜单中选择"亮度/对比度"命令，在"属性"面板中设置参数，如图9.92所示，得到如图9.93所示的效果，得到图层"亮度/对比度 1"。

图9.92 "亮度/对比度"参数设置

图9.93 应用调整图层后的效果

14　选择"图层 1"为当前工作层，按住Ctrl键单击图层"通道混和器 2"的图层名称以将其选中，按Ctrl+Alt+E组合键执行"盖印"操作，将得到的图层重命名为"图层 2"，并将其拖至所有图层的上方。使用"移动工具"  将"图层 2"中的图像移至人物面部下方眼球的位置，并设置当前图层的混合模式为"叠加"，"不透明度"为81%，得到的效果如图9.94所示。

图9.94 制作另外的眼球效果

⑮ 复制"图层2",得到"图层2副本",更改"不透明度"为47%,以增加眼球的亮度,得到如图9.95所示的效果。

图9.95 调整后的效果

⑯ 新建图层,得到"图层3",设置前景色为黑色,选择"画笔工具" ,在工具选项栏中设置适当的画笔大小和不透明度,在瞳孔的上方进行涂抹,表现眼球的层次感,得到如图9.96所示的效果。

图9.96 用"画笔工具"涂抹后的效果

⑰ 新建图层,得到"图层4",设置前景色为黑色,重复上一步的操作方法,用"画笔工具" 在人物的眉头处进行涂抹以将其变暗,得到如图9.97所示的效果。

图9.97 用"画笔工具"涂抹后的效果

⑱ 新建图层,得到"图层5",设置前景色为白色,选择"画笔工具" ,在工具选项栏中设置适当的画笔大小和不透明度,在人物眼睛的下眼睑处进行涂抹以将其变亮,效果如图9.98所示。

图9.98 用"画笔工具"涂抹后的效果

⑲ 新建图层,得到"图层6",选择"画笔工具" ,在工具选项栏中设置画笔大小为8像素,并设置"不透明度"为60%,为人物的眼睛描绘眼线,以让眼睛的轮廓更加清晰,效果如图9.99所示。

图9.99 用"画笔工具"绘制后的效果

提 示

　　由于人物头部后面的图像过暗,在下面的操作中无法为其叠加纹理,下面将为其增加图像内容。

⑳ 设置前景色为白色,选择"钢笔工具" ,在工具选项栏中选择"形状"选项,在人物头部后面的位置绘制如图9.100所示的形状,得到图层"形状1",设置图层"形状1"的"不透明度"为85%,得到如图9.101所示的效果。

㉑ 在"图层"面板底部单击"添加图层蒙版"按钮 ,为图层"形状1"添加图层蒙版,设置前景色为黑色,选择"画笔工具" ,在工具选项栏

中设置适当的画笔大小，对形状的边缘进行涂抹以将其与人物融合，得到如图9.102所示的效果，图层蒙版中的状态如图9.103所示。

图9.100 绘制形状

图9.101 设置图层属性后的效果

图9.102 添加图层蒙版并进行涂抹后的效果

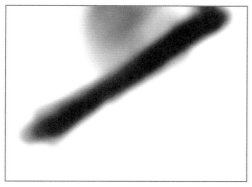

图9.103 图层蒙版中的状态

提 示

下面为人物叠加粗糙的表面纹理。

22 打开随书所附光盘中的文件"第9章\9.2\素材3.tif"，如图9.104所示。使用"移动工具" ⊕ 将其移至步骤01打开的背景文件当中，得到"图层7"。按Ctrl+T键调出自由变换控制框，按住Shift键缩小图像并将其移至人物面部的上方，效果如图9.105所示，按Enter键确认变换操作。

图9.104 素材图像

图9.105 变换图像后的效果

23 设置"图层 7"的混合模式为"叠加"，得到如图9.106所示的效果。在"图层"面板底部单击"添加图层蒙版"按钮 ⊡ ，设置前景色为黑色，选择"画笔工具" ✎ ，在工具选项栏中设置适当的画笔大小，对画布左下角的衣物进行涂抹以将其隐藏，得到如图9.107所示的效果。

24 打开随书所附光盘中的文件"第9章\9.2\素材4.tif"，如图9.108所示。使用"移动工具" ⊕ 将其移至背景文件中，得到"图层 8"。按Ctrl+T组合键调出自由变换控制框，按住Shift键缩小图像并顺时针旋转图像90°，使其填满整个画布，按Enter键确认变换操作。

图9.106 设置图层混合模式后的效果

图9.109 设置图层混合模式后的效果

图9.107 添加图层蒙版并进行涂抹后的效果

图9.110 添加图层蒙版并进行涂抹后的效果

图9.108 素材图像

图9.111 图层蒙版中的状态

25 设置"图层 8"的混合模式为"颜色加深",得到如图9.109所示的效果。在"图层"面板底部单击"添加图层蒙版"按钮 □ ,设置前景色为黑色,选择"画笔工具" ✓ ,在工具选项栏中设置适当的画笔大小,对人物颈部进行涂抹以将其隐藏,得到如图9.110所示的效果,图层蒙版中的状态如图9.111所示。

26 在"图层"面板底部单击"创建新的填充或调整图层"按钮 ● ,在弹出的菜单中选择"色阶"命令,得到图层"色阶 1",按Ctrl+Alt+G组合键执行"创建剪贴蒙版"操作,在"属性"面板中设置参数,如图9.112所示,得到如图9.113所示的效果。

图9.112 "色阶"参数设置

图9.113 应用调整图层后的效果

> **提 示**
>
> 经过纹理叠加及图像调整后，人物已经具备基本的图像形态。下面正式为人物叠加蛇皮纹理。

27 打开随书所附光盘中的文件"第9章\9.2\素材5.tif"，如图9.114所示。使用"移动工具" ▶ 将其移至背景文件中，得到"图层 9"。按Ctrl+T组合键调出自由变换控制框，将"图层 9"中的图像顺时针旋转45°，按住Shift键缩小图像并将其移至人物面部的上方，效果如图9.115所示，按Enter键确认变换操作。

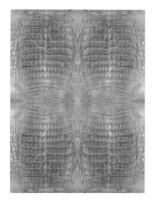

图9.114 素材图像

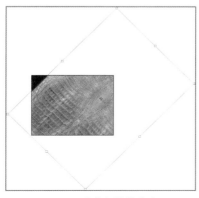

图9.115 变换图像的状态

28 按Ctrl+I组合键执行"反相"操作，得到如图9.116所示的效果。设置"图层 9"的混合模式为"正片叠底"，得到如图9.117所示的效果。

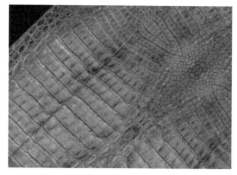

图9.116 执行"反相"操作后的效果

图9.117 设置图层混合模式后的效果

> **提 示**
>
> 叠加的蛇皮纹理挡住了眼睛，下面利用图层蒙版将眼睛显示出来。

29 在"图层"面板底部单击"添加图层蒙版"按钮 ▣ ，为"图层 9"添加图层蒙版。设置前景色为黑色，选择"画笔工具" ✎ ，在工具选项栏中设置适当的画笔大小，对人物的眼睛、嘴及超出皮肤以外的范围进行涂抹以将其隐藏，得到如图9.118所示的效果，图层蒙版中的状态如图9.119所示。

图9.118 添加图层蒙版并进行涂抹后的效果

图9.119 图层蒙版中的状态

提示

观察图像效果，发现其整体看起来非常暗。下面利用"色阶"调整图层来提高图像的亮度。

30 在"图层"面板底部单击"创建新的填充或调整图层"按钮 ⊘，在弹出的菜单中选择"色阶"命令，得到图层"色阶 2"，按Ctrl+Alt+G组合键执行"创建剪贴蒙版"操作，在"属性"面板中设置参数，如图9.120所示，得到如图9.121所示的效果。

图9.120 "色阶"参数设置

图9.121 应用调整图层后的效果

31 再次单击"创建新的填充或调整图层"按钮 ⊘，在弹出的菜单中选择"通道混和器"命令，得到图层"通道混和器 3"，在"属性"面板中设置参数如图9.122~图9.124所示，得到如图9.125所示的效果。

图9.122 "红"选项

图9.123 "绿"选项　　　图9.124 "蓝"选项

图9.125 应用调整图层后的效果

提示

至此，蛇皮纹理已经基本被叠加于人物身上了，但由于人物身体上缺少明显的高光效果，整体看起来非常平面化。下面利用绘图工具在人物面部补充一些高光效果，使其看起来更具有立体感。

32 新建图层，得到"图层 10"，设置前景色为白色。选择"画笔工具" ，在工具选项栏中设置适当的画笔大小和不透明度，按照图9.126所示的效果进行涂抹。设置"图层 10"的混合模式为"叠加"，"不透明度"为75%，得到如图9.127所示的效果。

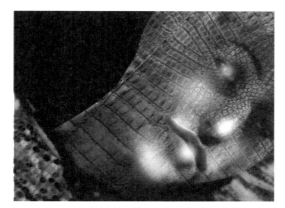

图9.126 使用"画笔工具"涂抹后的效果

图9.127 设置图层属性后的效果

第2部分 制作背景效果

01 新建图层，得到"图层 11"，设置前景色为黑色，选择"画笔工具" ，在工具选项栏中设置适当的画笔大小和不透明度，在人物头部的侧后方进行涂抹，将其与背景融合，得到如图9.128所示的效果。

 提 示

为了将后来添加的纹理衬托出来，在添加纹理之前需要将背景抹黑。在下面的操作中，要解决左下角及右下角的图像其色彩、饱和度与人物面部效果不统一的问题。

图9.128 使用"画笔工具"涂抹后的效果

02 选择"钢笔工具" ，在工具选项栏中选择"路径"选项，在人物头部的下方绘制如图9.129所示的路径，按Ctrl+Enter组合键将路径转换为选区，按Shift+F6组合键应用"羽化"命令，在弹出的对话框中设置"羽化半径"为 10像素，单击"确定"按钮。

图9.129 使用"钢笔工具"绘制路径

03 在"图层"面板底部单击"创建新的填充或调整图层"按钮 ，在弹出的菜单中选择"通道混和器"命令，得到图层"通道混和器 4"，在面板中设置参数，如图9.130和图9.131所示，得到如图9.132所示的效果。

图9.130 "红"选项　　图9.131 "蓝"选项

04 再次单击"创建新的填充或调整图层"按钮 ◎.，在弹出的菜单中选择"通道混和器"命令，得到图层"通道混和器 5"，在"属性"面板中设置参数，如图9.133~图9.135所示，得到如图9.136所示的效果。

图9.132 应用调整图层后的效果

图9.133 "红"选项

图9.134 "绿"选项　　图9.135 "蓝"选项

图9.136 应用调整图层后的效果

05 确定图层"通道混和器 5"的图层蒙版为当前操作状态，设置前景色为黑色，按Alt+Delete组合键用前景色填充图层蒙版，再设置前景色为白色，选择"画笔工具" ☑，在工具选项栏中设置适当的画笔大小，在人物衣服的位置进行涂抹以将其显示出来，得到如图9.137所示的效果，图层蒙版中的状态如图9.138所示。

图9.137 添加图层蒙版并进行涂抹后的效果

图9.138 图层蒙版中的状态

 提 示

在解决了区域图像的饱和度及色彩问题之后，下面真正开始在画布左上角的位置添加背景图像，使整体效果看来更加的丰富。

06 打开随书所附光盘中的文件"第9章\9.2\素材 6.tif"，如图9.139所示。使用"移动工具" ▶+将其移至第1部分的背景文件中，得到"图层 12"，按Ctrl+T组合键调出自由变换控制框，按住Shift键缩小"图层 12"中的图像并使其充满整个画布，按Enter键确认变换操作。

07 按住Alt键在"图层"面板底部单击"添加图层蒙版"按钮 ▣，为"图层 12"添加图层蒙版。设置前景色为白色，选择"画笔工具" ☑，在工具选项栏中设置适当的画笔大小与不透明度，在画布左上角的位置进行涂抹，以将其显示出来，得到如图9.140所示的效果，图层蒙版中的状态如图9.141所示。

图9.139 素材图像

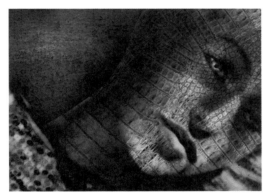

图9.140 添加图层蒙版并进行涂抹后的效果

图9.141 图层蒙版中的状态

08 设置"图层 12"的"不透明度"为50%，得到如图9.142所示的效果。

09 在"图层"面板底部单击"创建新的填充或调整图层"按钮 ，在弹出的菜单中选择"通道混和器"命令，得到图层"通道混和器 6"，按Ctrl+Alt+G组合键执行"创建剪贴蒙版"操作，在"属性"面板中设置参数如图9.143~图9.145所示，得到如图9.146所示的效果。

图9.142 设置图层属性后的效果

图9.143 "红"选项

图9.144 "绿"选项　　　图9.145 "蓝"选项

图9.146 应用调整图层后的效果

10 人物已经绘制完毕，应用随书所附光盘中的文件"第9章\9.2\素材7.psd"，制作画布左上方的LOGO图像，最终效果如图9.147所示，此时的"图层"面板如图9.148所示。

图9.147 最终效果

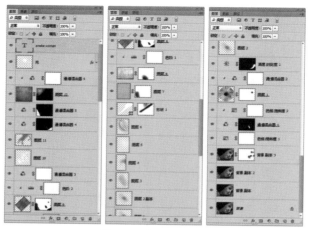

图9.148 "图层"面板

9.3 美人鱼创意表现

本例是以美人鱼为主题的创意表现作品。在制作过程中，以美人鱼为线索，利用多幅鱼素材图像进行合成，制作人身鱼尾的图像合成作品。另外，要了解鱼尾图像的转折面，从而制作出更加真实的美人鱼像效果。

核心技能：

➤ 利用图层蒙版功能隐藏不需要的图像。

➤ 应用变换功能调整图像的大小、角度及位置。

➤ 使用"变形"功能制作需要的图像效果。

➤ 结合"色阶"和"色彩平衡"调整图层，调整图像的明暗及色调。

➤ 应用"高斯模糊"滤镜，制作模糊图像效果。

📄 原始素材　光盘\第9章\9.3\素材1.psd~素材5.psd

📄 最终效果　光盘\第9章\9.3\9.3.psd

01 打开随书所附光盘中的文件"第9章\9.3\素材1.psd"，如图9.149所示，将其中的图像作为本例的背景文件。

💡 提 示

下面运用调整图层调整人物及背景图像的色调。

02 在"图层"面板底部单击"创建新的填充或调整图层"按钮 ◑，在弹出的菜单中选择"色彩平衡"命令，得到图层"色彩平衡1"，在面板中设置参数，如图9.150~图9.152所示，得到如图9.153所示的效果。

图9.149　素材图像

图9.150　"阴影"选项

图9.151　"中间调"选项

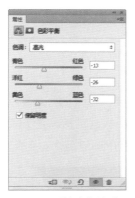

图9.152　"高光"选项

图9.153　应用调整图层后的效果

提 示

　　下面再次运用调整图层，提亮人物及背景图像的色调。

03 再次"创建新的填充或调整图层"按钮 🔘 ，在弹出的菜单中选择"色阶"命令，"属性"面板中设置参数，如图9.154所示，得到如图9.155所示的效果，同时得到图层"色阶 1"。此时的"图层"面板如图9.156所示。

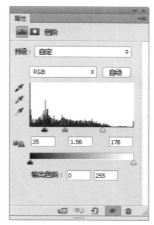

图9.154　"色阶"参数设置

图9.155　应用调整图层后的效果

提 示

　　为了方便管理图层，笔者在此对调整人物色调的图层执行了编组操作。选中要进行编组的图层，按Ctrl+G组合键将选中的图层编组，得到"组 1"，并将其重命名为"人物"。在下面的操作中，笔者也对各部分执行了编组的操作，在步骤中不再叙述。下面利用多幅鱼素材图像制作美人鱼效果。

04 打开随书所附光盘中的文件"第9章\9.3\素材2.psd"，使用"移动工具" 将其移至背景文件中人物腿部的位置。按Ctrl+T组合键调出自由变换控制框，调整素材图像的大小及位置，按Enter键确认变换操作，得到"图层1"，得到如图9.157所示的效果。

图9.156 "图层"面板

图9.157 调整图像后的效果

05 在"图层"面板底部单击"添加图层蒙版"按钮，为"图层1"添加图层蒙版。设置前景色为黑色，选择"画笔工具"，在工具选项栏中设置适当的画笔大小及不透明度，在鱼的边缘进行涂抹，涂抹出人物身体造型的鱼尾效果，直至得到如图9.158所示的效果，此时图层蒙版中的状态如图9.159所示。

图9.158 添加图层蒙版并进行涂抹后的效果

图9.159 图层蒙版中的状态

 提 示

下面调整鱼尾效果。

06 打开随书所附光盘中的文件"第9章\9.3\素材3.psd"，使用"移动工具"将其调整到背景文件中人物腿部的位置，得到"图层2"，结合变换功能调整图像的大小、角度及位置。

07 在"图层2"的图层名称上单击鼠标右键，在弹出的菜单中选择"转换为智能对象"命令，从而将其转换成为智能对象图层。下面将对该图层中的图像执行变形操作，而智能对象图层可以记录下所有的变形参数，便于进行反复调整。

08 按Ctrl+T组合键调出自由变换控制框，在控制框内单击鼠标右键，在弹出的菜单中选择"变形"命令，拖动各个控制手柄，直至调整到如图9.160所示的状态，按Enter键确认变换操作。

图9.160 变形的状态

09 按照步骤**05**的操作方法，为"图层2"添加图层蒙版，结合"画笔工具"，在鱼尾位置进行涂抹，制作暗调效果。设置"图层2"的"不透明度"为98%，得到如图9.161所示的效果。

图9.161 制作暗调效果

> **提 示**
>
> 　图层蒙版的具体状态，读者可以查看本例随书附光盘中最终效果源文件的相关图层，这里不再一一赘述，下面有类似的操作时不再加以提示。

10 打开随书所附光盘中的文件"第9章\9.3\素材4.psd"，使用"移动工具" 将其分别调整至背景文件中人物腿部的位置，得到"图层 3"～"图层5"，注意图层的顺序。结合变换功能调整其中各图像的大小、角度及位置，直至得到如图9.162所示的效果，此时的"图层"面板如图9.163所示。

图9.162 调整图像后的效果

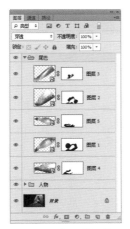

图9.163 "图层"面板

> **提 示**
>
> 　本步骤制作的合成鱼尾效果，是本例的重点之一，笔者是以素材的形式给出的。由于其操作方法前面有过讲解，读者可以参考素材图像中的相关图层进行参数设置，这里不再一一赘述。

> **提 示**
>
> 　要查看图像的变形状态，可以选中相应的图层，按Ctrl+T组合键调出自由变换控制框，在控制框内单击鼠标右键，在弹出的菜单中选择"变形"命令。下面制作鱼尾鳍效果。

11 选择图层组"人物"，打开随书所附光盘中的文件"第9章\9.3\素材5.psd"，使用"移动工具" 将其调整到背景文件中。结合变换功能调整图像的大小、角度及位置，制作鱼尾鳍效果，直至得到如图9.164所示的效果，此时的"图层"面板如图9.165所示。

图9.164 制作鱼尾鳍效果

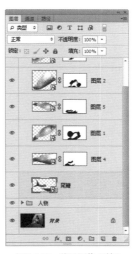

图9.165 "图层"面板

提 示

本步骤笔者是以智能对象的形式给出的素材，这也是本例的重点之一，在前面有过详细的讲解。如要查看具体的参数设置及状态，读者可以双击智能对象缩览图，在弹出的对话框中单击"确定"查看操作的过程，这里不再一一赘述。

提 示

调整图层具体的参数设置，读者可以查看本例随书所附光盘最终效果源文件的相关图层进行参数设置，这里不再一一赘述，下面有类似的操作时不再加以提示。下面调整鱼尾的色调。

⑫ 设置图层组"尾巴"的混合模式为"正常"，选择"图层3"，按照步骤⑫~⑬的操作方法，应用"色彩平衡"及"色阶"调整图层，设置相关参数，得到图层"色彩平衡2"及图层"色阶2"，直至得到如图9.166所示的效果，此时的"图层"面板如图9.167所示。

图9.166 调整鱼尾色调后的效果

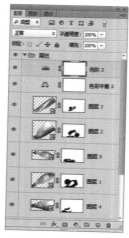

图9.167 "图层"面板

提 示

将图层组"尾巴"的混合模式设置为"正常"，可以使该图层组中所有的调整图层及混合模式，只针对该图层组内的图像起作用。

提 示

至此，鱼尾效果已经制作完毕。从图像效果来看，鱼尾周围还留有人物本身的腿部及脚部等图像内容。下面结合"画笔工具"来解决此问题。

⑬ 选择图层"背景"，新建图层，得到"图层6"，将其拖至图层组"人物"中。设置前景色为黑色。选择"画笔工具"，在工具选项栏中设置适当的画笔大小及不透明度，在人物的脚部、腿部及臀等部位进行涂抹，将其隐藏起来，直至得到如图9.168所示的效果，局部效果如图9.169所示。

图9.168 隐藏图像后的效果

图9.169 局部效果

提 示

为了方便读者查看"画笔工具"涂抹的效果，图9.170所示为暂时将涂抹的效果载入选区后的效果。下面制作美人鱼的投影效果。

14 选择图层组"人物",选择"钢笔工具"，在工具选项栏中选择"形状"选项,在美人鱼与物体界面接触的位置绘制形状,得到图层"形状 1",效果如图9.171所示,将图层"形状 1"转换为智能对象。

图9.172 应用"高斯模糊"命令后的效果

图9.170 将涂抹的效果载入选区

图9.173 设置图层混合模式后的效果

图9.171 绘制形状后的效果

提 示

将图层转换为智能对象的目的是,方便下面应用滤镜命令,如果对滤镜效果不满意,还可以对其进行更改。

15 执行"滤镜"|"模糊"|"高斯模糊"命令,在弹出的"高斯模糊"对话框中设置"半径"为3.9像素,单击"确定"按钮,得到图9.172所示的效果。设置图层"形状 1"的混合模式为"叠加",得到如图9.173所示的效果,图9.174所示为最终效果,此时的"图层"面板如图9.175所示。

图9.174 最终效果

图9.175 "图层"面板

第10章

其他质感

在制作本书案例的过程中，大家会发现，几乎在模拟所有的质感时都会用到不同的滤镜命令。例如，在模拟螺纹钢质感字时使用了"云彩"、"添加杂色"等滤镜，而在模拟牛仔裤质感时使用了"纹理化"及"玻璃"等滤镜……从某种程度上来说，滤镜可以直接影响到质感或纹理模拟的逼真程度，这一点大家可以在制作过程中慢慢体会。

10.1 微生物细胞质感表现

本例以自发光生物为主题，制作一幅具有科幻色彩的画面。除了发光效果外，细胞表面纹理的制作方法也是值得学习的重点。

核心技能：

> 应用"云彩"滤镜命令制作云彩效果。

> 应用"球面化"滤镜命令制作球体效果。

> 添加"外发光"和"内发光"图层样式，制作图像的发光效果。

> 应用"液化"滤镜命令调整图像的形态。

> 应用调整命令及调整图层功能，调整图像的亮度、色彩等属性。

> 设置图层属性以混合图像。

> 利用图层蒙版功能隐藏不需要的图像。

> 利用剪贴蒙版限制图像的显示范围。

 原始素材 光盘\第10章\10.1\素材.tif

 最终效果 光盘\第10章\10.1\10.1.psd

01 打开随书所附光盘中的文件"第10章\10.1\素材.tif"，图层"背景"中的图像效果如图10.1所示。新建"图层 1"，按D键将前景色和背景色恢复为默认的黑白色，执行"滤镜"|"渲染"|"云彩"命令，得到类似图10.2所示的效果。

图10.2 应用"云彩"命令后的效果

图10.1 素材图像

02 执行"滤镜"|"风格化"|"查找边缘"命令，得到如图10.3所示的效果。选择"椭圆选框工具" ⬚，在画布右侧绘制圆形选区，效果如图10.4所示。按Ctrl+J组合键，将选区内的图像复制粘贴到新图层即"图层 2"中，隐藏"图层 1"后的效果如图10.5所示。

图10.3 应用"查找边缘"命令后的效果

中设置参数如图10.9所示，单击"确定"按钮得到
如图10.10所示的效果。

图10.4 绘制圆形选区

图10.5 复制粘贴图像后的效果

提示

　　下面制作细胞球体的效果。

03 按住Ctrl键单击"图层 2"的图层缩览图以载入其
　　选区，执行"滤镜"|"扭曲"|"球面化"命令，
　　在弹出的对话框中设置参数，如图10.6所示，单击
　　"确定"按钮得到如图10.7所示的效果。

图10.7 应用"球面化"命令后的效果

图10.8 执行"反相"操作后的效果

图10.9 "外发光"图层样式参数设置

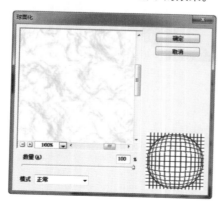

图10.6 "球面化"对话框

04 按Ctrl+D组合键取消选区，然后按Ctrl+I组合键执
　　行"反相"操作，效果如图10.8所示。在"图层"
　　面板底部单击"添加图层样式"按钮 _fx._，在弹出
　　的菜单中选择"外发光"命令，在弹出的对话框

图10.10 应用图层样式后的效果

05 按住Ctrl键在"图层"面板底部单击"创建新图层"按钮 ，使生成的"图层 3"位于"图层 2"的下方。选择"图层 2"为当前工作层，按Ctrl+E组合键将"图层 2"向下合并，得到"图层 3"。

06 执行"滤镜"|"液化"命令，在弹出的对话框中选择"向前变形工具" ，设置相应的参数，然后在圆形图像的边缘处涂抹，效果如图10.11所示，单击"确定"按钮，得到如图10.12所示的效果。

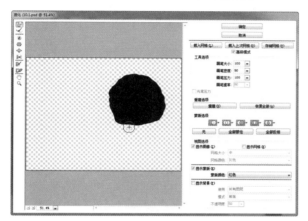

图10.11　"液化"对话框

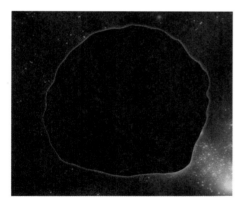

图10.12　应用"液化"命令后的效果

07 按Ctrl+L组合键应用"色阶"命令，在弹出的对话框中设置参数如图10.13所示，单击"确定"按钮退出对话框，得到如图10.14所示的效果。按Ctrl键单击"图层 3"的图层缩览图以载入其选区，执行"选择"|"修改"|"收缩"命令，在弹出的对话框中设置收缩量为60像素，单击"确定"按钮退出对框，得到如图10.15所示的选区。

08 按Shift+F6组合键执行"羽化选区"操作，在弹出的对话框中设置"羽化半径"为20像素，单击"确定"按钮退出对话框，得到如图10.16所示的选区状态。按Ctrl+L组合键应用"色阶"命令，在弹出的对话框中设置参数，如图10.17所示，单击"确

定"按钮退出对话框，按Ctrl+D组合键取消选区，得到如图10.18所示的效果。

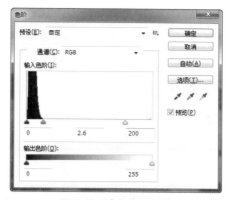

图10.13　"色阶"对话框

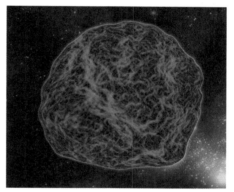

图10.14　应用"色阶"命令后的效果

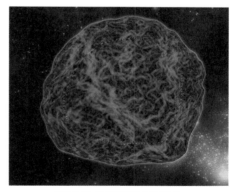

图10.15　收缩选区后的效果

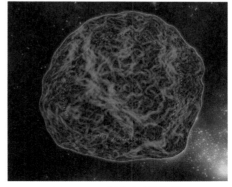

图10.16　羽化选区后的效果

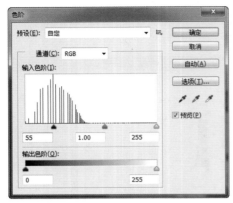

图10.17 "色阶"对话框

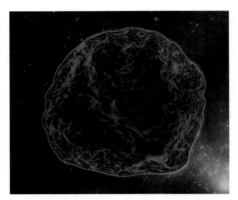

图10.18 应用"色阶"命令后的效果

09 在"图层"面板底部单击"创建新的填充或调整
图层"按钮 ，在弹出的菜单中选择"色阶"命
令，得到图层"色阶 1"，按Ctrl+Alt+G组合键执
行"创建剪贴蒙版"操作，在"属性"面板中设置
参数如图10.19所示，得到的效果如图10.20所示。

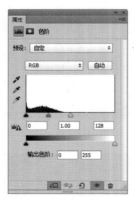

图10.19 "色阶"参数设置

10 选择"图层 3"为当前工作层，在"图层"面板底
部单击"添加图层样式"按钮 ，在弹出的菜单
中选择"内发光"命令，在弹出的对话框中设置参
数，如图10.21所示，单击"确定"按钮，得到如
图10.22所示的效果。

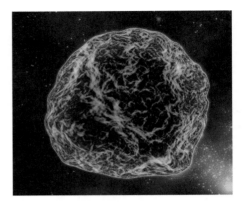

图10.20 应用调整图层的效果

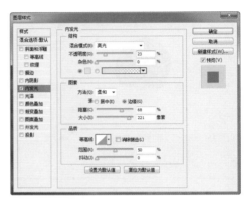

图10.21 "内发光"图层样式参数设置

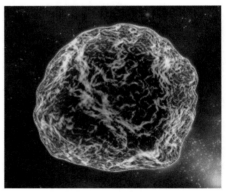

图10.22 应用图层样式的效果

提 示

在"内发光"图层样式参数设置中，设置色块的颜
色值为c6fff5。下面绘制管状物体。

11 隐藏"图层 3"。选择"钢笔工具" ，在工具
选项栏中选择"路径"选项，在画布的右上角绘
制如图10.23所示的路径。按Ctrl+Enter组合键将路
径转换为选区，使"图层 1"显示并成为当前工作
层，按Ctrl+J组合键将选区内的图像复制粘贴到新
的图层即"图层 4"中，隐藏"图层 1"后效果如
图10.24所示。

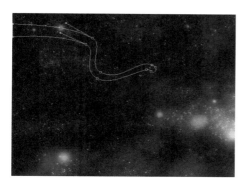

图10.23 绘制路径

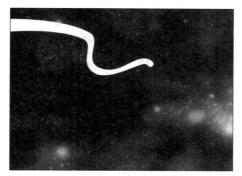

图10.24 复制粘贴图像后的效果

12 按Ctrl+I组合键执行"反相"操作，效果如图10.25所示。按Ctrl+L组合键执行"色阶"命令，在弹出的对话框中设置参数如图10.26所示，单击"确定"按钮退出对话框，得到如图10.27所示的效果。

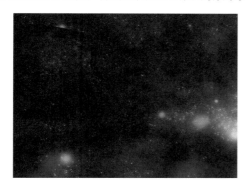

图10.25 执行"反相"操作后的效果

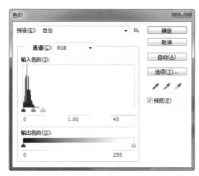

图10.26 "色阶"对话框

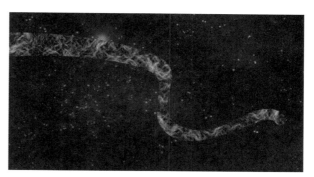

图10.27 应用"色阶"命令后的效果

13 按照步骤 **06** 的操作方法，弹出"液化"对话框，选择"向前变形工具" ，设置相应参数，对图像的边缘进行变形处理，如图10.28所示，单击"确定"按钮，得到的效果如图10.29所示。

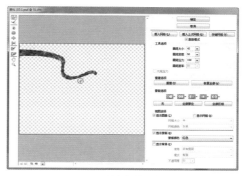

图10.28 "液化"对话框

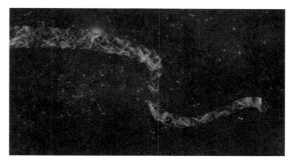

图10.29 应用"液化"命令后的效果

14 载入"图层 4"的选区，在"图层"面板底部单击"创建新的填充或调整图层"按钮 ，在弹出的菜单中选择"渐变映射"命令，得到图层"渐变映射 1"，在"属性"面板中设置参数如图10.30所示，设置当前图层的混合模式为"滤色"，得到的效果如图10.31所示，然后按Ctrl+E组合键将该图层向下合并到"图层 4"中。

 提 示

在"渐变映射"参数设置中，将渐变设置为默认的黑白渐变。

图10.30 "渐变映射"参数设置

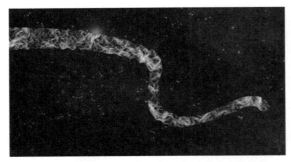

图10.31 应用调整图层并设置图层混合模式后的效果

15 在"图层"面板底部单击"添加图层样式"按钮 |fx.|，在弹出的菜单中选择"外发光"命令，在弹出的对话框中设置参数，如图10.32所示，单击"确定"按钮，得到如图10.33所示的效果。

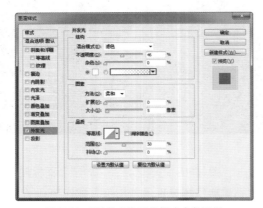

图10.32 "外发光"图层样式参数设置

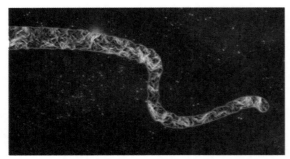

图10.33 应用图层样式后的效果

16 载入"图层 4"的选区，执行"选择"|"修改"|"收缩"命令，在弹出的对话框中设置"收缩量"为8像素，单击"确定"按钮退出对话框，得到如图10.34所示的选区。按Shift+F6组合键执行"羽化选区"操作，在弹出的对话框中设置"羽化半径"为4像素，单击"确定"按钮退出对话框，得到如图10.35所示的选区状态。

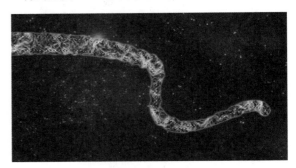

图10.34 收缩选区后的效果

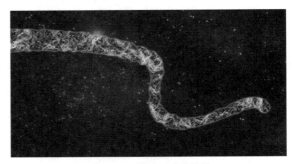

图10.35 羽化选区后的效果

17 新建图层"图层 5"，设置前景色为黑色，按Alt+Delete组合键填充前景色按Ctrl+D组合键，取消选区，得到的效果如图10.36所示。设置"图层5"的混合模式为"叠加"，"不透明度"为8%，效果如图10.37所示。

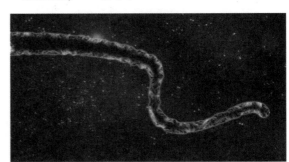

图10.36 填充前景色后的效果

18 按Ctrl+E组合键将"图层 5"向下合并到"图层 4"中，按Ctrl+L组合键执行"色阶"命令，在弹出的对话框中设置参数，如图10.38所示，单击"确定"按钮退出对话框，得到如图10.39所示的效果。

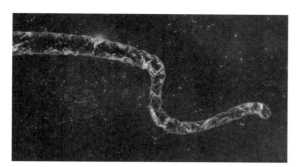

图10.37 设置图层属性后的效果

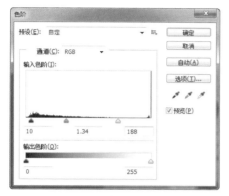

图10.38 "色阶"对话框

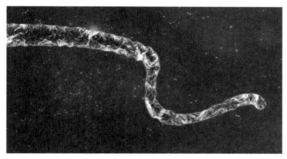

图10.39 调整色阶后的效果

19 在"图层"面板底部单击"添加图层样式"按钮 *fx.*，在弹出的菜单中选择"内发光"命令，在弹出的对话框中设置参数，如图10.40所示，单击"确定"按钮，得到如图10.41所示的效果。将"图层 4"拖到"图层3"的上方，并显示"图层 3"。

图10.40 "内发光"图层样式参数设置

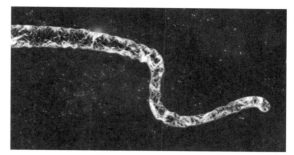

图10.41 应用图层样式后的效果

提 示

观察图像效果，管状物体与球体的连接有些生硬，没有管状物体伸进球体的感觉。下面解决这个问题，主要应用图层样式和图层混合模式。

20 为了方便观看，选择"图层 4"为当前工作层，新建图层，得到"图层 6"。设置前景色为黑色，选择"椭圆工具" ，在管状物体和球体连接的位置绘制黑色的圆形，效果如图10.42所示。在"图层"面板底部单击"添加图层样式"按钮 *fx.*，在弹出的菜单中选择"斜面和浮雕"命令，在弹出的对话框如图10.43所示，单击"确定"按钮，效果如图10.44所示。

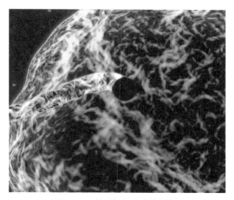

图10.42 绘制圆形后的效果

图10.43 "斜面和浮雕"图层样式参数设置

307

21 将"图层 6"拖到"图层 4"的下方，使用步骤 **11**~**20**的操作方法，继续绘制如图10.45所示的效果，生成"图层 7"~"图层 9"，共3个图层。

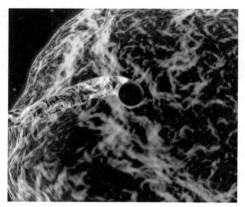

图10.44 应用图层样式后的效果

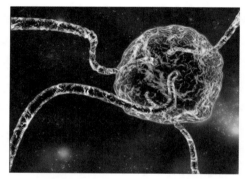

图10.45 绘制效果

22 单击图层"色阶 1"的图层蒙版缩览图，选择"画笔工具" ，在工具选项栏中设置合适的画笔大小和不透明度，在管状物体四周涂抹，以使球体和管状物体的光影效果更加匹配。设置该图层的"不透明度"为85%后，效果如图10.46所示，图层蒙版中的状态如图10.47所示。

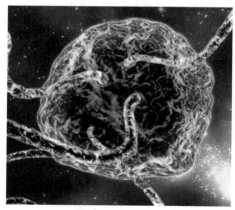

图10.46 编辑图层蒙版并设置图层属性后的效果

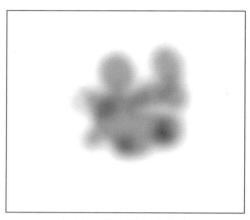

图10.47 图层蒙版中的状态

23 在"图层"面板底部单击"创建新的填充或调整图层"按钮 ，在弹出的菜单中选择"色阶"命令，得到图层"色阶 2"，按Ctrl+Alt+G组合键执行"创建剪贴蒙版"操作，在"属性"面板中设置参数如图10.48所示，效果如图10.49所示。

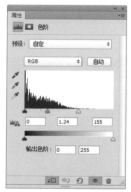

图10.48 "色阶"参数设置

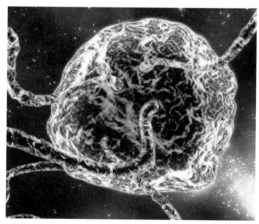

图10.49 应用调整图层后的效果

24 设置前景色为黑色，按Alt+Delete组合键用前景色填充图层"色阶 2"的图层蒙版。选择"画笔工具" ，在工具选项栏中设置合适的大小和不透明度，设置前景色为白色，在管状物体的四周进行涂抹，设置该图层的"不透明度"为52%，得到如图10.50所示的效果，图层蒙版中的状态如图10.51所示。

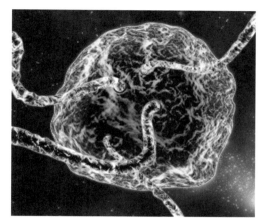

图10.50 编辑图层蒙版并设置图层属性后的效果

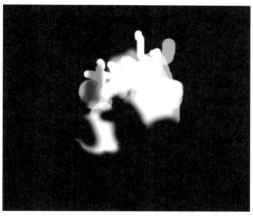

图10.51 图层蒙版中的状态

25 复制相应的图层，并结合自由变换控制框和"移动工具" ，在球体的左下角绘制更小的球体和管状物体，如图10.52所示。按Ctrl+Alt+Shift+E组合键执行"盖印"操作，从而将当前所有可见的图像合并至一个新图层中，并将其重命名为"微生物细胞"。

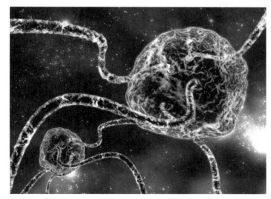

图10.52 绘制效果

提 示

为了表现景深效果，在为小球体和小管状物体添加"内发光"图层样式时，其不透明度大致为大球体和大管状物体的一半。同时，将小球体和小管状物体的所有图层拖到大球体的下方。下面调整图像的整体色调，完成制作。

26 按Ctrl+B组合键执行"色彩平衡"命令，在弹出的对话框中设置参数，如图10.53~图10.55所示，单击"确定"按钮退出对话框，得到如图10.56所示的最终效果，此时的"图层"面板如图10.57所示。

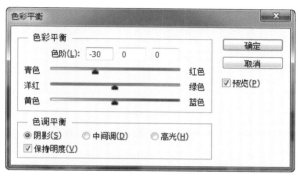

图10.53 "阴影"选项

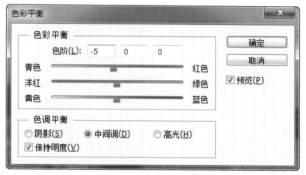

图10.54 "中间调"选项

图10.55 "高光"选项

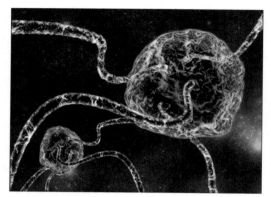

图10.56 最终效果

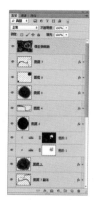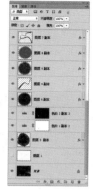

图10.57 "图层"面板

10.2 超时空接触——虚幻精灵质感模拟

本例主要通过合成效果来体现主体图像。在制作过程中，通过复制图像、调整图像的大小、添加图层样式、利用"特殊模糊"滤镜、运用"画笔工具" ✎ 等来完成图像效果的制作。

核心技能：

➤ 添加"外发光"和"内发光"图层样式，制作图像的发光效果。

➤ 利用图层蒙版功能隐藏不需要的图像。

➤ 设置图层属性以混合图像。

➤ 利用剪贴蒙版限制图像的显示范围。

➤ 利用变换功能调整图像的大小、角度及位置。

➤ 应用"画笔工具" ✎ 绘制图像。

原始素材 光盘\第10章\10.2\素材1.psd、素材2.asl、素材3.psd、素材4.tif、素材5.tif、素材6.psd~素材9.psd、素材10.abr~素材12.abr

最终效果 光盘\第10章\10.2\10.2.psd

01 分别打开随书所附光盘中的文件"第10章\10.2\素材1.psd和素材2.asl"，其中"素材1-psd"中的图像如图10.58所示，选择"图层1"，单击"样式"面板中名为"样式1"的样式，得到如图10.59所示的效果。

02 打开随书所附光盘中的文件"第10章\10.2\素材3.psd"，如图10.60所示，使用"移动工具" ➤+ 将素材图像中的圆珠拖至步骤01打开的文件中，得到"图层2"，将其中的图像置于如图10.61所示的位置。

图10.58 素材图像

图10.59 应用样式后的效果

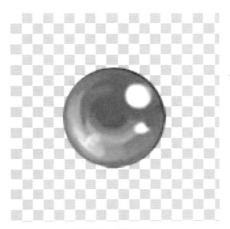

图10.60 素材图像

图10.61 摆放图像的位置

图10.62 复制图像后的效果

图10.63 缩放图像后的效果

03 按住Ctrl键单击"图层 2"的图层缩览图，选择
"移动工具" ，将光标置于选区的内部，按住
Alt键将圆珠向下方拖动，以对其进行复制操作，
每次释放鼠标左键后，都可以得到一个副本图像。
按照此方法操作，得到如图10.62所示的效果。分
别使用"矩形选框工具" 选择位于下方的4个圆
珠，按Ctrl+T组合键执行缩放操作，直至得到如图
10.63所示的效果。

04 在"图层"面板底部单击"添加图层样式"按钮
 ，在弹出的菜单中选择"外发光"命令，在弹出
的对话框中设置参和如图10.64所示，单击"确定"
按钮退出对话框，得到如图10.65所示的效果。

图10.64 "外发光"图层样式参数设置

提 示

在"外发光"图层样式参数设置中，设置色块的颜
色值为43CF9A。

311

图10.65 应用图层样式后的效果

05 按住Ctrl键单击"图层 2"的图层缩览图以载入其选区。选择"图层 1"，按住Alt键在"图层"面板底部单击"添加图层蒙版"按钮 ◙，为"图层1"添加图层蒙版，使其图像的轮廓按照圆珠的外形变换，得到图10.66所示的效果。

图10.66 添加图层蒙版后的效果

提 示

图10.67所示为添加图层蒙版前的局部图像细节，图10.68所示为添加图层蒙版后的局部图像细节。

图10.67 添加图层蒙版前的局部图像细节

图10.68 添加图层蒙版后的局部图像细节

06 选择中"图层 1"与"图层 2"，按Ctrl+G组合键执行"图层编组"命令，从而将两个图层移至名为"组 1"的图层组中。将"组 1"拖至"图层"面板底部的"创建新图层"按钮 ▣ 上以对其进行复制，得到名称为"组 1 副本"的图层组。

07 在图层组"组 1 副本"被选中的情况下，执行"编辑"|"变换"|"水平翻转"命令，对图层组中各图层的图像执行水平翻转操作，得到如图10.69所示的效果。在图层组"组 1 副本"被选中的情况下，使用"移动工具" ▶♣ 水平拖动图层组中的图像，直至将其移至如图10.70所示的位置。

图10.69 复制并变换图像后的效果

图10.70 移动图像后的效果

图10.73 变换其他图像后的效果

提 示

复制图层组后，图层组中的图层需要按顺序进行命名。在执行步骤 **07** 操作后，图层组"组 1 副本"中的图层名称被顺序命名为"图层 3"、"图层 4"。下面制作两翼及圆环效果。

08 选择"图层 4"，按住Ctrl键单击"图层 4"的图层缩览图以载入其选区。选择"矩形选框工具" ⬚，按住Alt+Shift组合键拖动出略大于画布最右上方圆珠的选区，效果如图10.71所示。

图10.71 绘制选区

09 执行"编辑"|"变换"|"水平翻转"命令，按Ctrl+D组合键取消选区，得到如图10.72所示的效果。按照同样的方法，对画布右侧的其他圆珠进行水平翻转操作，直至得到如图10.73所示的效果。

图10.72 水平翻转图像后的效果

10 在所有图层的最上方新建图层，得到"图层 5"，使用"椭圆选框工具" ◯ 在画布两侧图像的中间位置绘制圆形选区并填充黑色，效果如图10.74所示。

11 执行"选择"|"变换选区"命令，按住Alt+Shift组合键向控制框内拖动控制手柄以缩小选区，然后按Delete键执行"删除"操作，得到如图10.75所示的圆环，按Ctrl+D组合键取消选区。单击"样式"面板中名为"样式2"的样式，得到如图10.76所示的效果。

图10.74 绘制选项并填充黑色后的效果

图10.75 制作圆环效果

图10.76 应用样式后的效果

12 选择"魔棒工具" [图], 在工具选项栏中设置适当的"容差"值, 选中"连续"复选框, 在圆环内单击, 以选中环内的图像。新建"图层6", 设置前景色的色值为f2fdfc, 按Alt+Delete组合键填充前景色, 按Ctrl+D组合键取消选区, 设置当前图层的"填充"数值为80%, 得到如图10.77所示的效果。单击"样式"面板中名为"样式3"的样式, 得到如图10.78所示的效果。

图10.77 填充颜色并设置图层属性后的效果

图10.78 应用样式后的效果

提 示

下面添加素材图像, 以丰富整体效果。

13 打开随书所附光盘中的文件"第10章\10.2\素材4.tif", 如图10.79所示。使用"移动工具" [图] 将素材图像拖至制作文件中, 得到"图层7", 将"图层7"中的图像放于画布中间圆形的正中位置, 按Ctrl+Alt+G组合键执行"创建剪贴蒙版"操作, 设置此图层的混合模式为"正片叠底", 得到如图10.80所示的效果。

图10.79 素材图像

图10.80 调整图像后的效果

14 打开随书所附光盘中的文件"第10章\10.2\素材5.tif", 如图10.81所示。使用"移动工具" [图] 将素材图像拖至制作 文件中, 得到"图层8", 将"图层8"中的图像置于画布中间圆形的正中位置, 按Ctrl+Alt+G组合键执行"创建剪贴蒙版"操作, 设置此图层的混合模式为"变亮", 得到如图10.82所示的效果。

15 打开随书所附光盘中的文件"第10章\10.2\素材6.psd", 如图10.83所示。使用"移动工具" [图] 将素材图像拖至制作 文件中, 得到"图层9", 将"图层9"中的图像置于如图10.84所示的位置。

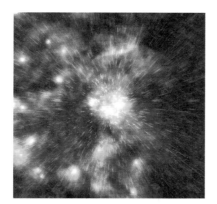

图10.81 素材图像

图10.82 调整图像后的效果

图10.83 素材图像

图10.84 调整素材图像后的效果

16 选择"图层 1"在图层名称上单击右键，在弹出的菜单中选择"拷贝图层样式"命令，选择"图层9"在其图层名称上单击右键，在弹出的菜单中选择"粘贴图层样式"命令，得到图10.85所示的效果。

图10.85 复制图层样式后的效果

17 复制"图层 2"，得到"图层 2 副本"，将此副本图层移至所有图层的最上方，删除两颗圆珠，将余下的3颗圆珠置于如图10.86所示的位置。

图10.86 调整图像后的效果

18 打开随书所附光盘中的文件"第10章\10.2\素材7.psd"，如图10.87所示。使用"移动工具" 将素材图像拖至制作文件中，得到"图层 10"。按Ctrl+T组合键调出自由变换控制框，按住Ctrl键拖动控制手柄，直至使图像具有透视效果，效果如图10.88所示。

图10.87 素材图像

315

图10.88 取得透视效果

19 在"图层"面板底部单击"添加图层样式"按钮
|*fx.*|，在弹出的菜单中选择"外发光"命令，在
弹出的对话框中设置参数，如图10.89所示，单击
"确定"按钮退出对话框，得到如图10.90所示的
效果。

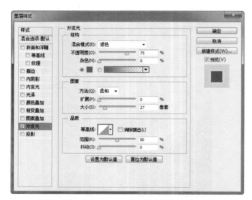

图10.89 "外发光"图层样式参数设置

图10.90 应用图层样式后的效果

提　示

在"外发光"图层样式参数设置中，设置色块的颜
色值为4b4ffd。

20 打开随书所附光盘中的文件"第10章\10.2\素材
8.psd"，如图10.91所示。使用"移动工具"|►+|将
素材图像拖至制作文件中，得到"图层 11"。按
Ctrl+T组合键调出自由变换控制框，对女孩图像执
行旋转及缩放操作，直至使其具有斜倚的感觉，效
果如图10.92所示。

图10.91 素材图像

图10.92 变换图像后的效果

21 在"图层"面板底部单击"添加图层样式"按钮
|*fx.*|，在弹出的菜单中选择"外发光"命令，在弹
出的对话框中设置参数，如图10.93所示；在对话
框中选择"内发光"选项，设置其参数如图10.94
所示，单击"确定"按钮退出对话框，得到如图
10.95所示的效果。

22 打开随书所附光盘中的文件"第10章\10.2\素材
9.psd"，使用"移动工具"|►+|将素材图像拖至制
作文件中，得到"图层 12"。按Ctrl+T组合键调出
自由变换控制框，对"图层 12"中的图像执行旋
转及缩放操作，并将其置于女孩的背部，效果如图
10.96所示。

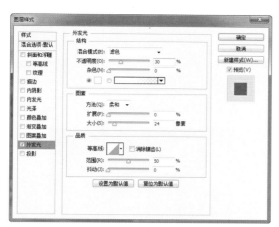

图10.93 "外发光"图层样式参数设置

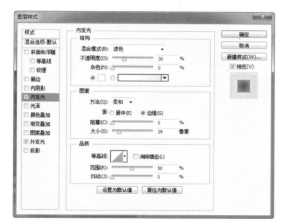

图10.94 "内发光"图层样式参数设置

图10.96 调整图像后的效果

图10.97 设置图层属性后的效果

图10.95 应用图层样式后的效果

图10.98 绘制路径

23 设置"图层 12"的混合模式为"柔光"、"不透明度"为80%，得到如图10.97所示的效果。

24 选择"钢笔工具" ，在工具选项栏中选择"路径"选项，沿着女孩衣服的轮廓绘制路径，效果如图10.98所示。按Ctrl键在"图层"面板底部单击"添加图层蒙版"按钮 为"图层12"添加矢量蒙版，隐藏路径后的效果如图10.99所示。

25 新建图层，得到"图层 13"，设置前景色为黑色。打开随书所附光盘中的文件"第10章\10.2\素材10.abr"。选择"画笔工具" ，在画布中单击鼠标右键，在弹出的"画笔预设"选取器中选择刚刚打开的画笔，然后在女孩背部单击以添加头发效果，直至得到如图10.100所示的效果。

图10.99 添加矢量蒙版后的效果

26 选择图层"背景",新建"图层 14",设置前景色为白色。打开随书所附光盘中的文件"第10章\10.2\素材11.abr",在"画笔预设"选取器中分别选择名称为"精灵1"~"精灵5"用于绘制小精灵的画笔,使用"画笔工具"  在画布的周围单击,直至得到如图10.101所示的效果。

图10.100 使用"画笔工具"绘制后的效果

图10.101 使用"画笔工具"绘制小精灵后的效果

27 在所有图层的最上方新建图层,得到"图层15",在"画笔预设"选取器中分别选择名称为"精灵6"~"精灵10"用于绘制小精灵的画笔,使用"画笔工具"  在画布的左上方及右下方单击,直至得到如图10.102所示的效果。

图10.102 继续绘制小精灵后的效果下图为局部效果

28 新建图层,得到"图层 16",按D键将前景色与背景色设置为黑色与白色。选择"画笔工具" 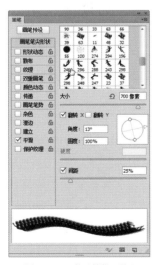,按F5键调出"画笔"面板,选择"精灵3"画笔,在"画笔"面板中设置参数如图10.103所示,在画布中单击,得到如图10.104所示的效果。

图10.103 "画笔"面板

图10.104 使用"精灵3"画笔后的效果

㉙ 新建图层，得到"图层 17"，按X键将前景色设置为白色。使用画笔工具 ▱ 在上一步操作中单击的位置稍微偏右下方一些的位置单击，得到如图10.105所示的效果。

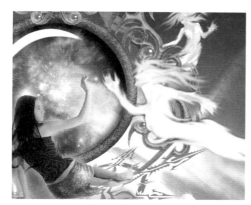

图10.105 使用白色再次单击后的效果

㉚ 新建图层，得到"图层 18"，确定前景色为白色，打开随书所附光盘中的文件"第10章\10.2\素材12.abr"，选择打开的画笔在画布中单击，得到如图10.106所示的星光效果。

图10.106 绘制星光效果

㉛ 设置"图层 18"的混合模式为"叠加"，然后复制"图层 18"得到"图层 18 副本"，以加深图像

效果，得到的效果如图10.107所示，最终效果如图10.108所示，此时的"图层"面板如图10.109所示。

图10.107 设置图层混合模式并复制图层后的效果

图10.108 最终效果

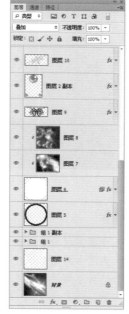

图10.109 "图层"面板

319

10.3 三维立体塑料质感文字视觉表现

本例是以三维立体塑料质感文字为主题的视觉表现作品。在制作过程中，主要以处理文字的立体效果为核心。在技术上应用了两种方法，一是利用立体文字素材图像辅以适当的修饰，一是应用Photoshop中的相关功能来实现，配合文字周围的装饰效果，给观者以强烈的视觉冲击感。

核心技能：

➤ 使用形状工具绘制形状。

➤ 添加图层样式，以制作图像的渐变、发光等效果。

➤ 结合路径及"渐变"填充图层的功能制作图像的渐变效果。

➤ 利用图层蒙版功能隐藏不需要的图像。

➤ 应用"色彩平衡"调整图层调整图像的色彩。

➤ 设置图层属性以混合图像。

➤ 结合"画笔工具" 及特殊画笔素材绘制图像。

 原始素材 光盘\第10章\10.3\素材1.psd~素材6.psd、素材7.abr、素材8.csh、素材9.csh

 最终效果 光盘\第10章\10.3\10.3.psd

01 打开随书所附光盘中的文件"第10章\10.3\素材1.psd"，如图10.110所示，将其作为本例的背景文件。

图10.110 素材图像

　　本步骤是以智能对象的形式给出的素材，读者可以参考本例随书所附光盘最终效果源文件进行参数设置，双击智能对象缩览图即可观看到操作的过程。下面制作主题文字。

02 打开随书所附光盘中的文件"第10章\10.3\素材2.psd"，使用"移动工具" 将其拖至背景文件中，得到"图层 1"。按Ctrl+T组合键调出自由变换控制框，按住Shift键向内拖动控制手柄以缩小"图层 1"中的图像并移动其位置，按Enter键确认操作，得到如图10.111所示的效果。

图10.111 调整图像后的效果

　　下面根据文字的轮廓，制作文字表面的渐变效果，使文字更加美观、立体感更强。

03 设置前景色为白色，选择"钢笔工具"，在工具选项栏中选择"形状"选项，在画布的右下方绘制如图10.112所示的文字形状，得到图层"形状 1"。

图10.112 绘制形状

04 在"图层"面板底部单击"添加图层样式"按钮，在弹出的菜单中选择"渐变叠加"命令，在弹出的对话框中进行参数设置，如图10.113所示；在该对话框中继续选择"内发光"选项、"内阴影"选项，设置参数如图10.114和图10.115所示，单击"确定"按钮退出对话框，隐藏路径后的效果如图10.116所示。

图10.113 "渐变叠加"图层样式参数设置

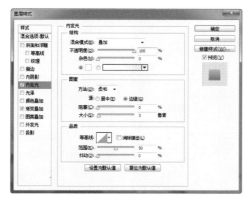

图10.114 "内发光"图层样式参数设置

图10.115 "内阴影"图层样式参数设置

提 示

在"渐变叠加"图层样式参数设置中，设置渐变各色标的颜色值从左至右分别为a72d29、d3734b和eecf99；在"内阴影"图层样式参数设置中，设置色块的颜色值为d7757e，"等高线"的状态为系统自带的"环形"。下面制作文字侧面的光感效果，以美化文字。

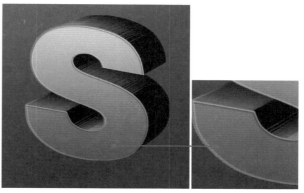

图10.116 应用图层样式后的效果

05 选择"图层 1"。选择"钢笔工具"，在工具选项栏中选择"路径"选项，在文字的右侧面绘制如图10.117所示的路径。

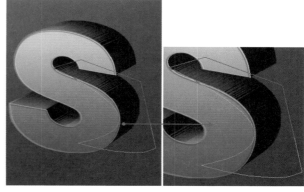

图10.117 绘制路径

06 执行"图层"|"新建填充图层"|"渐变"命令，在弹出的"新建图层"对话框中选中"使用前一图层创建剪贴蒙版"复选框，单击"确定"按钮退出该对话框。在弹出的"渐变填充"对话框中进行参数设置，如图10.118所示，单击"确定"按钮退出对话框，隐藏路径后的效果如图10.119所示，同时得到图层"渐变填充1"。

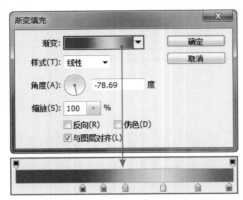

图10.118 "渐变填充"对话框

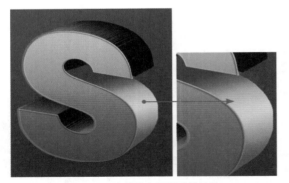

图10.119 应用填充图层后的效果

提 示

在"渐变填充"对话框中，设置渐变各色标的颜色值从左至右分别为9a1125、be5535、d5b87c、eee0b9、dc9654和bc3718。

07 按照步骤05~06的操作方法，结合路径及"渐变"填充图层功能，制作文字上侧面的光感效果，效果如图10.120所示，同时得到图层"渐变填充2"。

提 示

在本步骤中，"渐变填充"对话框中的参数设置如图10.121所示，设置渐变各色标的颜色值从左至右分别为cf320e、ebb37a和efe1ba。观察效果可以发现文字上方内侧面的颜色过重，下面利用图层蒙版功能来解决这个问题。

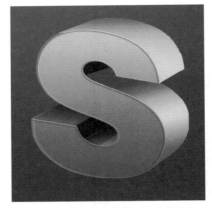

图10.120 制作文字上侧面的光感效果

08 在"图层"面板底部单击"添加图层蒙版"按钮，为图层"渐变填充1"添加图层蒙版。设置前景色为黑色，选择"画笔工具"，在工具选项栏中设置适当的画笔大小及不透明度，在图层蒙版中进行涂抹，以将文字内侧面的部分图像隐藏起来，直至得到如图10.122所示的效果。

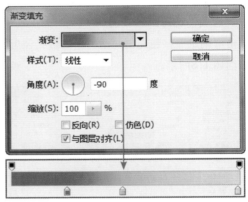

图10.121 "渐变填充"对话框

09 选择"图层1"，按住Shift键选择图层"形状1"以选中二者之间的所有图层，按Ctrl+G组合键执行"图层编组"操作，得到"组1"，将其重命名为"S"，此时的"图层"面板如图10.123所示。

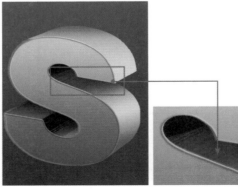

图10.122 添加图层蒙版并进行涂抹后的效果

图10.123 "图层"面板

图10.125 制作文字表面的渐变效果

 提 示

为了方便图层的管理，在此对制作文字"S"的图层执行了编组操作。在下面的操作中，也对各部分执行了编组操作，在步骤中不再叙述。下面制作文字"U"效果。

10 选择图层组"S"，打开随书所附光盘中的文件"第10章\10.3\素材3.psd"，使用"移动工具" ⊕ 将其拖至制作文件中，得到"图层 2"。应用自由变换控制框调整"图层 2"中图像的大小及位置，得到如图10.124所示的效果。

图10.124 调整图像后的效果

11 按照上面的操作方法，结合路径、"渐变"填充图层、"内阴影"及"内发光"图层样式，制作文字表面的渐变效果，效果如图10.125所示，同时得到图层"渐变填充 3"。

 提 示

本步骤中关于"渐变填充"对话框中的参数设置如图10.126所示，设置渐变各色标颜色值从左至右分别为a72d29、d3734b、eecf99和f9d9a7；另外，关于"内阴影"及"内发光"图层样式的参数设置与步骤 04 中的设置相同，这里不再赘述。

提 示

下面利用调整图层功能调整文字的色彩。

12 选择"图层 2"，单击"创建新的填充或调整图层"按钮 ◎，在弹出的菜单中选择"色彩平衡"命令，得到图层"色彩平衡 1"，按Ctrl+Alt+G组合键执行"创建剪贴蒙版"操作，在"属性"面板中进行参数设置，如图10.127和图10.128所示，得到如图10.129所示的效果。

图10.126 "渐变填充"对话框

图10.127 "阴影"选项

图10.128 "中间调"选项

13 设置图层"色彩平衡 1"的混合模式为"正片叠底"以混合图像，得到如图10.130所示的效果。在当前图层蒙版被激活的状态下，设置前景色为黑色，选择"画笔工具" ✎ ，在工具选项栏中设置适当的画笔大小及不透明度，在图层蒙版中进行涂抹，以将文字上面及右侧面部分颜色过重的色彩隐藏起来，得到如图10.131所示的效果。

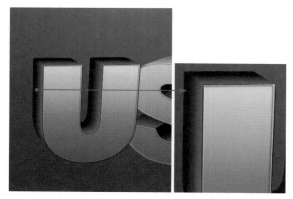

图10.129 应用调整图层后的效果

图10.130 设置图层混合模式后的效果

14 按照上面的操作方法，结合路径及"渐变"填充图层、图层蒙版及图层属性等功能，完善文字"U"

的立体效果，效果如图10.132所示，此时的"图层"面板如图10.133所示。

图10.131 添加图层蒙版并进行涂抹后的效果

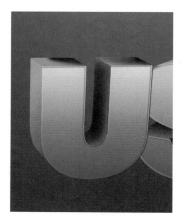

图10.132 完善文字效果

图10.133 "图层"面板

提 示

本步骤中关于图层"渐变填充 4"及图层"渐变填充 5"的参数设置，请参考本例随书所附光盘中的最终效果源文件。在下面的操作中多次应用到此功能，不再进行相关参数的提示。其中，设置图层"渐变填充 4"的混合模式为"变亮"。

图10.136 制作文字"O"、"N"的效果

提 示

　　在制作过程中，需要注意各图层间的顺序。下面制作文字间的投影效果。

15　选择图层组"S"，新建图层，得到"图层 3"。设置前景色的颜色值为760d23，选择"画笔工具"，在工具选项栏中设置适当的画笔大小及不透明度，在文字"U"与"S"下方相叠的区域进行涂抹，直至得到类似图10.134所示的效果。设置此图层的混合模式为"正片叠底"以混合图像，得到如图10.135所示的效果。

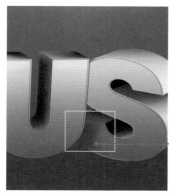
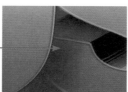

图10.134 涂抹后的效果

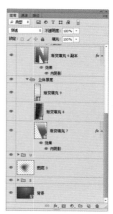

图10.137　"图层"面板

提 示

　　本步骤中关于"图层样式"对话框中的参数设置，请参考本例随书所附光盘中的最终效果源文件。在下面的操作中，多次应用到此功能，不再进行相关参数的提示。

提 示

　　在制作过程中，还应用到了复制图层功能，其方法是将要复制的图层（即图层"渐变填充 6"）拖至"图层"面板底部的"创建新图层"按钮　上，即可得到其副本图层（即图层"渐变填充 6 副本"）。另外，还需要注意各图层间的顺序。下面制作文字的投影效果。

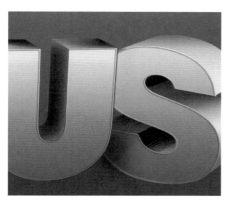

图10.135 设置图层混合模式后的效果

提 示

　　至此，文字"U"的立体效果已制作完成。下面制作其他文字效果。

16　选择图层组"U"。按照上面的操作方法，结合路径、"渐变"填充图层、"内阴影"图层样式、图层蒙版及复制图层功能，制作文字"U"、"S"上方的文字"O"、"N"效果，效果如图10.136所示，此时的"图层"面板如图10.137所示。

17　选择图层"背景"。按照步骤03～08的操作方法，结合"钢笔工具"及图层蒙版功能，制作文字的投影效果，效果如图10.138所示，同时得到图层"形状 2"。

18　选择图层"背景"，新建图层，得到"图层 4"，设置前景色的颜色值为5e101e，按照步骤15的操作方法，使用"画笔工具"在文字的左右两侧及下方进行涂抹，使文字与背景间产生一种层次感，效果如图10.139所示。

图10.138 制作投影效果

图10.139 涂抹效果

提 示

　　至此，投影效果已制作完成。下面制作画面中的装饰效果，以丰富画面。

19　选择图层组"O"，打开随书所附光盘中的文件"第10章\10.3\素材4.psd"，按住Shift键使用"移动工具" ⊞ 将其拖至制作文件中，得到如图10.140所示的效果，同时得到图层组"彩条"。

图10.140 拖入素材图像

提 示

　　为了方便查找及更改滤镜的参数设置，在下面的操作中也将执行滤镜的图层转换成了智能对象图层，在步骤中不再叙述。

20　选择"图层 4"。结合形状工具、图层属性、图层蒙版、"描边"和"外发光"图层样式及复制图层等功能，制作画面中的装饰效果，效果如图10.141所示，此时的"图层"面板如图10.142所示，图10.143所示为单独显示本步骤制作的图像效果。

图10.141 制作装饰效果

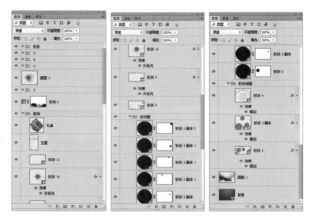

图10.142 "图层"面板

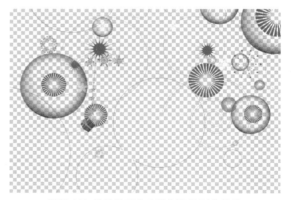

图10.143 单独显示本步骤制作的图像效果

提 示

　　在本步骤的操作过程中，没有给出图像的颜色值，读者可依自己的审美喜好进行颜色的搭配；应用到的素材图像为"第10章\10.3\素材5.psd和素材6.psd"。

提示

在绘制形状后，会得到对应的形状图层。为了保证下面所绘制的形状都是在该形状图层中进行，在绘制其他形状时，需要在工具选项栏中选择适当的运算模式，如"合并形状"或"减去顶层形状"等。

提示

在这里要注意的是，完成一个形状的绘制后，如果想继续绘制另外一个不同颜色的形状，在绘制前需按ESC键，使先前绘制形状的路径处于未选中的状态。在制作过程中，还为个别图层设置了图层属性，具体的参数设置请参考本例随书所附光盘中的最终效果源文件。下面继续制作装饰效果。

21 选择图层组"装饰"，新建图层，得到"图层 5"。设置前景色为白色，选择"画笔工具"，打开随书所附光盘中的文件"第10章\10.3\素材7.abr"，在工具选项栏中选择打开的画笔，在文字的右侧进行涂抹，得到如图10.144所示的效果。设置此图层的混合模式为"柔光"以混合图像，得到如图10.145所示的效果。

图10.144 涂抹后的效果

图10.145 设置图层混合模式后的效果

22 选择"自定形状工具"，在其工具选项栏中选择"形状"选项，打开随书所附光盘中的文件"第10章\10.3\素材8.csh"，在工具选项栏中选择打开的形状，在文字"U"及"S"的下方进行绘制，再应用自由变换控制框调整形状的角度、大小及位置，得到如图10.146所示的效果。

图10.146 绘制及调整形状后的效果

23 选择图层组"彩条"，打开随书所附光盘中的文件"第10章\10.3\素材9.psd"，按住Shift键使用"移动工具"将其拖至制作文件中，得到如图10.147所示的效果，同时得到图层组"铃铛"。

图10.147 拖入素材图像

24 选择图层组"铃铛"，按Ctrl+Alt+Shift+E组合键执行"盖印"操作，从而将当前所有可见的图像合并至一个新图层中，得到"图层 6"。执行"滤镜"|"锐化"|"USM锐化"命令，在弹出的对话框中进行参数设置，如图10.148所示，单击"确定"按钮。图10.149所示为应用"USM锐化"命令前后的对比效果。

图10.148 "USM锐化"对话框

图10.149 应用"USM锐化"命令前后的对比效果（上图为应用前的效果，下图为应用后的效果）

25 至此，完成本例的操作，最终效果如图10.150所示。此时的"图层"面板如图10.151所示。

图10.150 最终效果

图10.151 "图层"面板

10.4 流光溢彩文字特效表现

本例是以流光溢彩文字为主题的特效表现作品。在制作过程中，主要以处理数字"2"的立体感、光泽感为核心内容。在色彩表现方面，由浅到深、由明到暗，从而构成了生物的立体效果；数字图像上的块形光感、彩光效果，突出了文字的光泽。

核心技能：

> 结合路径及填充图层功能，制作图像的纯色、渐变及图案效果。

> 设置图层属性以混合图像。

> 利用图层蒙版功能隐藏不需要的图像。

> 结合路径及"用画笔描边路径"功能，为所绘制的路径进行描边。

> 添加图层样式，制作图像的渐变、发光等效果。

> 应用"曲线"调整图层调整图像的明暗度。

> 结合"画笔工具" 及特殊画笔素材绘制图像。

原始素材　光盘\第10章\10.4\素材1.pat、素材2.abr、素材3.psd

最终效果　光盘\第10章\10.4\10.4.psd

01　按Ctrl+N组合键新建一个文件，在弹出的"新建"对话框中设置参数，如图10.152所示，单击"确定"按钮退出对话框，创建一个新的空白文件。设置前景色的颜色值为2c0405，按Alt+Delete组合键以前景色填充图层"背景"。

图10.152　"新建"对话框

　　下面结合图案素材，并应用混合模式功能，制作背景效果。

02　打开随书所附光盘中的文件"第10章\10.4\素材1.pat"，在"图层"面板底部单击"创建新的填充或调整图层"按钮 ◐，在弹出的菜单中选择"图案"命令，在弹出的"图案填充"对话框中直接单击"确定"按钮退出对话框，得到如图10.153所示的效果，同时得到图层"图案填充 1"。

图10.153　应用填充图层后的效果

03　设置图层"图案填充 1"的混合模式为"正片叠底"以混合图像，得到的效果如图10.154所示。

图10.154　设置图层混合模式后的效果

至此，背景效果已制作完成。下面制作主体数字图像。

04 选择"钢笔工具" ，在工具选项栏中选择"路径"选项，在画布的左侧绘制如图10.155所示的路径。在"图层"面部底部单击"创建新的填充或调整图层"按钮 ，在弹出的菜单中选择"渐变"命令，在弹出的"渐变填充"对话框中设置参数，如图10.156所示，单击"确定"按钮退出对话框，隐藏路径后的效果如图10.157所示，同时得到图层"渐变填充 1"。

图10.155 绘制路径

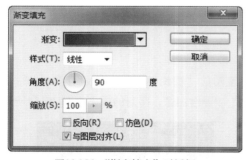

图10.156 "渐变填充"对话框

图10.157 应用填充图层后的效果

　　在"渐变填充"对话框中，设置渐变各色标的颜色值为7d2318、c26418。下面制作数字的厚度。

05 选择图层"图案填充 1"作为当前的工作层。选择"钢笔工具" ，在工具选项栏中选择"路径"选项，在数字的右侧绘制如图10.158所示的路径。在"图层"面部底部单击"创建新的填充或调整图层"按钮 ，在弹出的菜单中选择"纯色"命令，在弹出的"拾色器（纯色）"对话框中设置其颜色值为8c2929，单击"确定"按钮，得到如图10.159所示的效果，同时得到图层"颜色填充 1"。

图10.158 绘制路径

图10.159 应用填充图层后的效果

06 设置图层"颜色填充 1"的混合模式为"滤色"，不透明度为50%，以混合图像，得到的效果如图10.160所示。

07 单击"添加图层蒙版"按钮 ，为图层"颜色填充 1"添加图层蒙版。设置前景色为黑色，选择"画笔工具" ，在工具选项栏中设置适当的画笔大小及不透明度，在图层蒙版中进行涂抹，将部分图像渐隐以模拟数字的厚度，效果如图10.161所示，此时图层蒙版中的状态如图10.162所示。

图10.160 设置图层属性后的效果

图10.161 添加图层蒙版后的效果

图10.162 图层蒙版中的状态

08 按照上面所讲解的操作方法，结合路径、填充图层、图层属性及图层蒙版等功能，完善整体数字的厚度，效果如图10.163所示，此时的"图层"面板如图10.164所示。

图10.163 完善数字的厚度

图10.164 "图层"面板

提 示

本步骤中为了方便图层的管理，在此将制作数字厚度的图层选中，按Ctrl+G组合键执行"图层编组"操作，得到"组 1"，并将其重命名为"厚度"。在下面的操作中，笔者也对各部分执行了编组操作，在步骤中不再叙述。

提 示

本步骤中关于图像的颜色值、图层属性设置及"渐变填充"对话框中的参数设置，请参考本例随书所附光盘中的最终效果源文件。在下面的操作中，对于相同的参数设置笔者不再给出提示。下面制作凸起的数字线条。

09 选择"钢笔工具" ✍，在工具选项栏中选择"路径"选项，在数字上绘制如图10.165所示的路径。在所有图层的上方新建图层，得到"图层 1"，设置前景色的颜色值为fcd24a，选择"画笔工具" ✍，在工具选项栏中设置画笔为"硬边圆3像素"，不透明度为100%。切换至"路径"面板，单击"用画笔描边路径"按钮 ○，隐藏路径后的效果如图10.166所示。

图10.165 绘制路径

图10.166 描边路径后的效果

10 切换回"图层"面板，在"图层"面板底部单击"添加图层蒙版"按钮 ⬜ ，为"图层 1"添加图层蒙版。设置前景色为黑色，选择"渐变工具" ⬛ ，在工具选项栏中单击"线性渐变"按钮 ⬛ ，在画布中单击鼠标右键，在弹出的"渐变"拾色器中选择渐变为"前景色到透明渐变"，在画布中从线条的左下方至右上方绘制渐变，得到的效果如图10.167所示，图层蒙版中的状态如图10.168所示。

图10.167 添加图层蒙版并绘制渐变后的效果

图10.168 图层蒙版中的状态

11 按住Alt键将"图层 1"拖至其下方，得到"图层 1 副本"。选择副本图层的图层缩览图，然后选择"移动工具" ⊕ ，按方向键→略向右移动，在"图层"面板底部单击"添加图层样式"按钮 _fx_ ，在弹出的菜单中选择"颜色叠加"命令，在弹出的"图层样式"对话框中设置参数，如图10.169所示，单击"确定"按钮，得到的效果如图10.170所示。

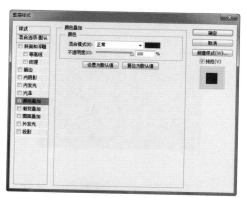

图10.169 "颜色叠加"图层样式参数设置

图10.170 应用图层样式后的效果

提 示

在"颜色叠加"图层样式参数设置中，设置色块的颜色值为471d09。

12 选择"图层 1 副本"的图层蒙版缩览图，按照步骤
10 的操作方法，使用"渐变工具" ▭ 重新绘制渐
变，以显示出更多的图像效果。图 10.171 所示为编
辑图层蒙版前后的对比效果，此时的"图层"面板
如图 10.172 所示。

图 10.171 编辑蒙版前后的对比效果（左图为编辑前的效果，右图
为编辑后的效果）

图 10.172 "图层"面板

13 选择"图层 1"的图层蒙版缩览图，选择"画笔工
具" ✎ ，在工具选项栏中设置适当的画笔大小及
不透明度，在图层蒙版中进行涂抹，以将数字线条
右上方及左上方的图像效果隐藏，得到的效果如图
10.173 所示。

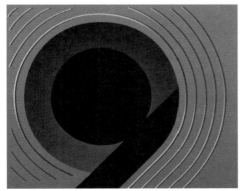

图 10.173 编辑图层蒙版后的效果

14 复制"图层 1"，得到"图层 1 副本 2"。在"图
层"面板底部单击"添加图层样式"按钮 fx. ，在
弹出的菜单中选择"渐变叠加"命令，在弹出的
"图层样式"对话框中设置参数，如图 10.174 所
示，单击"确定"按钮，得到的效果如图 10.175 所
示，此时的"图层"面板如图 10.176 所示。

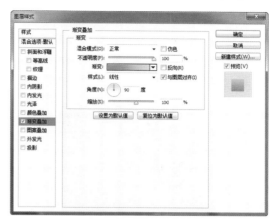

图 10.174 "渐变叠加"图层样式参数设置

图 10.175 在用图层样式后的效果

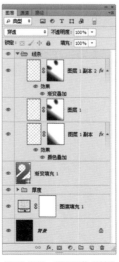

图 10.176 "图层"面板

提 示

在"渐变叠加"图层样式参数设置中，设置渐变各色标的颜色值为f50a0a、f7e304。下面制作块形光感效果。

提 示

本步骤中"图层样式"对话框的参数设置，请参考本例随书所附光盘中的最终效果源文件。下面制作数字图像的高光及暗调效果。

⑮ 按照上面所讲解的操作方法，结合路径、填充图层、图层属性、图层蒙版及图层样式等功能，制作数字图像上的块形光感效果，效果如图10.177所示。图10.178所示为单独显示本步骤制作的图像效果及图层"背景"，此时的"图层"面板如图10.179所示。

图10.177 制作光感效果

图10.178 单独显示本步骤制作的图像效果及图层背景

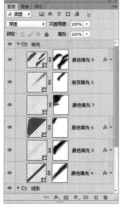

图10.179 "图层"面板

⑯ 按照步骤⑦的操作方法，图层为"渐变填充 1"添加图层蒙版，使用"画笔工具" ，在图层蒙版中进行涂抹，以将数字2右下方的图像效果渐隐，得到的效果如图10.180所示。

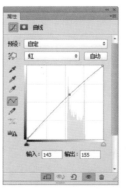

图10.180 添加图层蒙版并进行涂抹后的效果

⑰ 在"图层"面板底部单击"创建新的填充或调整图层"按钮 ，在弹出的菜单中选择"曲线"命令，得到图层"曲线 1"，按Ctrl+Alt+G组合键执行"创建剪贴蒙版"操作，在"属性"面板中设置参数，如图10.181~图10.184所示，得到如图10.185所示的效果。

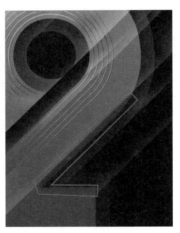

图10.181 "红"选项　　　图10.182 "绿"选项

⑱ 选择图层"曲线 1"的图层蒙版缩览图，按Ctrl+I组合键执行"反相"操作。设置前景色为白色，选择"画笔工具" ，在工具选项栏中设置适当的画笔大小及不透明度，在图层蒙版中进行涂抹，以将数字右侧的亮光显示出来，效果如图10.186所示。

图10.183　"蓝"选项　　　图10.184　"RGB"选项

图10.185　应用调整图层后的效果

⑲　按照第⑰~⑱步的操作方法，结合"曲线"调整图层以及编辑蒙版的功能，制作数字右上方的高光效果及数字的中间调效果，效果如图10.187所示此时的"图层"面板如图10.188所示。

图10.186　编辑图层蒙版后的效果

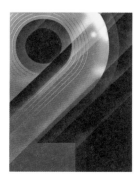

图10.187　制作高光及中间调效果

图10.188　"图层"面板

提　示

　　本步骤中"曲线"调整图层的参数设置，请参考本例随书所附光盘中的最终效果源文件。在下面的操作中，会多次应用到调整图层功能，笔者不再进行相关的提示。下面完善块状光感效果。

⑳　展开图层组"块光"，选择图层"颜色填充 4"作为当前工作层，结合"曲线"调整图层、剪贴蒙版、图层蒙版及图层属性等功能，完善块状光感效果，效果如图10.189所示此时的"图层"面板如图10.190所示。

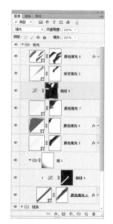

图10.189　完善光感效果　　　图10.190　"图层"面板

提　示

　　下面结合画笔素材及"画笔工具" 等功能，制作画布右侧的亮点效果。

㉑　收拢图层组"块光"，新建图层，得到"图层2"。设置前景色为白色，打开随书所附光盘中的文件"第10章\10.4\素材2.abr"，选择"画笔工具"，在画布中单击鼠标左键，在弹出的"画笔预设"选取器中选择刚刚打开的画笔，在文字的

335

右上方涂抹在涂抹的过程中可根据需要调整画笔的大小，得到的效果如图10.191所示。

图10.191 涂抹后的效果

22 在"图层"面板底部单击"添加图层样式"按钮 fx，在弹出的菜单中选择"外发光"命令，在弹出的"图层样式"对话框中设置参数，如图10.192所示，单击"确定"按钮，得到的效果如图10.193所示。

图10.192 "外发光"图层样式参数设置

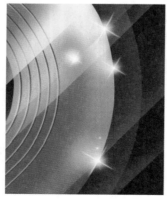

图10.193 应用图层样式后的效果

提 示

在"外发光"图层样式参数设置中，设置色块的颜色值为ffe400。

23 结合"画笔工具" ✎、图层属性、"曲线"调整图层及图层蒙版等功能，完善画布右侧的亮点效果，效果如图10.194所示。图10.195所示为单独显示本步骤制作的图像效果及图层"背景"，此时的"图层"面板如图10.196所示。

图10.194 完善亮点效果

图10.195 单独显示本步骤制作的图像效果及图层背景

图10.196 "图层"面板

提 示

至此，亮点效果已制作完成。下面制作边框及文字效果。

24 按照上面所讲解的操作方法，结合路径、填充图层及素材图像，制作画布四周的边框及右下角的文字效果，效果如图10.197所示，此时的"图层"面板如图10.198所示。

图10.197 制作边框及文字效果

图10.198 "图层"面板

 提 示

本步骤所应用到的素材图像为随书所附光盘中的文件"第10章\10.4\素材3.psd"。下面制作画布右上角的光晕效果。

25 按Ctrl+Alt+Shift+E组合键执行"盖印"操作，从而将当前所有可见的图像合并至一个新图层中，得到"图层 3"。在此图层的图层名称上单击鼠标右键，在弹出的菜单中选择"转换为智能对象"命令，从而将其转换成为智能对象图层。

提 示

转换成智能对象图层的目的是，在下面将对"图层3"中的图像执行滤镜操作，而智能对象图层可以记录下所有的参数设置，以便于进行反复调整；另外，还可以编辑智能蒙版，得到所需要的图像效果。

26 执行"滤镜"|"渲染"|"镜头光晕"命令，在弹出的"镜头光晕"对话框中设置参数，如图10.199所示，得到如图10.200所示的效果。

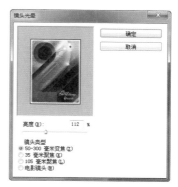

图10.199 "镜头光晕"对话框

图10.200 应用"镜头光晕"命令后的效果

27 执行"滤镜"|"锐化"|"USM锐化"命令，在弹出的"USM锐化"对话框中设置参数，如图10.201所示，单击"确定"按钮，如图10.202所示为应用"USM锐化"命令前后的效果对比。

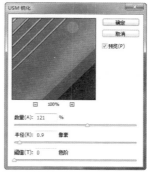

图10.201 "USM锐化"对话框

28 选择"图层 3"的智能蒙版缩览图，设置前景色为黑色，选择"画笔工具" ，在工具选项栏中设置适当的画笔大小及不透明度，在图层蒙版中进行涂抹，将画布左下方的光晕效果隐藏起来，最终效果如图10.203所示，此时"图层"面板如图10.204所示。

图10.202 应用"USM锐化"命令前后的效果对比（左图为应用前的效果，右图为应用后的效果）

图10.203 最终效果

图10.204 "图层"面板

10.5 The Global主题招贴

本例主要运用图层样式来制作图像的主体效果，另外，利用滤镜和图层属性制作纹理效果也是本例的一大重点。

核心技能：

➤ 应用调整图层功能，调整图像的亮度、色彩等属性。

➤ 使用形状工具绘制形状。

➤ 添加图层样式，制作图像的渐变、立体等效果。

➤ 利用"再次变换并复制"操作制作规则的图像。

➤ 结合路径及"用画笔描边路径"功能，为所绘制的路径进行描边。

➤ 结合路径及"渐变"填充图层功能制作图像的渐变效果。

➤ 利用图层蒙版功能隐藏不需要的图像。

➤ 设置图层属性以混合图像。

 原始素材　光盘\第10章\10.5\素材.psd

 最终效果　光盘\第10章\10.5\10.5.psd

第1部分 制作背景效果

01 打开随书所附光盘中的文件"第10章\10.5\素材.psd"文件，此时的"图层"面板如图10.205所示。在"图层"面板底部单击"创建新的填充或调整图层"按钮 ，在弹出的菜单中选择"渐变"命令，得到图层"渐变填充 1"，在弹出的对话框中设置参数，如图10.206所示，单击"确定"按钮，得到如图10.207所示的效果。

图10.205 "图层"面板

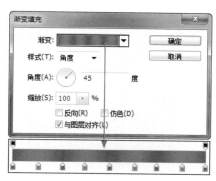

图10.206 "渐变填充"对话框

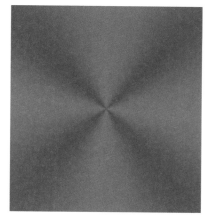

图10.207 应用填充图层后的效果

 提 示

在"渐变填充"对话框中调出"渐变编辑器"对话框，其中色标的颜色值从左至右被交替设置为2e5f60和388678。下面改变渐变背景的颜色。

02 再次单击"创建新的填充或调整图层"按钮 ⊘.，在弹出的菜单中选择"色相/饱和度"命令，得到图层"色相/饱和度 1"，在"属性"面板中设置参数，如图10.208所示，得到如图10.209所示的效果。

图10.208 "色相/饱和度"参数设置

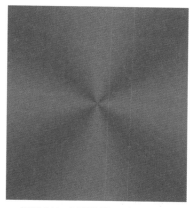

图10.209 应用调整图层后的效果

03 单击图层"色相/饱和度 1"的图层蒙版缩览图，选择"矩形选框工具" ▣，在画布右侧绘制选区，效果如图10.210所示。设置前景色为黑色，按Alt+Delete组合键填充前景色，使右侧的画布不受"色相/饱和度"调整图层的影响，得到如图10.211所示的效果。

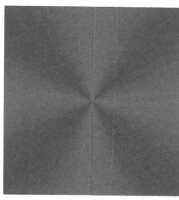

图10.210 绘制选区

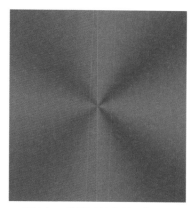

图10.211 编辑图层蒙版后的效果

提 示

下面制作画布中间的圆形渐变效果及背景中的白色线圈。

04 设置前景色为黑色，选择"椭圆工具" ◯，在工具选项栏中选择"形状"选项，按住Alt+ Shift组合键从画布中间开始绘制正圆形状，效果如图10.212所示，得到图层"椭圆 1"。

图10.212 绘制正圆形状

05 设置图层"椭圆 1"的"填充"为0%，在"图层"面板底部单击"添加图层样式"按钮 *fx.*，在弹出的菜单中选择 "渐变叠加"命令，在弹出的对话框中设置参数，如图10.213所示，得到与背景协调的渐变效果，如图10.214所示。

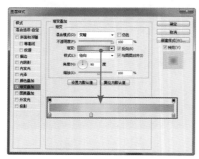

图10.213 "渐变叠加"图层样式参数设置

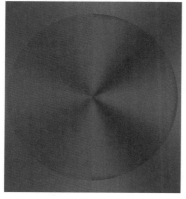

图10.214 应用图层样式后的效果

06 新建图层，得到"图层 1"，切换至"路径"面板，新建路径，得到"路径 1"。选择"椭圆工

具" ◯，在工具选项栏中选择"路径"选项，从画布的正中间开始，绘制3个同心圆路径，效果如图10.215所示，以制作圆环线条效果。

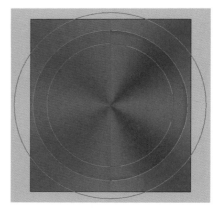

图10.215 绘制路径

07 设置前景色为白色，选择"画笔工具" ✐，在工具选项栏中设置画笔"大小"为2像素，在"图层"面板底部单击"用画笔描边路径"按钮 ○ 。切换到"图层"面板，白色线条太抢眼，在此设置图层"不透明度"为30%，使线条与背景协调一些，得到如图10.216所示的效果。

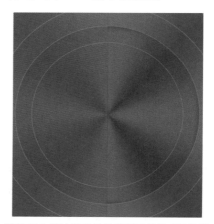

图10.216 描边路径并设置图层属性后的效果

 提 示

　　单击"路径"面板中的空白区域，可以隐藏路径。下面制作背景中的发散线条。

08 选择"直线工具" ╱，在工具选项栏中选择"形状"选项，设置"半径"为2像素，从画布中间向上绘制直线，效果如图10.217所示，得到图层"形状 1"。在绘制直线时，其长度要大于从画布中心到右上角的距离，以便于下面执行旋转一周的操作时，直线不至于因长度不够而影响效果。

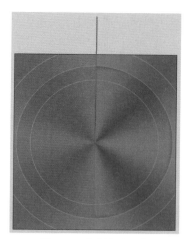

图10.217 绘制直线形状

09 使用"路径选择工具" ▶ ，选择上一步绘制的直
线形状，按Ctrl+Alt+T组合键调出自由变换并复制
控制框，移动变换控制中心点至直线形状最下方端
点如图10.218所示的位置（如果无法确定中心点，
可以按住Alt键进行选择），在工具选项栏中设置
旋转的角度为20°，得到如图10.219所示的发散线
条效果，按Enter键确认变换操作。

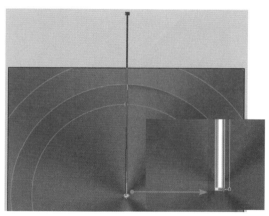

图10.218 移动控制中心点

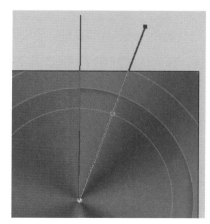

图10.219 旋转形状后的效果

10 按Alt+Ctrl+Shift+T组合键16次，执行"再次变换并
复制"操作，得到如图10.220所示的效果。隐藏路
径，设置图层"不透明度"为30%，使线条与背景
效果协调一些，得到如图10.221所示的效果，此时
的"图层"面板如图10.222所示。

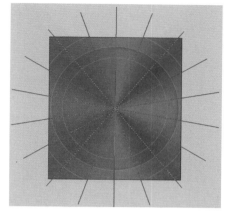

图10.220 执行"再次变换并复制"操作后的效果

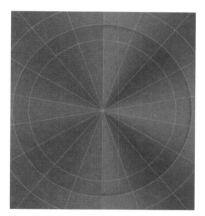

图10.221 设置图层属性后的效果

图10.222 "图层"面板

 提 示

下面制作白云效果。

11 设置前景色为白色，选择"钢笔工具" ✐ ，在工具选项栏中选择"形状"选项，从画布中间向上绘制一个倒三角形状，效果如图10.223所示，得到图层"形状 2"。

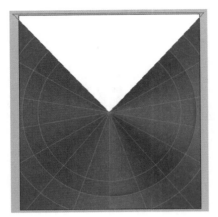

图10.223 绘制形状

12 在"图层"面板底部单击"添加图层样式"按钮 fx. ，在弹出的菜单中选择"投影"命令，在弹出的对话框中设置参数，如图10.224所示，单击"确定"按钮，得到如图10.225所示的投影效果，将倒三角形状从背景中凸现出来。

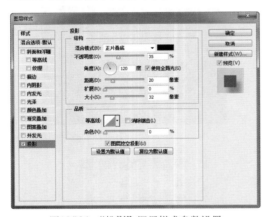

图10.224 "投影"图层样式参数设置

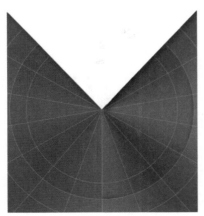

图10.225 应用图层样式后的效果

13 选择并显示图层"素材 1"，如图10.226所示，将图层"素材 1"重命名为"图层 2"，按Ctrl+Alt+G组合键执行"创建剪贴蒙版"操作，将"图层 2"中的图像限制在三角形状内部，得到如图10.227所示的效果。

图10.226 选择并显示图层"素材 1"

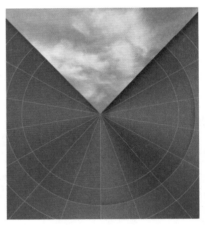

图10.227 执行"创建剪贴蒙版"操作后的效果

14 选择"图层 2"，按Ctrl+M组合键应用"曲线"命令，在弹出的对话框中设置参数，如图10.228所示，单击"确定"按钮退出对话框，调整图像的对比度，得到如图10.229所示的效果。

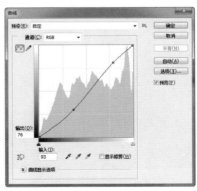

图10.228 "曲线"对话框

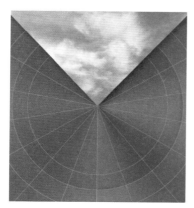

图10.229 应用"曲线"命令后的效果

提 示

下面制作圆球形状及发散效果。

15 拖出两条参考线以确定图像中心，效果如图10.230所示。切换到"路径"面板，新建路径，得到"路径 2"。选择"椭圆工具" [圆]，在工具选项栏中选择"路径"选项，按住Alt+Shift组合键从画布中间开始绘制正圆路径，效果如图10.231所示。

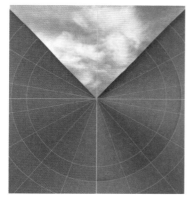

图10.230 拖出两条参考线

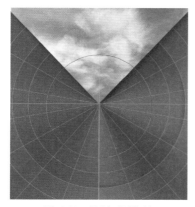

图10.231 绘制正圆路径

16 为正圆路径添加渐变颜色，切换到"图层"面板，在"图层"面板底部单击"创建新的填充或调整图层"按钮 [●]，在弹出的菜单中选择"渐变"命令，得到图层"渐变填充 2"，在弹出的对话框中设置参数，如图10.232所示，将渐变的中心移动到正圆路径的右上方，单击"确定"按钮，效果如图10.233所示。

图10.232 "渐变填充"对话框

图10.233 应用填充图层后的效果

提 示

在"渐变填充"对话框中，设置渐变各色标的颜色值从左至右分别为802104、bd370e和eeb732。

17 设置前景色的颜色值为fff9d2，选择"椭圆工具" [圆]，结合工具选项栏中的"形状"选项和"减去顶层形状"选项 [回]，从画布中间开始绘制如图10.234所示的正圆圆环形状，得到图层"椭圆 2"。

18 下面为圆环添加立体和渐变效果。在"图层"面板底部单击"添加图层样式"按钮 [fx]，在弹出的菜单中选择"斜面和浮雕"命令，在弹出的对话框中设置参数，如图10.235所示；然后在该对话框中选择"渐变叠加"选项，设置其参数如图10.236所示，单击"确定"按钮，得到如图10.237所示的效果。

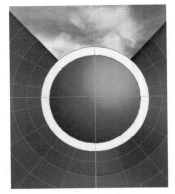

图10.234 绘制圆环形状

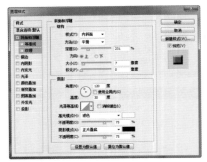

图10.235 "斜面和浮雕"图层样式参数设置

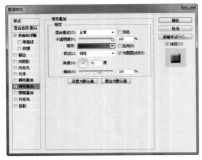

图10.236 "渐变叠加"图层样式参数设置

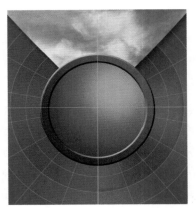

图10.237 应用图层样式后的效果

提 示

在"渐变叠加"图层样式参数设置中，设置渐变各色标的颜色值为4c3221、7c7935。

19 按Ctrl+；组合键隐藏参考线。设置前景色为白色，选择"钢笔工具" ，在工具选项栏中选择"形状"选项，在圆环的上方从画布中间向右绘制三角形状，效果如图10.238所示，得到图层"形状3"，用其作为发散效果的基本形状。

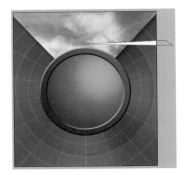

图10.238 绘制三角形状

20 使用"路径选择工具" ，选择上一步绘制的三角形状，按Ctrl+Alt+T组合键调出自由变换并复制控制框，移动变换中心点至三角形状最左侧的端点上，在工具选项栏中设置旋转角度为6°，得到如图10.239所示的效果，按Enter键确认变换操作。按Alt+Ctrl+Shift+T组合键多次执行"再次变换并复制"操作，将形状旋转一周后，得到如图10.240所示的发散效果。

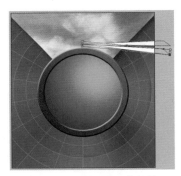

图10.239 旋转形状后的效果

21 隐藏路径，在"图层"面板底部单击"添加图层蒙版"按钮 ，为图层"形状3"添加图层蒙版。设置前景色为白色，背景色为黑色，选择"渐变工具" ，在工具选项栏中单击"径向渐变"按钮 ，设置渐变为"前景色到背景色渐变"，在画布中沿旋转的中心点向外绘制渐变，将图像从边缘向

中心渐隐，得到如图10.241所示的效果，此时图层
蒙版中的状态如图10.242所示。

图10.240 制作发散效果

图10.241 添加图层蒙版并绘制渐变后的效果

图10.242 图层蒙版中的状态

第2部分 制作文字效果

01 设置前景色的颜色值为ddb732，选择"椭圆工
具" ⊙，在工具选项栏中选择"形状"选项，从
放射形状的中间绘制椭圆形状，效果如图10.243所
示，得到图层"椭圆 3"。

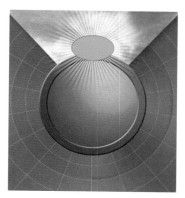

图10.243 绘制椭圆形状

02 下面为椭圆形状添加立体效果，在"图层"面板底
部单击"添加图层样式"按钮 fx.，在弹出的菜单
中选择"斜面和浮雕"命令，在弹出的对话框中设
置参数，如图10.244所示，单击"确定"按钮，得
到如图10.245所示的效果。

图10.244 "斜面和浮雕"图层样式参数设置

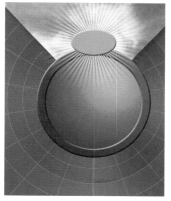

图10.245 应用图层样式后的效果

提 示

下面制作椭圆形状上的文字和椭圆形状两侧的效果。

03 设置前景色的颜色值为447ea3，选择"横排文字工
具" T.，在椭圆形状中输入如图10.246所示的文
字，此时"图层"面板如图10.247所示。

图10.246 输入文字

图10.247 "图层"面板

04 下面制作文字的立体效果。在"图层"面板底部单击"添加图层样式"按钮 *fx.*，在弹出的菜单中选择"投影"命令，在弹出的对话框中设置参数，如图10.248所示；在该对话框中选择"斜面和浮雕"选项，设置其参数如图10.249所示，单击"确定"按钮，得到如图10.250所示的效果。

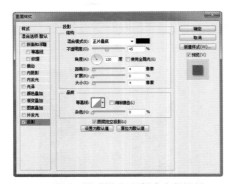

图10.248 "投影"图层样式参数设置

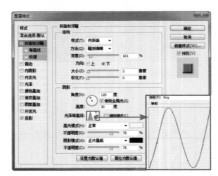

图10.249 "斜面和浮雕"图层样式参数设置

图10.250 应用图层样式后的效果

提示

在"斜面和浮雕"图层样式参数设置中，设置"高光模式"右侧色块的颜色值为fffacf。

05 设置前景色为黑色，选择"横排文字工具" T，分别在椭圆形状两侧输入括号，效果如图10.251所示，得到相应的文字图层。新建图层，得到"图层3"，选择"画笔工具" ，按F5键，调出"画笔面板"设置画笔大小为4像素，"间距"为150%，按住Shift键在括号中间绘制一条虚线，效果如图10.252所示，将括号和椭圆形状联系在一起。

图10.251 输入括号

图10.252 绘制虚线

06 在"图层"面板底部单击"添加图层蒙版"按钮|▣|，为"图层 3"添加图层蒙版。设置前景色为黑色，选择"画笔工具"，在工具选项栏中设置适当的画笔大小，在图层蒙版中进行涂抹，以将椭圆形状上的虚线隐藏起来，直至得到如图10.253所示的效果。

流程图如图10.255所示，此时的"图层"面板如图10.256所示。

图10.255 编辑形状的流程图

图10.253 隐藏虚线后的效果（下图为局部效果）

提示

下面制作主体文字效果及主体文字下方的半圆环效果。

07 设置前景色为白色，选择"横排文字工具"，在画布中输入主题文字，效果如图10.254所示，得到相应的文字图层。

图10.254 输入文字

08 直接输入的文字与整体画面的效果不相符，在此要将文字转换为形状进行编辑。在文字图层的图层名称上单击鼠标右键，在弹出的菜单中选择"转换为形状"命令，将转换的形状图层重命名为"形状4"。使用"直接选择"工具编辑形状，其编辑

图10.256 "图层"面板

09 为图层"形状 4"添加"投影"、"斜面和浮雕"、"渐变叠加"图层样式，其参数设置如图10.257~图10.259所示，单击"确定"按钮，得到相应的立体和渐变效果，如图10.260所示。

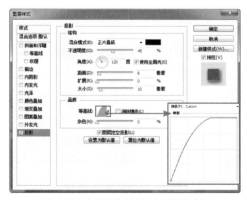
图10.257 "投影"图层样式参数设置

347

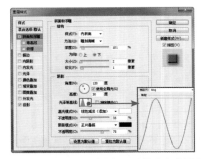

图10.258 "斜面和浮雕"图层样式参数设置

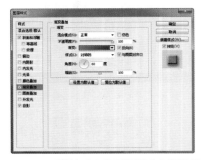

图10.259 "渐变叠加"图层样式参数设置

提 示

在"渐变叠加"图层样式参数设置中，设置渐变各色标的颜色值为344364、6980b5。

图10.260 应用图层样式后的效果

10 新建图层，得到"图层 4"，按住Ctrl键单击图层"形状 4"的图层缩览图以载入其选区。执行"选择"|"修改"|"收缩"命令，在弹出的对话框中设置"收缩量"为4像素，单击"确定"按钮退出对话框，得到如图10.261所示的选区。收缩选区的目的是，使前面设置的图层样式边缘显示出来。设置前景色为白色，按Alt+Delete键填充前景色，按Ctrl+D组合键取消选区，得到如图10.262所示的效果。

图10.261 收缩选区后的效果

图10.262 填充选区后的效果

11 用鼠标右键单击图层"形状 4"的图层名称，在弹出的菜单中选择"拷贝图层样式"命令，再用鼠标右键单击"图层 4"的图层名称，在弹出的菜单中选择"粘贴图层样式"命令，隐藏"投影"图层样式，修改"渐变叠加"图层样式中的渐变设置，如图10.263所示，单击"确定"按钮，得到如图10.264所示的效果。

图10.263 "渐变叠加"参数设置

12 按Ctrl+；组合键显示参考线，设置前景色的颜色值为a88a41，选择"椭圆工具" ，结合工具选项栏中的"形状"选项和"减去顶层形状"选项 ，从画布中间绘制如图10.265所示的正圆圆环形状，得到图层"椭圆 4"。

图10.264 修改图层样式后的效果

图10.265 绘制圆环形状

提 示

在"渐变叠加"图层样式参数设置中，设置渐变各色标的颜色值为ffa900、f37e00。

13 按Ctrl+；组合键隐藏参考线。下面制作圆环形状的立体效果。在"图层"面板底部单击"添加图层样式"按钮 *fx.*，在弹出的菜单中选择"斜面和浮雕"命令，在弹出的对话框中设置参数，如图10.266所示，单击"确定"按钮，得到如图10.267所示的立体效果。

图10.266 "斜面和浮雕"图层样式参数设置

14 在"图层"面板底部单击"添加图层蒙版"按钮 ▣，为图层"椭圆 4"添加图层蒙版。设置前景色为白色，背景色为黑色，选择"渐变工具" ▣，在工具选项栏中单击"线性渐变"按钮 ▣，设置渐变为"前景色到背景色渐变"，按住Shift键从下至上绘制渐变，将图像渐隐成半圆环，得到如图10.268所示的效果。

图10.267 应用图层样式后的效果

图10.268 添加图层蒙版并绘制渐变后的效果

提 示

下面制作半圆环上的文字及主体文字下方的装饰效果。

15 切换到"路径"面板，使用"路径选择工具" ▸ 选择"路径 2"，将其自由变换至与圆环外围差不多的大小，效果如图10.269所示。设置前景色的颜色值为fffacf，选择"横排文字工具" T.，在路径上输入如图10.270所示的围绕圆环排列的文字，得到相应的文字图层。

16 切换到"图层"面板，此时的"图层"面板如图10.271所示。为文字添加"投影"图层样式，其参数设置如图10.272所示，使文字效果更明显一些，得到如图10.273所示的效果。

349

图10.269 自由变换路径后的效果

图10.270 在路径上输入文字

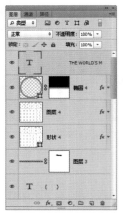

图10.271 "图层"面板

图10.273 应用图层样式后的效果

17 设置前景色的颜色值为b27e00，使用"椭圆工具" ，结合工具选项栏中的"合并形状"选项 ，在文字"1000"的下方绘制如图10.274所示的圆点形状，得到图层"椭圆5"。

图10.274 绘制圆点形状

18 为圆点形状添加"内阴影"、"斜面和浮雕"、"光泽"图层样式，其参数设置如图10.275~图10.277所示，单击"确定"按钮，得到如图10.278所示的小按钮效果。其中，"内阴影"和"斜面和浮雕"图层样式的参数设置使圆点形状产生立体效果，"光泽"图层样式的参数设置使立体效果的亮度对比更强烈。

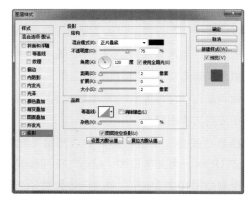

图10.272 "投影"图层样式参数设置

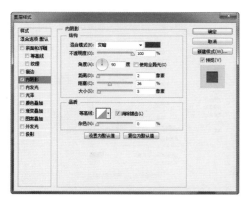

图10.275 "内阴影"图层样式参数设置

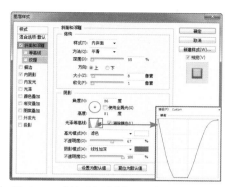

图10.276 "斜面和浮雕"图层样式参数设置

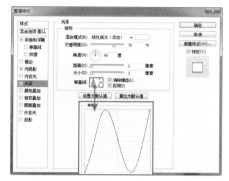

图10.277 "光泽"图层样式参数设置

图10.279 绘制路径

图10.280 制作虚线效果

提 示

在"内阴影"图层样式参数设置中，设置色块的颜色值为783000；在"斜面和浮雕"图层样式参数设置中，设置"阴影模式"右侧色块的颜色值为a34d0f。

19　新建图层，得到"图层5"，切换到"路径"面板，新建"路径3"。使用"钢笔工具" ，在文字"1000"两侧绘制如图10.279所示的对称路径。设置前景色的颜色值为fff9d2选择"画笔工具" ，按F5键调出"画笔"面板，设置画笔大小为4像素，"间距"为150%，在"路径"面板底部单击"用画笔描边路径"按钮 ，得到如图10.280所示的虚线效果。

20　切换到"图层"面板，设置前景色的颜色值为fff9d2，选择"自定形状工具" ，在工具选项栏中的"形状"的"自定形状"拾色器中选择形状"箭头6"，在画布中绘制形状，得到图层"形状5"，结合自由变换操作，为两条虚线制作箭头效果，如图10.281所示。选择图层"形状5"、"图层5"将其拖到图层"形状4"的下方，也就是将装饰形状调整到主体文字的下方，得到如图10.282所示的效果，此时的"图层"面板如图10.283所示。

图10.278 添加图层样式后的效果

图10.281 绘制箭头

图10.282　调整图层顺序　　图10.283　"图层"面板

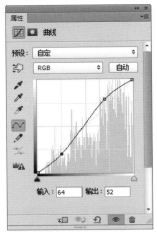

图10.285　"曲线"参数设置

提　示

下面制作最下方的玻璃按钮。

21 选择最上方的图层，设置前景色的颜色值为 ffc79a，选择"椭圆工具" ◎ ，在工具选项栏中选择"形状"选项，在画布下方绘制椭圆形状，得到图层"椭圆 6"。用该椭圆形状制作玻璃按钮的外形，为其添加图层样式以制作立体效果，效果如图 10.284所示。

图10.286 应用调整图层后的效果

图10.284　制作玻璃按钮

23 选择图层"椭圆 6"、图层"曲线 1"，按 Ctrl+Alt+E组合键执行"盖印"操作，从而将选中图层中的图像合并至一个新图层中，并将其重命名为"图层6"。复制"图层6"，得到"图层 6 副本"，结合自由变换操作，制作如图10.287所示的 3个玻璃按钮效果。

提　示

本步骤中关于"图层样式"对话框中的参数设置，请参考本例随书所附光盘中的最终效果源文件。

22 按Ctrl键单击图层"椭圆 6"的图层缩览图以载入其选区，在"图层"面板底部单击"创建新的填充或调整图层"按钮 ◐ ，在弹出的菜单中选择"曲线"命令，在弹出的面板中设置参数，如图10.285所示，将按钮效果调亮一些，得到如图10.286所示的效果，同时得到图层"曲线 1"。

图10.287　3个玻璃按钮效果

提 示

下面制作斑驳纹理效果。

24 新建图层，得到"图层 7"，按D键将前背景色和背景色恢复为默认的黑白色。执行"滤镜"|"渲染"|"云彩"命令，然后多次按Ctrl+F组合键重复应用"云彩"命令，达到类似图10.288所示的效果。

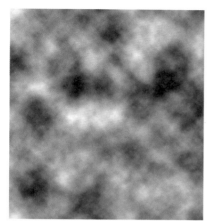

图10.288 应用"云彩"命令后的效果

提 示

因为"云彩"命令是随机的，所以要根据实际情况来决定应用的次数。

25 设置"图层 7"的混合模式为"柔光"，"不透明度"为50%，使云彩与主体图像相融合，产生明暗参差的效果，效果如图10.289所示。按Ctrl+T组合键调出自由变换控制框，将"图层 7"中的图像放大至如图10.290所示的效果，按Enter键确认变换操作。放大图像是为了减少参差效果的数量，使整体看起来具有较为自然的、大面积的明暗过渡。

图10.289 设置图层属性后的效果

图10.290 放大图像后的效果

26 按Ctrl+A组合键执行"全选"操作，选择"图层 7"，按Ctrl+Shift+C组合键执行"合并拷贝"操作，以复制选区中能看到的所有图像，按Ctrl+N组合键新建一个文件，在弹出的对话框中设置参数如图10.291所示，单击"确定"按钮退出对话框，以创建一个新的空白文件。

图10.291 "新建"对话框

提 示

下面的操作会改变原有文件的模式，要新建一个文件进行操作。

27 按Ctrl+V组合键执行"粘贴"操作，得到"图层 1"，合并新建文件中的各图层，此时新建文件中的图像效果如图10.292所示。

图10.292 新建文件中的图像效果

28 执行 "图像"|"模式"|"位图"命令,在弹出的提示框中单击"确定"按钮,在新弹出的对话框中设置参数,如图10.293所示,单击"确定"按钮得到如图10.294所示的斑点效果。

图10.293 "位图"对话框

图10.294 应用"位图"命令后的效果

29 按Ctrl+A组合键执行"全选"操作,按Ctrl+C组合键执行"拷贝"操作,关闭并不保存当前文件,切换到原来的制作文件,按Ctrl+V组合键执行"粘贴"操作,得到"图层 8"。将"图层 8"中的图像自由变换至与文件大小相同的效果,如图10.295所示。此处将图像缩小一半,是因为在转换位图时将图像放大了一倍,这样得到的杂点纹理更加细腻,按Enter键确认变换操作。

图10.295 自由变换图像后的效果

30 设置"图层 8"的混合模式为"柔光","不透明度"为60%,将斑驳纹理效果和主体图像相融合,得到如图10.296所示的最终效果,此时的"图层"面板如图10.297所示。

图10.296 最终效果　　　　图10.297 "图层"面板